现代学徒制测绘地理信息专业教材

测量技术基础

Fundamentals of Surveying Technology

郑佳荣　主编

测绘出版社

·北京·

© 郑佳荣　2022

所有权利(含信息网络传播权)保留,未经许可,不得以任何方式使用。

内容提要

本书是现代学徒制测绘地理信息专业教材之一。为满足工程测量技术专业人才培养目标的实际需要,本书以任务教学为主线、理论知识为辅助的思路进行编写。

本书分为上、下篇共两部分。上篇通过图根高程控制测量、图根平面控制测量、地形图测绘、地形图应用、测量误差分析与数据处理、地球上点位表示方法这六部分内容,由浅入深地介绍了测量基本技能、水准仪测高差、经纬仪测角、全站仪数据采集、地形图绘制及应用等。下篇介绍了某测区 1：500 地形图测绘组织实施,以及地形图测绘项目技术资料,以提高学生编写技术方案及总结报告能力。

本书适用于高等职业教育测绘类专业教学,也可作为有关技术人员的参考用书。

图书在版编目(CIP)数据

测量技术基础 / 郑佳荣主编. --- 北京：测绘出版

社，2022.8

现代学徒制测绘地理信息专业教材

ISBN 978-7-5030-4435-9

Ⅰ. ①测… Ⅱ. ①郑… Ⅲ. ①测量技术－教材 Ⅳ.
①P2

中国版本图书馆 CIP 数据核字(2022)第 150400 号

测量技术基础

Celiang Jishu Jichu

责任编辑	云　雅		封面设计	李　伟		责任印刷	陈姝颖
出版发行	测绘出版社		电　　话	010—68580735(发行部)			
地　　址	北京市西城区三里河路 50 号			010—68531363(编辑部)			
邮政编码	100045		网　　址	www.chinasmp.com			
电子邮箱	smp@sinomaps.com		经　　销	新华书店			
成品规格	184mm×260mm		印　　刷	北京建筑工业印刷厂			
印　　张	14.75		字　　数	362 千字			
版　　次	2022 年 8 月第 1 版		印　　次	2022 年 8 月第 1 次印刷			
印　　数	0001—1500		定　　价	48.00 元			

书　　号　　ISBN 978-7-5030-4435-9

本书如有印装质量问题,请与我社发行部联系调换。

前　言

"测量技术基础"是工程测量技术、建筑测量等相关测绘类专业的重要课程。《测量技术基础》是现代学徒制测绘地理信息专业教材之一，是按照工程测量技术专业人才培养目标的实际需要，沿着以任务教学为主线、理论知识为辅助的思路进行编写的。

根据应用为主、理论为辅的原则，本书分为上、下两篇。上篇教学内容包括图根高程控制测量、图根平面控制测量、地形图测绘、地形图应用、测量误差分析与数据处理、地球上点位表示方法，还从测量基本技能出发，介绍了水准仪测高差、经纬仪测角、全站仪数据采集、地形图绘制及应用等必要的理论知识。每章由若干个子任务及对应基础知识组成，课程设置由浅入深。下篇介绍了某测区1∶500地形图测绘组织实施，以及地形图测绘项目技术资料，以提高学生编写技术方案及总结报告能力。

本书由郑佳荣（北京工业职业技术学院）任主编，李长青（北京工业职业技术学院）、邱亚辉（北京工业职业技术学院）、韩波（建设综合勘察研究设计院有限公司）、王会珠（北京山维科技股份有限公司）任副主编。参编人员及分工如下：郑佳荣编写上篇任务3至任务6；李长青、刘彦君（北京山维科技股份有限公司）和刘俞含（北京山维科技股份有限公司）编写上篇任务1，其中刘彦君编写子任务1，刘俞含编写子任务2，李长青编写子任务3至子任务6；郑阔（北京工业职业技术学院）、邱亚辉和桂维振（北京工业职业技术学院）编写上篇任务2，其中郑阔编写子任务1、子任务2，邱亚辉编写子任务3，桂维振编写子任务4；王会珠和崔有祯（北京工业职业技术学院）编写下篇任务1；韩波和郎博（北京工业职业技术学院）编写下篇任务2。全书由郑佳荣统稿。

本书在编写过程得到北京工业职业技术学院测量教研室大力支持，在编写过程中武胜林、高绍伟、夏广岭、赵小平等提出诸多宝贵意见，特此感谢！

在本书编写过程中参考了有关文献，在此对文献作者表示真诚的感谢！

限于编者水平，书中可能存在疏漏和不足之处，敬请广大师生和读者批评指正。

目　录

下篇　地形图测绘项目组织实施

上篇　地形测量基础

任务 1　图根高程控制测量

【教学任务设计】

(1)任务分析。高程控制测量是地形图测绘必需的一项工作。本任务测区的地势大部分平坦,因此图根高程控制测量采用等外水准测量是合适的,个别高差比较大地区,进行高程测量,绘制等高线。等外水准测量路线可以根据实际情况采用闭合水准路线或附合水准路线。测区首级高程控制测量的高程控制点采用三、四等水准测量的方法,由测区外已知高程控制点引测。

(2)任务分解。测区内高程控制测量的任务包括高级高程控制点引测和图根高程控制测量两部分。由于各个测区内均没有已知的高级高程控制点,所以需要以三、四等水准测量的方法由测区外的已知高级高程控制点引测到测区。该项测量工作的任务可以分解为三、四等水准测量,以及等外水准测量、三角高程测量等。

(3)各环节功能。三、四等水准测量是在测区内建立已知高程点的重要手段;等外水准测量是建立测区内的全面的图根高程控制网的主要途径;三角高程测量是建立测区内全面高程控制的补充措施,尤其是在高差大的地区,这种方法应用较多。

(4)作业方案。根据在测区建立的已知高程点进行图根高程控制测量,对于地势比较平坦的地区应采用等外水准测量,当个别地区高差较大,进行水准测量有困难时,可以采用三角高程测量。图根高程控制网最多发展两级。

(5)教学组织。本任务情境的教学共 32 学时,分为 6 个相对独立又紧密联系的子任务。教学过程中以作业组为单位,每组 1 个测区,在测区内分别完成等外水准测量,三、四等水准测量,三角高程测量,图根高程控制测量内业计算任务。作业过程中教师全程参与指导。每组领用的仪器设备有水准仪、经纬仪、水准尺、尺垫、钢尺、小钢尺、测钎、花杆、测伞、点位标志、记录板、记录手簿等。要求尽量在规定时间内完成外业作业任务,个别作业组在规定时间内没有完成的,可以利用业余时间继续完成任务。在整个作业过程中,教师除进行教学指导外,还要实时进行考评并做好记录,这是成绩评定的重要依据。

子任务 1　高差测量及水准仪操作

1-1　高差测量及水准仪操作过程

一、水准仪粗略整平

由于微倾螺旋活动范围有限,故用微倾螺旋精确整平望远镜视准轴时,应先用圆水准器粗略整平仪器。

粗略整平的方法,如图 1-1-1 所示,当气泡中心偏离圆点,如图 1-1-1(a)所示,位于 a 处时,旋转 1、2 两个脚螺旋,使气泡移至 b 处,如图 1-1-1(b)所示。转动脚螺旋时,左、右两手应以相反的方向匀速旋转,并注意气泡移动方向总是与左手大拇指移动方向一致。接着再转动另一个脚螺旋 3,使气泡居中。

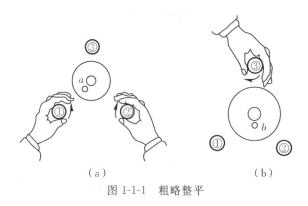

（a）　　　　　　　　　　（b）

图 1-1-1　粗略整平

二、照准标尺

(一)目镜对光

照准前,根据观测者的视力,将望远镜先对向白色背景,旋转目镜对光螺旋,进行目镜对光,使十字丝清晰。

(二)初瞄水准尺

松开制动螺旋,水平旋转望远镜,利用望远镜后部上方的照门(缺口)和望远镜物镜端上方的准星,瞄准水准尺。当在望远镜视场内见到水准尺后,拧紧制动螺旋。

(三)物镜对光

先用望远镜上面的瞄准器瞄准水准标尺,固定制动螺旋,再从望远镜中观察,若目标不清晰,则转动望远镜上的物镜对光(调焦)螺旋,使目标影像落在十字丝板平面上,这时目镜中可同时清晰稳定地看到十字丝和目标。最后转动水平微动螺旋使十字丝竖丝照准目标。

(四)对光与瞄准

转动对光螺旋,使尺子的影像十分清晰并消除视差,用微动螺旋转动水准仪,使十字丝竖丝照准尺面中央。对光是否合乎要求的关键在于消除视差。如图 1-1-2(a)所示,观测者可用

十字丝交点 Q 对准目标上一点 P，眼睛在目镜上下或左右移动。若十字丝交点 Q 始终对准目标 P，则合乎要求；否则，如图 1-1-2(b) 所示，当眼睛从 O_1 移到 O 和 O_2 时，十字丝交点 Q 分别对准 P_1、P、P_2 点，即十字丝交点与目标点发生相对移动，则不合乎要求。这种现象称为视差。由此可见，视差产生的原因是目标的物镜的像平面与十字丝平面不重合。视差使瞄准目标读数时产生误差，因而对光就不符合要求。消除视差的方法是重新仔细调节目镜和用望远镜对光螺旋进行对光，直至眼睛上下或左右移动观测时目标像与十字丝不发生移动。

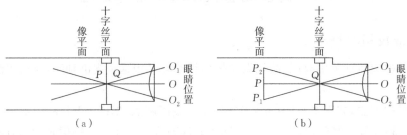

图 1-1-2 目镜对光

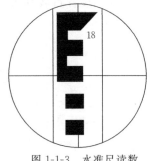

图 1-1-3 水准尺读数

三、精平与读数

(一)光学水准仪

读数前转动微倾螺旋，使水准管气泡居中、望远镜观察窗的气泡完全符合，达到精平的要求，然后立即根据十字丝横丝在水准尺上的位置进行读数。对于倒立的尺像，读数应由下而上，从小到大进行，要读出米、分米、厘米并读至毫米。图 1-1-3 中的读数为 1 848 mm。读完后视读数后，仪器立即转至前视方向，要使符合气泡完全符合后，再读取前视尺读数。

精平与读数虽是两项不同的操作，但却是不可分割的整体。也就是说，精平后才能读数，读数后要检查精平，也才可以保证所读的标尺读数为视准轴水平时的读数。

(二)计算高差和高程

如图 1-1-4 所示，后尺 A 的读数 $a = 2.713\,\text{m}$，前尺 B 的读数为 $b = 1.401\,\text{m}$，已知 A 点高程为 15.000 m，求 B 点高程。

计算高差：$h_{AB} = a - b = 2.713 - 1.401 = 1.312$。

计算 B 点高程：$H_B = H_A + h_{AB} = 15.000 + 1.312 = 16.312$。

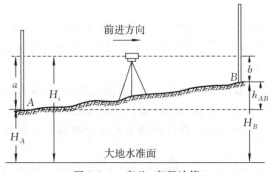

图 1-1-4 高差、高程计算

1-2 高差测量及水准仪操作基础知识

一、水准测量概述

水准测量是测定地面点高程时最常用的、最基本的、精度最高的一种方法,在国家高程控制测量、工程勘测和施工测量中得到广泛应用。它是在地面两点之间安置水准仪,观测竖立在两点上的水准标尺,按水准标尺上读数求得两点之间的高差,最后推算出未知点的高程。这种测量方法适用于平坦地区或地面起伏不太大的地区。

水准测量通常可分为以下三种。

(一)国家水准测量

国家水准测量的目的是建立全国性的、统一的高程控制网,以满足国家经济建设和国防建设的需要。国家水准测量按控制次序和施测精度分为一、二、三、四等。高精度的一、二等水准测量可以作为三、四等水准测量及其他高程测量的控制和依据,并为研究大地水准面的形状、平均海水面变化和地壳升降等提供精确的高程数据。三、四等水准测量可为工程建设和地形测图提供高程控制数据,是一、二等水准测量的进一步加密。

(二)图根水准测量

图根水准测量是在进行地形测量时,为直接满足地形测图的需要而进行的水准测量,有时候也作为测区的基本高程控制。由于其精度低于四等水准,所以也叫等外水准测量。

(三)工程水准测量

工程水准测量是为满足各种工程勘察、设计与施工需要而进行的水准测量。其精度依据工程要求而定,有的高于四等,有的低于四等。

本任务中,着重介绍水准测量的原理、仪器和工具,以及普通水准测量的施测方法。另外,图根水准测量和三角高程测量等内容也是要重点学习的基本技能。

二、水准测量的原理

水准测量是测定地面点高程的最精确的一种方法,其基本测法是:若 A 点高程已知,欲测定待定点 B 的高程,首先要测出 A、B 两点之间的高差 h_{AB}。如图 1-1-4 所示,则 B 点的高程 H_B 为

$$H_B = H_A + h_{AB} \tag{1-1-1}$$

为测出 A、B 两点之间的高差,可在 A、B 两点上分别竖立水准尺,并在 A、B 点之间安置一架能提供水平视线的仪器 —— 水准仪。根据仪器的水平视线,A 点尺上读数设为 a,B 点尺上读数设为 b,则 A、B 两点之间的高差为

$$h_{AB} = a - b \tag{1-1-2}$$

如果水准测量是由 A 到 B 进行的,如图 1-1-4 所示:由于 A 点为已知高程点,故 A 点尺上读数 a 称为后视读数,B 点为欲求高程的点,则 B 点尺上读数 b 称为前视读数。高差等于后视读数减去前视读数。若 $a > b$,高差为正,反之为负。

式(1-1-1)和式(1-1-2)是直接利用高差 h_{AB} 计算 B 点高程的,称为高差法。

还可通过仪器的视线高 H_i 计算 B 点的高程,即

$$\left.\begin{array}{l} H_i = H_A + a \\ H_B = H_i - b \end{array}\right\} \tag{1-1-3}$$

式(1-1-3)是利用仪器视线高 H_i 计算 B 点高程的,称为仪高法。当安置一次仪器要求测出几个点的高程时,仪高法比高差法计算方便。

水准测量所使用的仪器是水准仪,辅助工具有水准尺和尺垫等。

三、水准仪

水准仪按其精度可分为 DS05、DS1、DS3、DS20 等不同型号,具体参数见表 1-1-1,在地形测量中最常用的是 DS3 型水准仪。

表 1-1-1　水准仪系列的分级及其基本参数

参数名称		单位	等级			
			DS05	DS1	DS3	DS20
仪器精度		mm	±0.5	±1.0	±3.0	±20.0
望远镜	放大镜倍数,不小于	倍	42	38	28	1.5
	物镜有效孔径,不小于	mm	55	47	38	20
	最短视距,不大于	m	3.0	3.0	2.0	1.5
管状水准器角值	符合式	(")/2 mm	10	10	20	—
	普通式		—	—	—	60
自动安平补偿性能	补偿范围	(')	±8	±8	±8	±15
	安平精度	(")	±0.1	±0.2	±0.5	±4
	安平时间,不长于	s	2	2	2	2
粗水准器角值	直交型管状	(')/2 mm	2	2	—	—
	圆形		8	8	8	15
测微器	测量范围	mm	5	5	—	—
	最小格值		0.05	0.05	—	—
仪器净重,不大于		kg	6.5	6.0	3.0	2.0
主要用途			国家一等水准测量及地震水准测量	国家二等水准测量及其他精密水准测量	国家三、四等水准测量及其他一般工程水准测量	建筑及简易农田水利工程水准测量

水准仪的种类很多,尽管它们在外形上有所不同,但基本结构都是由望远镜、水准器和基座三部分组成。

图 1-1-5 是上海光学仪器厂生产的 DS3 水准仪。整个仪器通过基座和三脚架连接。基座上装有一个圆水准器,基座下部的三个脚螺旋用于粗略整平仪器。望远镜由物镜、目镜和十字丝分划板组成。望远镜旁装有一个管水准器,转动微倾螺旋,管水准器随望远镜上下仰俯。当气泡居中时,望远镜视线便处于水平状态。用制动螺旋和微动螺旋来控制仪器在水平方向的转动,当制动螺旋拧紧后,转动微动螺旋可使仪器在水平方向上做微小转动。

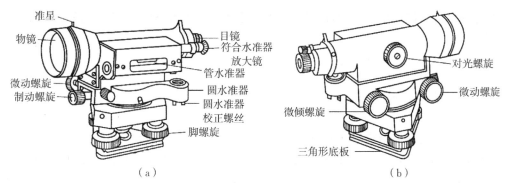

图 1-1-5　DS3 水准仪

（一）望远镜

1. 望远镜成像原理

望远镜的成像原理如图 1-1-6 所示，目镜和物镜位于同一条光轴上。由几何光学原理可知：从物体 A 发出的平行于光轴的光线，过物镜后折向其后焦点 F；另一条光线，自 A 点发出，过物镜光心不发生折射。这两条光线交于 a_1 点。同理，自 B 点发出的光线，交于 b_1 点，则物体 AB 经物镜后成像为 a_1b_1，是倒立而缩小的实像。目镜是起放大作用的，当 a_1b_1 处于目镜焦点以内时，经目镜再成像，得到一个 a_1b_1 放大了的虚像 a_2b_2。

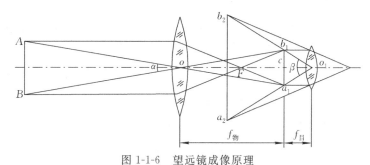

图 1-1-6　望远镜成像原理

从望远镜内看到物体虚像的视角 β 与眼睛看到的视角 α 之比，称为望远镜的放大率，一般用 v 表示，即

$$v = \frac{\beta}{\alpha} \tag{1-1-4}$$

因一般物体离观测者较远，望远镜镜筒长与之相比就显得很短，故可认为眼睛在目镜处直接看到物体的视角 α 与在望远镜物镜处看到的视角近似相等。

当物体离望远镜较远时，物体经物镜所成的实像 a_1b_1 至物镜的距离 oc 可认为近似等于物镜的焦距 $f_物$，a_1b_1 至目镜的距离 o_1c 近似等于目镜焦距 $f_目$。由三角形 ob_1c 和三角形 o_1b_1c，得

$$b_1c = f_物 \cdot \tan\frac{\alpha}{2} = f_目 \cdot \tan\frac{\beta}{2}$$

即

$$\frac{\tan\dfrac{\alpha}{2}}{\tan\dfrac{\beta}{2}} = \frac{f_物}{f_目} \tag{1-1-5}$$

因为视角一般都很小,它们的正切函数可以用弧度来表示,故式(1-1-5)可写成

$$\frac{\beta}{\alpha}=\frac{f_物}{f_目}$$

望远镜的放大率为

$$\upsilon=\frac{f_物}{f_目} \tag{1-1-6}$$

望远镜的放大率是衡量望远镜的主要指标。由式(1-1-6)可看出,为了得到较大的望远镜的放大率,应尽量选用长焦距物镜和短焦距目镜。在地形测量中,使用望远镜的放大倍率一般为18~30倍。

2. 望远镜的基本结构

望远镜是用来瞄准远方目标的。望远镜分外对光望远镜和内对光望远镜。现代测量仪器都采用内对光望远镜,因此这里仅介绍内对光望远镜的基本结构。

望远镜主要由物镜筒、十字丝分划板和目镜组成。

图1-1-7中,物镜和十字丝分划板固定在望远镜镜筒上,调焦镜固定在望远镜内部一个调焦镜镜筒上,用齿轮与外部的调焦螺旋相连。目镜装在可以旋转的螺旋套筒上,转动这个筒,可使目镜沿主光轴移动,便于调节目镜与十字丝分划板之间的距离,使不同视力的人眼都能看清楚十字丝,这种操作称为目镜调焦,又称目镜对光。

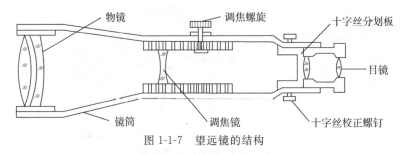

图1-1-7　望远镜的结构

十字丝分划板安装在物镜与目镜之间,板上有呈"＋"交叉的刻线,将其作为瞄准和读数的依据。图1-1-8为一般测量仪器上的几种十字丝图形,都是在玻璃板上刻有两根垂直相交的十字细线。其中间的一根称为横丝,竖直的一根(或双丝的对称中线)称为纵丝或竖丝。横丝上下还有两根对称的水平丝,称为视距丝,又称为上丝、下丝,用视距丝可测量距离。

图1-1-8　望远镜的十字丝

十字丝交点与物镜光心的连线称为望远镜的视准轴,望远镜照准目标就是指视准轴对准目标。望远镜提供的水平视线,即指视准轴呈水平状态时的视线。

图1-1-9为内对光望远镜成像原理。按照望远镜成像原理,当照准远近不同的目标时,物镜的成像距离也各不相同。为便于在望远镜中准确照准目标或读数,要求物体的实像a_1b_1始

终能落在十字丝分划板的平面上。为此,在物镜与目镜之间置一凹透镜,即调焦镜。利用调焦螺旋控制调焦镜前后移动,在照准不同距离的目标时,使目标影像始终落在十字丝分划板上。

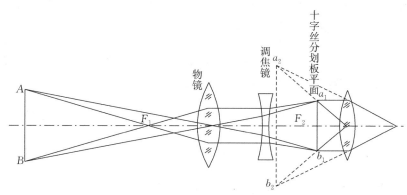

图 1-1-9 内对光望远镜成像原理

(二)水准器

水准器是水准仪的重要部件,借助于它才能使视准轴处于水平状态。水准器又分管水准器(又称水准管)和圆水准器两种。装在基座上的圆水准器,用于粗略整平仪器;与望远镜连在一起的水准管,用于精确整平仪器。

1. 水准管

水准管是用管状玻璃制成,如图 1-1-10 所示。管内壁为曲率半径很大的圆弧面,精密水准管的曲率半径为 80～100 m,一般精度的水准管曲率半径为 7～20 m,管内装酒精或乙醚,经加热融封而成。待冷却后管内便形成一个气泡,气泡永远处于管内最高处。为了便于安装保护,整个玻璃管装在一个绝热并有玻璃窗口的金属管内。

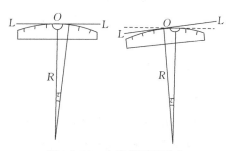

图 1-1-10 水准管及其零点

水准管圆弧的中点(即管上刻划线的中点)称为水准管的零点(图 1-1-10 中 O 点),过零点的切线 LL 称为水准管轴。气泡居于被零点平分的位置,叫作气泡居中。管壁上刻有以零点对称的刻划线,每格为 2 mm。气泡偏离中央,即表示水准管轴发生倾斜。气泡每移动 1 格,水准管轴倾斜一个角度,称为水准管分划值,亦即 2 mm 弧长所对的圆心角 τ,其值为

$$\tau = \frac{2}{R}\rho'' \tag{1-1-7}$$

式中,2 为水准管每格弧长 2 mm;R 为水准管内壁的曲率半径,单位为 mm;ρ'' 为 1 弧度所对应的以秒为单位的角值,$\rho'' = 206\,265$。

水准管分化值越小,水准管灵敏度越高。一般水准仪上水准管分化值为 $1''$～$20''$。上海光学仪器厂生产的 DS13 型水准仪 τ 值为 $20''$。

为了提高目估气泡居中的精度,在水准管上方安装一组符合棱镜,通过棱镜系统的连续折光作用,将水准管气泡两端各一半的影像传递到望远镜目镜旁的显微镜内,观测者在观测时不需要移动位置,就能看到水准管气泡两端符合的影像,如图 1-1-11 所示。两个半气泡影像符合一致时,如图 1-1-12(a)所示,表示气泡居中;两个半气泡影像上下错开时,如图 1-1-12(b)所示,表示气泡不居中,此时可调节微倾螺旋,使两个半气泡影像符合图 1-1-12(a)所示形状。

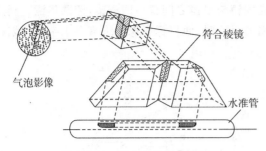

图 1-1-11　符合水准器棱镜组　　　　图 1-1-12　符合气泡影像

2. 圆水准器

图 1-1-13 为圆水准器。圆水准器玻璃内壁是一个球面,球面中心是一个小圆圈,小圆圈的中点叫水准器零点。通过球面上零点的法线 LL 称为圆水准轴。当水准气泡中心和零点重合时,圆水准轴处于竖直位置,切于零点的平面也就水平了。

圆水准器的小圆圈中心向任意方向偏移 2 mm 时,圆水准轴倾斜的角值称为圆水准器分划值。相对于水准管来说,圆水准器的分划值较大,一般为 $8' \sim 10'$,因灵敏度较低,故只用于粗略整平。

圆水准器底部有三个校正螺钉,供校正圆水准轴位置时使用。

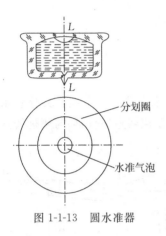

图 1-1-13　圆水准器

(三)基座

基座的作用是支撑仪器的上部,并与三脚架连接。基座主要由轴座、脚螺旋和连接板构成。三脚架的作用是支撑整个仪器,便于观测。

四、水准尺

水准尺又称标尺,它是用经干燥处理的优质木材制成的,也有用玻璃钢或铝合金等其他材料制成的。其长度有 2 m、3 m、4 m 及 5 m 数种。尺面采用区格式分划,最小分划一般为 0.5 cm 或 1 cm。水准尺上装有小的圆水准器。常用的水准尺有直尺和塔尺两种,如图 1-1-14 所示。直尺一般为 3 m,中间无接头,长度准确。塔尺可以伸缩,整长为 5 m,携带方便,但接头处误差较大,影响精度。直尺型的水准尺,除有单面刻划的,还有双面的。

双面水准尺用于检查读数和提高精度,尺面分划一面为黑白相间,叫黑面;另一面为红白相间,叫红面。双面水准尺必须成对使用。两根水准尺黑面底部注记均是从零开始,而红面底部的注记起始数分别为 4 687 mm 和 4 787 mm。每一根水准尺在任何位置其红、黑面读数均相差同一常数,即尺常数。

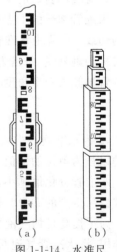

图 1-1-14　水准尺

五、尺　垫

尺垫亦称尺台,其作用是:当水准尺竖立在非水准点上时,有一个稳固的立尺点,以防止水准尺下沉或转动时改变其高程。如图1-1-15所示,尺垫一般为三角形的铸铁块,中央有一凸起的半圆球,水准尺立在半圆球的顶上。

图1-1-15　尺垫

用水准仪测定高差之前,需要在测站上安置水准仪。首先应打开三脚架,使其高度适中,架头大致水平,牢固地架设在地面上。然后从仪器箱中取出仪器,用连接螺旋将它固定在三脚架上。

六、自动安平水准仪

自动安平水准仪是一种新型的水准仪,其结构特点是没有水准管和微倾螺旋,精确整平由自动安平装置——补偿器完成。仪器只要用圆水准器粗略整平后就可以进行读数,并开始测量工作,因此使用自动安平水准仪可以简化操作,大大减少水准测量的外业时间。同时,减少了仪器和标尺下沉及外界条件变化对测量成果的影响,有利于提高测量精度。

(一)自动安平原理

如图1-1-16所示,当望远镜视准轴倾斜了一个小角α时,由水准尺上的a_0点过物镜光心o所形成的水平光线,不再通过十字丝中心Z,而在离Z为L的A点处,显然$L = f \cdot \alpha$,其中f为物镜的等效焦距,α为视准轴倾斜的小角度。

在图1-1-16(b)中,若在距十字丝分划板s处,安装一个补偿器K,使水平光线偏转β角,并恰好通过十字丝中心Z,则

$$L = s \cdot \beta \tag{1-1-8}$$

$$f \cdot \alpha = s \cdot \beta \tag{1-1-9}$$

由此可知,式(1-1-9)的条件若能满足,即使视准轴有微小倾斜,十字丝中心Z仍能读出视线水平时的读数a_0,从而达到自动补偿的目的。

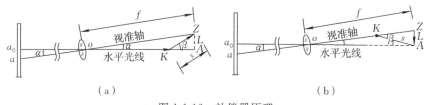

（a）　　　　　　　　　　　　（b）

图1-1-16　补偿器原理

还有另一种补偿器,如图1-1-16(b)所示,它是借助补偿器K将Z移至A处,这时视准轴所截取尺上的读数仍为a_0。这种补偿器是将十字丝分划板悬吊起来,借助重力,在仪器有一微小倾斜的情况下,十字丝分划板仍回到原来的位置,安平的条件仍为式(1-1-9)。

(二)自动安平补偿器

自动安平补偿器的种类很多,但一般都是采用吊挂补偿装置,借助重力进行自动补偿,达到视线自动安平的目的。

图1-1-17是DSZ3自动安平水准仪的内部光路结构示意。它是在对光透镜和十字丝分划板之间安设补偿器,该补偿器把屋脊棱镜固定在望远镜筒内,在屋脊棱镜的下方,用交叉的金

属片(图上未画出)吊挂两个直角棱镜,在重量为 g 的物体作用下,与望远镜做相对偏转,为使吊挂的棱镜尽快停止摆动处于静止状态,还安设了阻尼器。

当该仪器处于水平状态、视准轴水平时,尺上的读数 a_0 随着水平光线进入望远镜后,通过补偿器到达十字丝的中心 Z,从而读得视线水平时的读数 a_0,如图 1-1-17 所示。

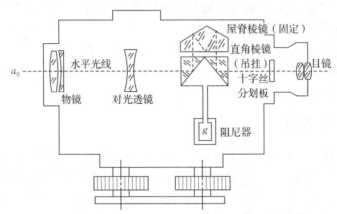

图 1-1-17 DSZ3 自动安平水准仪的内部光路结构示意

当望远镜倾斜微小的 α 角时,如图 1-1-18 所示,如果两个直角棱镜随着望远镜一起倾斜了一个 α 角(图 1-1-18 中用虚线表示),则原来的水平光线经两个直角棱镜(虚线表示)反射后,并不经过十字丝中心 Z,而是通过 A 点,所以无法读得视线水平时的读数 a_0。此时,十字丝中心 Z 通过虚线棱镜的反射,在尺上的读数为 a,它并不是视线水平时的读数。

实际上,吊挂的两个直角棱镜在重力作用下并不随望远镜倾斜,而是相对于望远镜的倾斜方向做反向偏转,如图 1-1-18 中的实线直角棱镜,它相对于虚线直角棱镜偏转了 α 角。这时,原水平光线(粗线表示)通过偏转后的直角棱镜(即起补偿作用的棱镜)的反射,到达十字丝中心 Z,故仍能读得视线水平时的读数 a_0,从而达到补偿的目的。

由图 1-1-18 可知,当望远镜倾斜 α 角时,补偿的水平光线(粗线)与未经补偿的水平光线(虚线)之间的夹角为 β。由于吊挂的直角棱镜相对于倾斜的视准轴偏转了 α,故反射后的光线便偏转了 2α,通过两个直角棱镜的反射可得 $\beta = 4\alpha$。

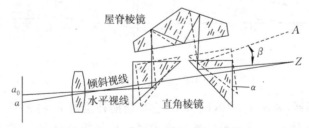

图 1-1-18 自动补偿光路示意

图 1-1-19 是移动十字丝的补偿装置。其望远镜视准轴呈竖直状态,十字丝分划板用四根吊丝挂着,当望远镜倾斜时,十字丝分划板将受重力作用而摆动。令 L 为四根吊丝的有效摆动半径长度,设计时使之与物镜焦距 f 物相等。若恰当地选择吊丝的悬挂位置,将能使通过十字丝交点的铅垂线始终通过物镜的光心,即视准轴始终位于铅垂位置。若使两个反光镜构成 $45°$ 角,则视准轴经两次反射后射出望远镜的光线必是水平光线。因此,十字丝交点上始终得

到水平光线的读数。

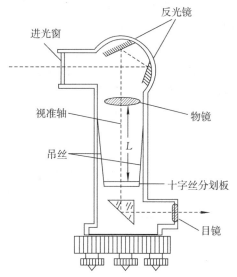

图 1-1-19 移动十字丝补偿装置

(三)自动安平水准仪操作

博飞 DZS3-1 水准仪(图 1-1-20)由博飞(BOIF)测绘仪器厂生产,其性能指标如表 1-1-2 所示。

图 1-1-20 博飞 DZS3-1 水准仪

表 1-1-2 博飞 DZS3-1 水准仪性能指标

标准偏差	望远镜成像	放大倍数	物镜有效孔径	视场角	视距加乘常数	最短视距	补偿器工作范围	仪器外形尺寸	圆水准器格值
±3 mm	正像	30	45 mm	1°	100	2 m	±5″	28 mm×160 mm×140 mm	8″/2 mm

自动安平水准仪的种类和型号很多,但是其操作使用方法基本一致。现以 DZS3 型自动安平水准仪为例,说明其操作使用方法。

1. 仪器安置与粗略整平

在使用自动安平水准仪时,首先进行仪器的安置和粗略整平。DZS3 型自动安平水准仪的仪器安置与粗略整平方法与 DS3 型微倾式水准仪相同,望远镜调焦、目镜对光、消除视差的方法和要求也一样。

2．瞄准标尺

(1)使望远镜对着亮处,逆时针旋转望远目镜调焦,这时十字丝分划板变得模糊,然后再慢慢顺时针转动望远镜目镜调焦,当十字丝分划板变得最清晰时停止转动。

(2)用光学粗瞄准器粗略地瞄准目标。瞄准时用双眼同时观测。一只眼睛注视瞄准口内的十字丝,一只眼睛注视目标,转动望远镜,使十字丝与目标重合。

(3)调焦后,用望远镜精确瞄准目标。拧紧制动螺旋,转动望远镜调焦螺旋,使目标清晰地成像在十字丝分划板上。这时眼睛上、下、左、右移动,目标呈像与十字丝影像应无任何相对位移,即无视差存在(若有视差应予以消除)。然后转动微动螺旋,精确瞄准目标。

3．读数

当望远镜视场内的警告指示窗全部呈绿色时,方可进行标尺读数;当指示窗内上端或下端出现红色警告时,即说明仪器粗略整平的精度不高或没有粗略整平仪器,若出现这种情况,应重新进行仪器的粗略整平,红色警告消失后方可读数。

使用 DZS3-1 型自动安平水准仪进行水准测量时,要注意检查补偿器是否正常,其方法是:稍微转动脚螺旋(警告指示窗内不能出现红色),如尺上读数没有变化,说明补偿器起作用,仪器正常;否则应进行检查修理。

七、电子水准仪

下面以 NA2000 电子水准仪为例,简要介绍电子水准仪的测量原理和仪器性能及使用方法。

(一)电子水准仪测量原理

电子水准仪具有与光学水准仪相同的光学和机械零件,因此它同样可作为光学水准仪使用。图 1-1-21 是 NA2000 的光学结构示意。

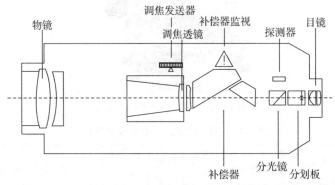

图 1-1-21　NA2000 的光学结构示意

与电子水准仪配套使用的水准尺为条形编码尺,通常由玻璃纤维或殷钢制成。在电子水准仪中装有行阵传感器,它可识别水准标尺上的条形编码。电子水准仪摄入条形编码后,经处理器转变为相应的数字,通过信号转换和数据化,在显示屏上直接显示中丝读数和视距。

(二)电子水准仪的主要特点

(1)操作简捷,可进行自动观测和记录,并立即用数字显示测量结果。

(2)整个观测过程在几秒钟内即可完成,从而大大减少观测错误和误差。

(3)还附有数据处理器及与之配套的软件,从而可将观测结果输入计算机进行处理,实现测量工作自动化和流水线作业,大大提高工作效率。

　　电子水准仪的观测精度高。例如,徕卡公司开发的 NA2000 型电子水准仪的分辨力为 0.1 mm,每千米往返测得高差中数的偶然中误差为 2.0 mm;NA3003 型电子水准仪的分辨力为 0.01 mm,每千米往返测得高差中数的偶然中误差为 0.4 mm。

(三)电子水准仪操作

　　电子水准仪粗略整平后,瞄准水准尺,按测量键,标尺的中丝读数和仪器到标尺的距离即显示在液晶显示屏上。电子水准仪的专用标尺上的条形码作为参照信号存储在仪器内。测量时,测量信号与仪器的参考信号进行比较,便可以求得视线高和水平距离。与普通光学水准仪一样,测量时标尺要立直、立稳,为了不影响测量成果的精度,一般情况下立尺时采用尺撑。

子任务 2 水准测量

2-1 水准测量的操作过程

当高程点距已知水准点较远或高差很大时,需要连续多次安置仪器测出两点的高差。水准点 A 的高程为 7.654 m,现拟求测量点 B 的高程,如图 1-2-1 所示,其观测步骤如下。

在离点 A 100～200 m 处选定前视点 1,在点 A、点 1 上分别竖立水准尺。在距点 A 和点 1 大致等距的 I 处安置水准仪。用圆水准器将仪器粗略整平后,后视点 A 上的水准尺精平后读数为 1.481,记入表 1-2-1 中观测点 A 的后视读数栏。旋转望远镜,前视点 1 上的水准尺,同法读数为 1.347,记入表 1-2-1 中的点 1 的前视读数栏。后视读数减去前视读数得高差为 0.134,记入高差栏。

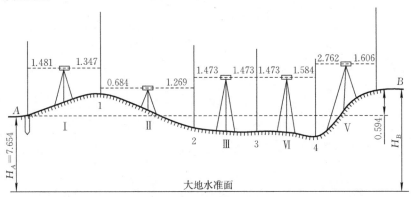

图 1-2-1 水准测量线路

完成上述一个测站上的工作后,点 1 上的水准尺不动,把点 A 上的水准尺移到点 2,仪器安置在点 1 和点 2 之间,按照上述方法进行观测和计算,逐站施测直至点 B。每安置一次仪器,便测得一个高差,即

$$h_1 = a_1 - b_1$$
$$h_2 = a_2 - b_2$$
$$\vdots$$
$$h_5 = a_5 - b_5$$

将各式相加,得

$$\sum h = \sum a - \sum b$$

则点 B 的高程为

$$H_B = H_A + \sum h$$

由上述可知,在观测过程中点 1、2、3、4 仅起传递高程的作用,这些点称为转点(turning point),常用 T. P. 表示。

表 1-2-1 水准测量手簿 单位:m

日期_____ 仪器_____ 观测_____
天气_____ 地点_____ 记录_____

测站	测点	水准尺读数		高差		高 程	备注
		视视(a)	后视(b)	+	-		
I	A	1.481		0.134		7.654	
II	1	0.684	1.347		0.585		
III	2	1.473	1.269	0			
IV	3	1.473	1.473		0.111		
V	4	2.762	1.584	1.156			
	B		1.606			8.248	
计算检核		$\Sigma a = 7.873$	$\Sigma b = 7.279$	1.290	0.696		
		$\Sigma a - \Sigma b = +0.594$		$\Sigma h = 1.290 - 0.696$ $= +0.594$			

2-2 水准测量基础知识

水准测量通常是从已知高程点出发,沿着预先选好的水准路线,逐站测定各点之间的高差,而后推算各点的高程。

一、水准点和水准路线

水准测量通常是从水准点开始,测其他点的高程。等级水准点是国家测绘部门为了统一全国的高程系统和满足各种需要,在全国各地埋设且测定了其高程的固定点,这些已知高程的固定点称为水准点(bench mark),简记为 BM。水准点有永久性和临时性两种。国家等级水准点的形式如图 1-2-2(a)所示,一般用整块的坚硬石料或混凝土制成,深埋到地面冻结线以下,在标石顶面设有用不锈钢或其他不易锈蚀的材料制成的半球状标志。有些水准点也可设置在稳定的墙脚上,称为墙上水准点,如图 1-2-2(b)所示。

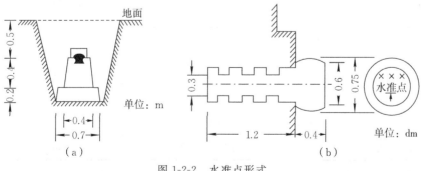

图 1-2-2 水准点形式

建筑工地上的永久性水准点一般用混凝土或钢筋混凝土制成,其式样如图 1-2-3(a)所示。临时性的水准点可用地面上突出的坚硬岩石或用大木桩打入地下表示,桩顶钉入半球形铁钉,

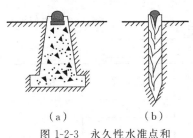

（a） （b）

图 1-2-3 永久性水准点和
临时性水准点标志

如图 1-2-3(b)所示。

无论是永久性水准点，还是临时性水准点，均应埋设在便于引测和寻找的地方。埋设水准点后，应绘出水准点附近的草图，在图上还要写明水准点的编号和高程，称为点之记，以便于日后寻找和使用。

水准测量所经过的路线称为水准路线。水准路线应尽量选择坡度小、设站少、土质坚硬且容易通过的线路。水准路线的种类及其布设方法将在后续章节学习。

二、水准测量的检核

为了避免测量和计算出现差错，水准测量测站观测和计算必须有检核。

(一)测站检核

测站检核的方法有两种。

1. 双面尺法

双面尺法就是利用双面标尺黑面读数计算的高差应等于红面读数计算的高差来检核的，其具体方法将在后续章节学习。

2. 双仪器高法

双仪器高法是比较在同一测站上用不同的仪器高测出的两次高差。测得第一次高差后，将仪器升高或降低 10 cm 以上，再测一次高差，若两次测得的高差相差不超过 5 mm，则认为观测值符合要求，取其平均值作为观测结果；若大于 5 mm 就需要进行重测。

(二)计算检核

两点之间的高差等于各个转点之间的高差的代数和，也等于后视读数之和减去前视读数之和，如果两种计算结果一致，说明计算无误。例如，表 1-2-2 中 $28.182-27.354=0.828$(m)，则证明高差计算是正确的。

表 1-2-2 水准测量手簿   单位:m

点号	后视读数	前视读数	高差 +	高差 −	高程	备注
A	1.467				27.354	高程已知
			0.343			
1	1.385	1.124			27.697	
				0.289		
2	1.869	1.674			27.408	
			0.926			
3	1.425	0.943			28.334	
			0.213			
4	1.367	1.212			28.547	
				0.365		
B		1.732			28.182	
计算检核	$\Sigma a = 7.513$	$\Sigma b = 6.685$	$\Sigma h_{正} = 1.482$	$\Sigma h_{负} = 0.654$	$H_B - H_A =$ 28.182 − 27.354 = 0.828	
	$\Sigma a - \Sigma b = 0.828$		$\Sigma h = 0.828$			

当确认测站的记录计算正确无误后，就可以根据给定的已知点高程计算其他未知点的高程了。表 1-2-2 中，已知点 A 的高程为 $H_A = 27.354$ m，就可依次推算出点 1、2、3、4、B 各点的高程了。

子任务3 水准仪的检验与校正

3-1 水准仪检验与校正操作过程

一、圆水准器轴平行于仪器竖轴的检校

用脚螺旋使圆水准器气泡居中,将望远镜绕竖轴旋转180°,气泡仍然居中,则圆水准器轴平行于仪器竖轴,否则需要进行校正。

二、十字丝横丝垂直于仪器竖轴的检校

在仪器检验场地上安置要检验的水准仪,精平后,选择并照准目标 M,如图 1-3-1(a)所示。然后固定制动螺旋,转动微动螺旋,如标志点 M 始终在横丝上移动,如图 1-3-1(b)所示,则说明该条件满足要求,否则需要进行校正。

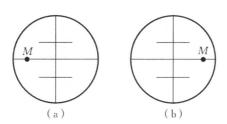

图 1-3-1 十字丝横丝垂直于仪器竖轴的检校

三、视准轴平行于水准管轴的检校

将仪器置于两水准尺中间等距处进行观测,测得两点之间的高差。然后将仪器安置于点 A 或点 B 附近(约 3 m 左右),如将仪器搬至点 B 附近,则读得 B 尺上读数为 b_2,因为此时仪器离 B 点很近,i 角的影响很小,可忽略不计,故认为 b_2 为正确的读数。用式(1-3-1)计算 A 尺上应读得的正确读数 a_2',然后瞄准 A 尺读得的读数 a_2,若 $a_2 = a_2'$,则说明条件满足,即

$$a_2' = b_2 + h_{AB} \tag{1-3-1}$$

否则存在 i 角,其值的大小为

$$i = \frac{\Delta a}{D_{AB}} \rho'' \tag{1-3-2}$$

式中,$\Delta a = a_2 - a_2'$。对于 DS3 级水准仪,i 值应小于 $20''$,如果超限,则需要进行校正。

3-2 水准仪检验与校正基础知识

水准仪在使用之前,应先进行检验和校正。水准仪检校的目的是保证水准仪各轴系之间满足应有的几何关系,保证外业测量所使用的仪器是合格的,这是保证获取合格外业观测成果

的重要依据之一。

下面分别介绍微倾式水准仪和自动安平水准仪的检验与校正方法。

一、微倾式水准仪的检验与校正

(一)微倾式水准仪应满足的几何条件

1. 圆水准器轴应平行于仪器竖轴

满足此条件的目的是当圆水准器气泡居中时,仪器竖轴处于竖直位置。此时仪器转动到任何方向,水准管气泡都不至于偏差太大,调节水准管气泡居中就很方便。

2. 十字丝的横丝应垂直于仪器竖轴

当满足此条件时,可不必用十字丝的交点而用交点附近的横丝读数,能提高观测速度。

3. 水准管轴应平行于视准轴

根据水准测量原理,要求水准仪能够提供一条水平视线,而仪器视线是否水平是依据望远镜的水准管判断的,即水准管气泡居中,则认为水准仪的视准轴水平。因此,应使水准管轴平行于视准轴。此条件是水准仪应满足的主要条件。

(二)微倾式水准仪的检校

1. 圆水准器轴平行于仪器竖轴的检校

如图 1-3-2(a)所示,用脚螺旋使圆水准器气泡居中,此时圆水准器轴 $L'L'$ 处于铅垂位置。假设竖轴 VV 与 $L'L'$ 不平行,且交角为 α,则此时竖轴 VV 与处于铅垂位置的圆水准器轴之间的偏差为 α 角。将望远镜绕竖轴旋转 $180°$,如图 1-3-2(b)所示,圆水准器也将随着望远镜仪器转到竖轴的另一侧,这时 $L'L'$ 不但不再处于铅垂位置,而且与铅垂线 LL 的交角为 2α。显然气泡不再居中,气泡偏移的弧度所对的圆心角等于 2α。气泡偏移的距离是仪器旋转轴与圆水准器轴交角的 2 倍。

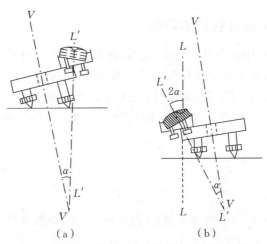

图 1-3-2　圆水准器轴平行于仪器竖轴的检校原理

通过检验若证明 $L'L'$ 与 VV 不平行,说明仪器需要进行校正。校正时可用校正针分别拨动圆水准器下角的三个校正螺丝(图 1-3-3),使气泡向居中位置移动偏离距离的一半,如图 1-3-4(a)所示,使圆水准器轴 $L'L'$ 与 VV 平行。然后再用脚螺旋使气泡完全居中,此时竖轴

VV 则处于竖直状态,如图 1-3-4(b)所示。该检校工作需要反复进行数次,直到仪器竖轴旋转到任何位置圆水准器气泡都居中。

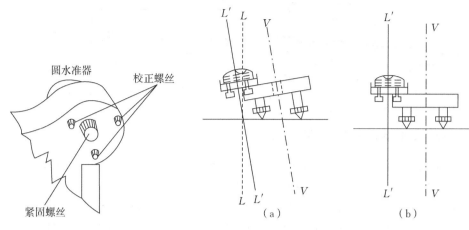

图 1-3-3 圆水准器的校正螺丝 图 1-3-4 圆水准器的校正原理

2. 十字丝横丝应垂直于仪器竖轴的检校

(1)十字丝横丝应垂直于仪器竖轴,精平后,横丝瞄准固定点,则在水准仪望远镜旋转过程中,点不会偏离横丝。

(2)松开十字丝分划板座的固定螺丝(图 1-3-5),慢慢转动十字丝分划板座。调整完成后,进行精平,横丝瞄准固定点,转动水平微动螺旋使水准仪望远镜旋转,在此过程中点不偏离横丝。此项校正也需要反复进行。

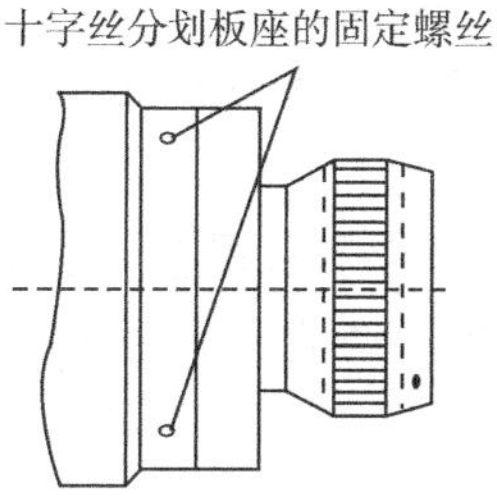

3. 视准轴平行于水准管轴的检校

如图 1-3-6 所示,假设视准轴不与水准管轴平行,它们之间的夹角为 i。当水准管气泡居中,即水准管轴水平时,视线倾斜角度为 i。图 1-3-6 中设视线上倾,由于 i 角对标尺读数的影响与距离成正比,所以两根水准尺上的读数分别为

图 1-3-5 十字丝分划板座的固定螺丝

$$\left.\begin{array}{l} a_1 = a + D_A \dfrac{i}{\rho} = a + \Delta_A \\ b_1 = b + D_B \dfrac{i}{\rho} = b + \Delta_B \end{array}\right\} \qquad (1\text{-}3\text{-}3)$$

式中,D_A、D_B 为水准仪到水准尺的水平距离;i 为仪器的视准轴与水准管轴之间的夹角;ρ 为常数,其值可以近似取为 206 265。

当前后视距相等时(即 $D_A = D_B$),则高差为

$$h_{AB} = a_1 - b_1 = a - b$$

此时得到的是正确的高差值。因此,须对仪器的 i 角进行检验和校正。转动微倾螺旋,使中丝读数对准 a'_2,此时视准轴处于水平位置,但水准管气泡却偏离了中心。拨动水准管上、下两个校正螺丝,如图 1-3-7 所示,使它们一松一紧,直至气泡居中,即水准管两端气泡影像重合。此项检校需反复进行,直至达到要求。

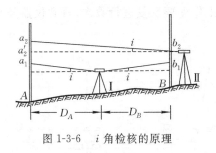
图 1-3-6 i 角检核的原理

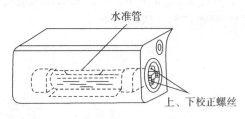
图 1-3-7 水准管及其上、下两个校正螺丝

二、自动安平水准仪的检验与校正

自动安平水准仪的主要检验项目有:①圆水准器轴应平行于仪器竖轴;②十字丝的横丝应垂直于仪器竖轴;③补偿器误差;④望远镜视准轴位置的正确性。

其中项目①和项目②的检验方法与微倾式水准仪相同,而项目④的检验方法与微倾式水准仪的水准管轴应平行于视准轴的检验方法(i 角检验)一样,因此本书只介绍项目③的检验方法。由于一般自动安平水准仪的校正需要送修理部门由专业人员进行,因此这里着重介绍其检验方法。

补偿器性能是指仪器竖轴有微量的倾斜时,补偿器是否能在规定的范围内进行补偿。

如图 1-3-8 所示,在 AB 线段中点处架设仪器,并使仪器的两个脚螺旋的连线与 AB 垂直。整平仪器后,读取 A 点水准尺上的读数为 a,然后转动位于 AB 方向的第三个脚螺旋,使仪器竖轴向 A 点水准尺倾斜 $\pm\alpha$ 角(DZS3 型仪器为 $\pm8'$)。若 A 尺读数与整平时读数 a 相同,则补偿器工作正常;若读数大于 a,则称为"过补偿"。对于普通水准测量,若读数小于 a,则称为"欠补偿",且误差应小于 3 mm。若误差大于 3 mm,应进行较正。校正可根据说明书调整相关重心调节器或送修理部门检修。

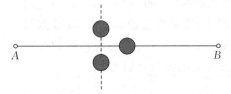
图 1-3-8 自动安平水准仪补偿器误差的检验原理示意

子任务4 三、四等水准测量

4-1 四等水准测量操作步骤

一、四等水准测量外业实施

在三、四等水准测量路线上,每隔2～6 km应埋设1座水准标石。为便于工程上利用,工程建设区域范围内至少应埋设2座或2座以上的水准标石。水准标石埋设地点应距铁路50 m、公路20 m以上,且避免选在土质松软、易受破坏或采动影响区域内,以便使标石能够长期保存。水准路线的形式可以是闭合路线、附合路线等。

三、四等水准测量在一测站上观测的顺序为:①照准后视水准尺黑面,按视距丝、中丝读数;②照准前视水准尺黑面,按中丝、视距丝读数;③照准前视水准尺红面,按中丝读数;④照准后视水准尺红面,按中丝读数。这样的顺序简称为"后前前后"(黑黑红红)。四等水准测量每站观测顺序也可为"后后前前"(黑红黑红)。无论何种顺序,视距丝和中丝的读数均应在水准管气泡居中时读取。

三、四等水准测量的观测记录及计算的示例如表1-4-1。表内带括号的号码为观测读数和计算的顺序,(1)至(8)为观测数据,其余为计算所得。

表 1-4-1 三、四等水准测量观测手簿

测自　　　　至　　　　　　　　　　　　　年　　月　　日
时刻始　时　分　　　　　　　　　　天气:晴
末　时　分　　　　　　　　　　　　成像:清晰

测站编号	后尺	下丝上丝	前尺	下丝上丝	方向及尺号	水准尺读数		$K+$黑$-$红/mm	高差中数	备注
	后距/m		前距/m			黑面	红面			
	视距差d/m		$\sum d$/m							
	(1)		(5)			(3)	(8)	(10)		
	(2)		(6)			(4)	(7)	(9)		
	(12)		(13)			(16)	(17)	(11)		
	(14)		(15)							
1	1 571		0 739		后 5	1 384	6 171	0		
	1 197		0 363		前 6	0 551	5 239	−1		
	37.4		37.6		后−前	+0 833	+0 932	+1	+0 832.5	
	−0.2		−0.2							
2	2 121		2 196		后 6	1 934	6 621	0		
	1 747		1 821		前 5	2 008	6 796	−1		
	37.4		37.5		后−前	−007 4	−017 5	+1	−0 074.5	
	−0.1		−0.3							

(一)测站上的计算与校核

高差部分为

$$(9) = (4) + K - (7)$$
$$(10) = (3) + K - (8)$$
$$(11) = (10) - (9)$$
$$(16) = (3) - (4)$$
$$(17) = (8) - (7)$$

式中,(10)及(9)分别为后视、前视水准尺的黑红面读数之差;(11)为黑红面所测高差之差;K 为后视、前视水准尺红黑面零点的差,5 号尺的 K 值为 4 787,6 号尺的 K 值为 4 687;(16)为黑面所算得的高差;(17)为红面所算得的高差。由于两根尺子红黑面零点差不同,所以(16)并不等于(17)(如表中示例(16)与(17)应相差 100),因此(11)尚可作为一次检核计算,即

$$(11) = (16) \pm 100 - (17)$$

视距部分为

$$(12) = ((1) - (2))/10$$
$$(13) = ((5) - (6))/10$$
$$(14) = (12) - (13)$$

式中,(12)为后视距离,(13)为前视距离,(14)为前后视距差,(15)为前后视距累积差。

(二)观测结束后的计算与校核

高差部分为

$$\sum(3) - \sum(4) = \sum(16) = h_{黑}$$
$$\sum[(3) + K] - \sum(8) = \sum(10)$$
$$\sum(8) - \sum(7) = \sum(17) = h_{红}$$
$$\sum[(4) + K] - \sum(7) = \sum(9)$$
$$h_{中} = \frac{1}{2}(h_{黑} + h_{红})$$

式中,$h_{黑}$、$h_{红}$ 分别为一测段黑面、红面所得高差,$h_{中}$ 为高差中数。

视距部分为

$$末站(15) = \sum(12) - \sum(13)$$
$$总视距 = \sum(12) + \sum(13)$$

若测站上有关观测限差超限,在本站检查发现后可立即重测;若迁站后才检查发现,则应从水准点或间歇点起,重新观测。

二、四等水准路线内业计算

(一)闭合水准路线内业计算

水准测量外业结束后,必须对外业观测手簿进行认真的检查,在确定每站计算的高程准确无误后,做进一步的内业计算。

首先绘制一张水准路线略图,如图 1-4-1 所示。图上要注明水准路线起点、终点,以及路线上各固定点的编号,标明观测方向,根据外业观测手簿,计算路线上相邻固定点间的距离及高差。

1. 高差闭合差的计算

闭合水准路线高差总和 $\sum h$ 应等于零,若不等于零,其值即为高差闭合差,即

$$W_h = \sum h \qquad (1\text{-}4\text{-}1)$$

高差闭合差如果不超过规定的限差,则说明观测成果是合格的,否则应该进行外业重测。

等外水准路线高差闭合差的容许值为

$$W_容 = \pm 40\sqrt{S}\,(\text{mm}) \qquad (1\text{-}4\text{-}2)$$

式中,S 为水准路线总长度,单位为 km。

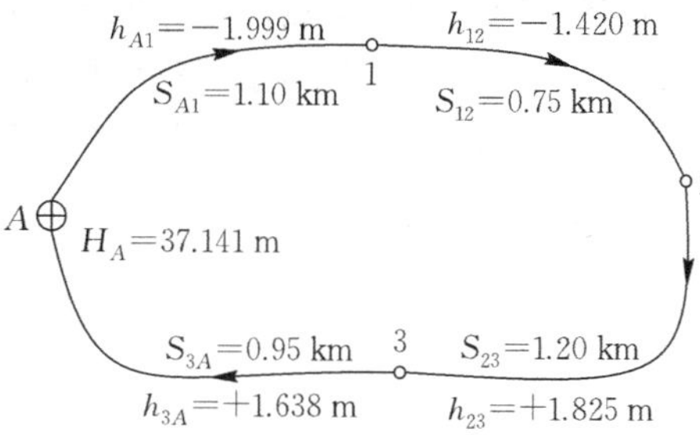

在山地,每千米超过 16 站时,高差闭合差的容许值为

$$W_容 = \pm 12\sqrt{n}\,(\text{mm}) \qquad (1\text{-}4\text{-}3)$$

式中,n 为测站数。

2. 高差改正数的计算

若 $W_h \leqslant W_容$,则 W_h 反号,按与水准路线各固定点间距离或测站数成反比进行调整。当各固定点间测站数大致相等时,按距离进行调整。其改正数为

$$V_i = -\frac{W_h}{S}S_i \qquad (1\text{-}4\text{-}4)$$

式中,V_i 为第 i 段高差改正数,S_i 第 i 段的距离。

当各固定点间的测站数相差较大时,按测站数进行调整,其改正数为

$$V_i = -\frac{W_h}{n}n_i \qquad (1\text{-}4\text{-}5)$$

式中,n_i 为第 i 段的测站数,n 为水准路线总站数。

3. 高程计算

从已知高程点开始,逐点求出高程,最后再沿水准路线,推出起始点高程,其值应与已知高程相等。计算实例如图 1-4-1 和表 1-4-2 所示。

图 1-4-1 闭合水准路线略图

表 1-4-2 闭合水准路线内业计算

点号	距离/km	测得高差/m	改正数/mm	改正后高差/m	高程/m	备注
A					37.141	已知高程
1	1.10	−1.999	−12	−2.011	35.13	
2	0.75	−1.420	−8	−1.428	33.702	
3	1.20	+1.825	−14	+1.811	35.513	
A	0.95	+1.638	−10	+1.628	37.141	已知高程
$\sum$	4.0	0.044	−44			

在闭合水准路线的内业计算中有四项检核应该注意。

(1)高差闭合差不得超过规定的容许值。

(2)高差改正数之和与高差闭合差大小相等、符号相反。

(3)改正后的高差之和应该等于零。

（4）最终推算的起始点高程应该等于已知的高程值。

其中（2）、（3）、（4）项属于计算检核，如果这三项不能满足要求，说明计算中存在错误，必须进行仔细的检查、核对，待查找到原因并予以纠正后，再进行后面的计算。手工计算时，为了避免多次返工，可以采用两人或两人以上对算的方式进行。

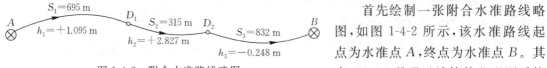

图 1-4-2 附合水准路线略图

（二）附合水准路线内业计算

首先绘制一张附合水准路线略图，如图 1-4-2 所示，该水准路线起点为水准点 A，终点为水准点 B。其中，S_1、h_1 是通过计算外业观测手簿中的观测数据求得的。

1. 高差闭合差的计算与调整

附合水准路线测得的高差总和 $\sum h = h_1 + h_2 + \cdots$ 应等于起点 A 和终点 B 的已知高差，即 $H_B - H_A$，如不相等，其差值为高差闭合差，即

$$W_h = \sum h - (H_B - H_A) \tag{1-4-6}$$

等外水准路线高差闭合差的容许值为

$$W_{容} = \pm 40\sqrt{S}\ (\text{mm}) \tag{1-4-7}$$

式中，S 为水准路线总长度，单位为 km。

在山地，每千米超过 16 站时，高差闭合差的容许值为

$$W_{容} = \pm 12\sqrt{n}\ (\text{mm})$$

式中，n 为测站数。

若 $W_h \leqslant W_{容}$，则 W_h 反号，按与水准路线各固定点间距离或测站数成反比进行调整。当各固定点间测站数大致相等时，按距离进行调整。其改正数为

$$V_i = -\frac{W_h}{S}S_i \tag{1-4-8}$$

式中，V_i 为第 i 段高差改正数，S_i 为第 i 段的距离。

当各固定点间的测站数相差较大时，按测站数进行调整，其改正数为

$$V_i = -\frac{W_h}{n}n_i \tag{1-4-9}$$

式中，n_i 为第 i 段的测站数，n 为水准路线总站数。

2. 高程计算

由水准路线起始点的高程开始，加经改正的高差，逐点计算高程，最后计算的终点高程应与已知值相等。计算实例如图 1-4-2 和表 1-4-3 所示。

（三）支水准路线内业计算

首先绘制一张支水准路线略图，如图 1-4-3 所示。支水准路线起点为水准点 A。

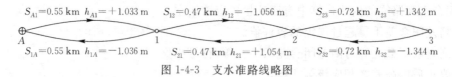

图 1-4-3 支水准路线略图

表 1-4-3 附合水准路线平差计算

点号	距离/m	高差/m	改正数/mm	改正后高差/m	高程/m	备注
A					42.120	已知高程
	695	+1.095	−11	+1.084		
D_1					43.204	
	315	+2.827	−5	+2.822		
D_2					46.026	
	832	−0.248	−14	−0.262		
B					45.764	已知高程
$\sum$	1 842	+3.674	−30	+3.644		

1. 高差闭合差的计算

由于支水准路线采用往返测,故往返测高差的代数和应为零。如不为零,其值为高差闭合差,即

$$W_h = \sum h_{往} + \sum h_{返} \tag{1-4-10}$$

若高差闭合差不超过规范规定的限差,以等外水准测量为例,限差应为

$$W_{h容} = \pm 40\sqrt{L}\,(\text{mm}) \tag{1-4-11}$$

式中,L 为水准点间路线长度,单位为 km。

2. 高差计算

对于支水准路线,如果闭合差不超过限差,取各固定点间的往返测高差的平均值,即改正后的高差,公式为

$$h = \frac{1}{2}(h_{往} - h_{返}) \tag{1-4-12}$$

3. 高程计算

由已知高程的高级点开始,逐点计算高程。由于支水准路线只有一个已知高程的点,最后无检核条件,故计算要特别谨慎。计算实例如图 1-4-3 和表 1-4-4 所示。

表 1-4-4 支水准路线内业计算

点号	距离/m	高差/m		改正后高差/m	高程/m	备注
		往	返			
A					42.120	已知高程
	550	+1.033	−1.036	+1.034		
1					43.154	
	470	−1.056	+1.054	−1.055		
2					42.099	
	720	+1.342	−1.344	+1.343		
3					43.442	
$\sum$	1 842	+1.319	−1.326	+1.322（检核）	检核结果 43.442	

4-2 三、四等水准测量基础知识

一、三、四等水准测量的精度指标

国家三、四等水准测量的精度较普通水准测量的精度高,其技术指标如表 1-4-5 所示。三、四等水准测量的水准尺通常采用木质的、两面有分划的红黑面双面水准尺,表 1-4-5 中的黑红面读数差指一根水准尺的两面读数去掉常数之后所容许的差数。

表 1-4-5 三、四等水准测量技术指标

等级	仪器类型	标准视线长度 /m	后前视距差 /m	后前视距差累计 /mm	黑红面读数差 /mm	黑红面所测高差之差 /mm	检测间歇点高差之差 /mm
三等	S3	75	2.0	5.0	2.0	3.0	3.0
四等	S3	100	3.0	10.0	3.0	5.0	5.0

三、四等水准测量要求水准仪的 i 角不得大于 $20''$,其路线闭合差应满足表 1-4-6 所示的规定。

表 1-4-6 三、四等水准测量技术指标

等级	路线往返不符值限差	附合路线闭合差限差	闭合路线闭合差限差
三等	$\pm 12\sqrt{K}$	$\pm 12\sqrt{L}$	$\pm 12\sqrt{F}$
四等	$\pm 20\sqrt{K}$	$\pm 20\sqrt{L}$	$\pm 20\sqrt{F}$

二、三、四等水准测量的检核

(一)计算检核

由式 $\sum h = \sum a - \sum b$ 可知 B 点对 A 点的高差等于各转点之间高差的代数和,也等于后视读数之和减去前视读数之和,故此式可作为计算的检核。计算检核只能检查计算是否正确,并不能检核观测和记录的错误。

(二)测站检核

如上所述,B 点的高程是根据 A 点的已知高程和转点之间的高差计算出来的。其中若测错或记错任何一个高差,则计算出来的 B 点高程就不正确。因此,对每一站的高差均需要进行检核,这种检核称为测站检核,测站检核常采用两次仪器高法或双面尺法。

1. 两次仪器高法

两次仪器高法是在同一个测站上变更仪器高度(一般将仪器升高或降低 0.1 m 左右)进行两次高差测量,用测得的两次高差进行检核。如果两次测得的高差之差不超过容许值(如等外水准容许值为 6 mm),则取其平均值作为最后结果,否则需要重测。

2. 双面尺法

双面尺法是保持仪器高度不变,而用水准尺的黑红面测量两次高差进行检核。双面尺法测得的高差之差的容许值和两次仪器高法测得的两个高差之差的限差相同。

(三)成果检核

测站检核只能检核一个测站上是否存在错误或误差超限。对于整条水准路线来讲,还不足以说明所求水准点的高程精度符合要求。例如,由温度、风力、大气折光及立尺点变动等外界条件引起的误差,尺子倾斜、估读误差,水准仪本身的误差,以及其他系统误差等,虽然在一个测站上反映不很明显,但整条水准路线累积的结果将可能超过容许的限差。因此,还须进行整条水准路线的成果检核。成果检核的方法随着水准路线布设形式的不同而不同。

1. 附合水准路线的成果检核

由图 1-4-4 可知,在附合水准路线中,各待定高程点间高差的代数和应等于两个水准点间的高差。如果不相等,两者之差称为高差闭合差 f_h,其值不应超过容许值。用公式表示为

$$f_h = \sum h_{测} - (H_{终} - H_{始}) \tag{1-4-13}$$

式中,$H_{终}$ 表示终点水准点 B 的高程,$H_{始}$ 表示起始点水准点 A 的高程。

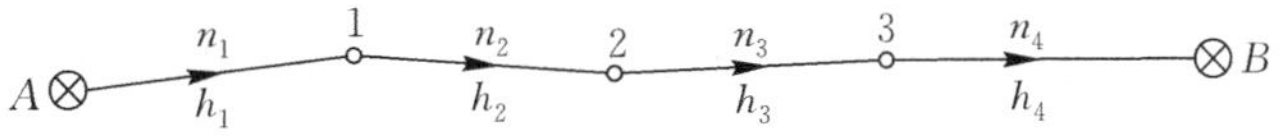

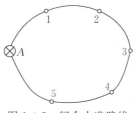

图 1-4-4 附合水准路线计算略图

各种测量规范对不同等级的水准测量规定了高差闭合差的容许值。例如,我国《工程测量标准》(GB 50026—2020)规定,三等水准测量路线闭合差不得超过 $\pm 12\sqrt{L}$ mm;四等水准测量路线闭合差不得超过 $\pm 20\sqrt{L}$ mm,在起伏地区则不应超过 $\pm 6\sqrt{n}$ mm;普通水准测量路线闭合差不得超过 $\pm 40\sqrt{L}$ mm。 这里的 L 为水准路线的长度,以 km 为单位,n 为测站数。

当 $|f_h| \leqslant |f_{h容}|$ 时,成果合格,否则须重测。

2. 闭合水准路线的成果检核

如图 1-4-5 所示,在闭合水准路线中,各待定高程点之间的高差的代数和理论上应等于零,即

$$\sum h_{理} = 0 \tag{1-4-14}$$

由于测量误差的影响,实测高差总和 $\sum h_{测}$ 不等于零,它与理论高差总和的差数即为高差闭合差。用公式表示为

$$fh = \sum h_{测} - \sum h_{理} = \sum h_{测} \tag{1-4-15}$$

其高差闭合差亦不应超过容许值。

图 1-4-5 闭合水准路线

3. 支水准路线的成果检核

在图 1-4-6 所示的支水准路线中,理论上往测与返测高差的绝对值应相等,即

$$\left| \sum h_{返} \right| = \left| \sum h_{往} \right| \tag{1-4-16}$$

两者如不相等,其差值即为高差闭合差,可通过往返测进行成果检核。

图 1-4-6　支水准路线计算略图

三、水准测量观测的注意事项

水准测量观测的注意事项如下。

(1)水准观测所用的水准仪、水准尺,应按规定进行检验和校正。

(2)除路线拐弯处外,每一测站的仪器和前、后尺的位置应尽量在一条直线上,视线还要高出地面一定距离。

(3)同一测站不得两次调焦。

(4)每一测段的往返测站数均应为偶数,否则应加水准尺零点差改正数。

(5)在高差很大的地区进行三、四等水准测量时,应尽可能使用殷钢水准尺。

四、超限成果的处理与分析

超限成果的处理与分析方法如下。

(1)测站观测超限,在本站检查发现后,可立即重测,若迁站后才发现,则应从水准点或间歇点开始重测。

(2)测段往返测高差不符值超限,应分析原因,先对可靠程度小的往测或返测进行整测段重测。若重测的高差与同方向原测高差的不符值不超过限差,且其中数与另一单程原测高差的不符值也不超过限差,则仍取此数作为该单程的高差结果,如超限则取重测结果。若重测结果与另一单程之间仍超限,则重测另一单程。如果出现同向不超限而异向超限的分群现象时,要进行具体分析,找出出现系统误差的原因,采取适当措施,再进行重测。

(3)路线或环线闭合差超限时,应先在路线可靠程度较小的个别测段进行重测。

(4)由往返高差不符值计算的每千米高差中数的偶然误差超限时,要分析原因,重测有关测段。

五、水准测量误差分析

水准测量误差按其来源有仪器误差、外界因素引起的误差和观测误差。研究这些误差影响规律的目的,是找出减弱或消除误差影响的方法,以提高观测精度。

(一)视准轴与水准管轴不平行的误差

如图 1-4-7 所示,水准管轴与视准轴在垂直面上的投影不平行而产生的交角称为 i 角。在四等水准观测中,要求把 i 角校正到 $20''$ 之内。当水准管轴水平时,残余的 i 角将使视准轴倾斜,从而产生前、后视水准尺读数误差 $\dfrac{D_{前}}{\rho''}i$ 和 $\dfrac{D_{后}}{\rho''}i$。于是,测站高差的误差为

$$\delta_{h_i} = \frac{D_{后}}{\rho''}i - \frac{D_{前}}{\rho''}i = \frac{i}{\rho''}(D_{后} - D_{前}) = \frac{i}{\rho''}d \tag{1-4-17}$$

式中, d 为测站的前后视距差。

由式(1-4-17)可知,各测站前后视距差累积值引起的测段高差误差为

$$\sum_{1}^{n}\delta_{h_i}=\frac{i}{\rho''}\sum_{1}^{n}d_i \tag{1-4-18}$$

要减弱 i 角误差引起的高差误差,首先应定期检校 i 角,以减小 i 角的数值。其次,在进行外业观测时,要做到测站前后视距完全相等是困难的,但可以将各测站的前后视距差和前后视距累积差限制在一定的范围内。因此在作业中,要注意及时调整前、后视视线长度,保证 $\sum d$ 不超过限差。

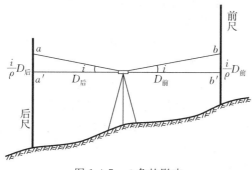

图 1-4-7 i 角的影响

(二)观测误差

(1)读数误差。普通水准测量中,在水准尺上所读数值的毫米部分是估读得到的,观测者的视觉误差和估读时的判断误差就会反映到读数中。估读误差的大小与厘米分格影像的宽度及十字丝的粗细有关,而这两者又与望远镜的放大倍率及观测视线的长度有关。因此,为削弱估读误差影响,在各级水准测量中,要求望远镜具有一定的分辨率,并规定视线长度不超过一定限值,以保证估读的正确性。此外,在观测中要仔细进行物镜和目镜对光,以便消除视差给读数带来的影响。

(2)水准尺倾斜误差。在水准测量中,竖立水准尺时常常出现前后或左右倾斜的现象,使横丝在水准尺上截取的数值总是比水准尺竖直时的读数要大,而且视线越高,水准尺倾斜引起的读数误差就越大。因此,在进行水准测量时,立尺员应将水准尺扶直。有的水准尺上装有水准器,在立尺时应使水准器气泡居中,这样可以使水准尺倾斜误差的影响减弱。

(3)水准器气泡不居中的误差。在进行水准测量时,水平视线是通过气泡居中来实现的,而气泡居中又是由观测者目估判断的。气泡居中的最大误差为 $0.1\tau \sim 0.15\tau$(τ 为水准管的分划值)。当使用符合水准器时,气泡居中的精度可提高到 $\dfrac{0.15\tau}{2}$。例如,DS3 型水准管的分划值 $\tau=20''$,则到 $\dfrac{0.15\tau}{2}=1.5''$;当视线长为 100 m 时,由气泡居中误差引起的最大读数误差为

$$x=\frac{1.5''}{\rho''}\times 100\ \text{m}=\frac{1.5''}{206\,265''}\times 10^5\ \text{m}=0.75\ \text{mm}$$

实际观测时,要求在进行前后视读数时,注意观测气泡居中的情况,及时加以调整,同时注意避免强烈阳光直射仪器,必要时给仪器打伞。这样,就可以有效地减弱气泡居中误差的影响。

(三)水准尺的误差

(1)水准尺每米真长的误差。水准尺分划的正确程度将直接影响观测成果的精度。尤其

是由于刻划制作不正确引起的系统误差,是不能在观测中被发现、避免或抵消的,只有水准路线附合在两个已知高程的高级点上时才可发现。因此,观测(四等以上)前必须做好水准尺分划线每米分划间隔真长的测定。当一对水准尺1米间隔平均真长与1米之差大于0.02 mm时,必须对观测成果施加水准尺1米间隔真长的改正。

(2)水准尺零点不等的误差。水准尺出厂时,水准尺底面与水准尺第一个分格的起始线(黑面为零,红面为4 687或4 787)应当一致。但由于磨损等原因,有时不能完全一致。水准尺的底面与第一分格的差数叫作水准尺零点误差。一对水准尺零点误差之差叫作一对水准尺的零点差。每一站水准测量的高差都包含了一对水准尺零点差。在两个测站的情况下,甲水准尺在第一站时为后视水准尺,第二站时转为前视水准尺,而乙水准尺(即第一站时的前视水准尺,第二站时的后视水准尺)的位置却没有变动。这时求两站的高差和,就可以消除两水准尺零点误差不相等的影响。这与两点间高差不受中间转点位置高低的影响是同一个道理,即水准尺零点误差的影响对于测站数为偶数站的水准路线可以自行抵消。但若测站数为奇数时,则高差中将含有这种误差的影响。因此,规范要求每一测段的往测或返测,其测站数均应为偶数,否则应加入水准尺零点误差改正(四等以上)。

(四)大气垂直折光误差影响

由于近地面大气层的密度分布一般随高度而变化,所以视线通过时就会在垂直方向上产生弯曲,并且弯向密度大的一方,这种现象叫作大气垂直折光。如果在平坦地区进行水准测量,前后视距相等,则前后视线弯曲的程度相同,折光影响即相同,在高差计算中就可以消除这种影响。但是,如果前后视线距离地面的高度不同,则视线所经大气层的密度也不相同,其弯曲程度也就不同,所以前后视相减所得高差就要受到垂直折光的影响。尤其是当水准路线经过一个较长的斜坡时,前视超出地面的高度总是大于(或小于)后视超出地面的高度,这时折光误差影响就呈现系统性质。为减弱垂直折光的影响,视线离开地面应有一定的高度,一般要求三丝均能读数,同时前后视距尽量相等,在坡度较大的地段可以适当缩短视线。此外,应尽量选择大气密度较稳定的时间段观测,每一测段的往测和返测分别在上午与下午进行,以便在往返高差的平均值中减弱垂直折光的影响。

另外,水准测量误差还有来自水准尺、水准仪受自身重量影响引起的水准尺及仪器升降的误差。

子任务 5　竖直角观测

5-1　竖直角观测操作步骤

竖直角观测操作步骤如下。

(1)将经纬仪安置在测站上,对中整平,盘左位置照准目标,固定望远镜,用望远镜微动螺旋,使十字丝的横丝精确地切准目标的顶部(图 1-5-1)。

(2)旋转指标水准管微动螺旋,使气泡居中,再查看一下十字丝横丝是否切准目标,确认切准后,立即读取读数 L 并记入手簿中。

(3)盘右照准目标同一部位,以同样的方法,读取读数 R 并记录。这样就完成了一测回的竖直角观测。若需要进行两测回,则只需要按上述步骤,重复观测一次。

指标差 i 对于同一台仪器,在同一段时间内应是常数。但由于在观测中不可避免地带有误差,所以各方向或各测回所计算的指标差可能互不相同。指标差本身大小无关紧要,因为可采用正、倒镜观测消除其影响,但为计算方便,当指标差过大时应进行校正。各方向指标差变化的大小能反

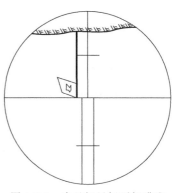

图 1-5-1　中丝切目标顶部瞄准

映观测质量,故在有关测量规范中,对指标差的变化范围均有相应的规定。在地形测量中,用 J6-2 型经纬仪进行竖直角观测时,指标差之差不得超过 $\pm 25''$。另外,竖直角各测回较差,一般也不允许超过 $\pm 25''$。

5-2　竖直角观测基础知识

一、竖直角测量原理

竖直角测量的目的是确定地面点的高程。竖直角又叫倾斜角,是指在目标方向所在的竖直面内,目标方向与水平方向之间的夹角,如图 1-5-2 所示,BA 方向的竖直角为 α_A,BC 方向的竖直角为 α_C。目标方向在水平方向以上,竖直角为正,叫仰角;目标方向在水平方向以下,竖直角为负,叫俯角。竖直角是从水平视线向上或向下量到照准方向线,角值为 $-90° \sim +90°$。

根据以上分析可知,观测水平角和竖直角的仪器,必须具备三个主要条件。

(1)必须能安置在过角顶点的铅垂线上。

(2)有一圆刻度盘,其圆心过角顶点的铅垂线并能安置成水平,用来确定水平角值。在竖直面内(或平行于竖直面的位置),设置一竖直刻度盘(简称竖盘),用来确定竖直角值。

(3)仪器必须有能在水平方向和竖直方向转动的瞄准设备。

一般经纬仪就是按上述条件制成的测角仪器。

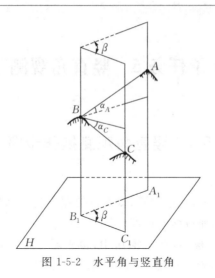

图 1-5-2 水平角与竖直角

二、竖盘结构

经纬仪的竖盘即竖直度盘,装在望远镜旋转轴的一侧,专门用于观测竖直角。竖盘示意如图 1-5-3 所示。

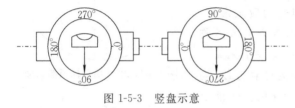

图 1-5-3 竖盘示意

当经纬仪安置在测站上时,水平度盘已整平,竖盘处于竖直状态。因竖盘与望远镜固结在一起,当望远镜上、下转动时,望远镜带动度盘一起转动。竖直角是竖直平面内目标方向与水平方向所构成的角度,任何竖直角都包含有水平方向。当视线水平时,竖盘读数为一特殊值,通常为 90°或 270°。用于读数的指标装置装有水准管,用来判断指标位置的正确与否,当指标水准管气泡居中时,指标就处于正确位置。因此,观测竖直角时,只需要测得目标方向的竖盘读数,即可计算竖直角。

竖盘刻划注记方式有多种,常见的有全圆式,即从 0°～360°注记。图 1-5-3 为 J6-2 型光学经纬仪竖盘注记的形式。

三、竖盘指标差

当望远镜视准轴水平、竖盘指标水准管气泡居中时,读数指标没有对准相应的特殊值(90°或 270°),而是比特殊值大了或小了一个小角值,这个小角值称为竖盘指标差,简称指标差,常以 i 表示(图 1-5-4)。在计算竖直角时,必须消除指标差的影响。

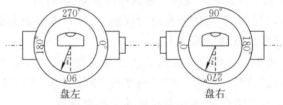

盘左　　　　　　　　　　盘右

图 1-5-4 指标差示意

四、竖直角及指标差的计算

由于竖盘刻划与注记的不同,用竖盘读数计算竖直角和指标差的公式也各不相同,但其计算原理却是一样的。现以 J6-2 型光学经纬仪的竖盘刻划注记为例,说明竖直角和指标差的计算方法。

（一）指标差为零时的竖直角的计算

如图 1-5-5 所示,观测某一目标,当无指标差时:盘左观测的竖直角为 $\alpha_左$,竖盘读数为 L;盘右观测的竖直角为 $\alpha_右$,竖盘读数为 R。由此可看出

$$\alpha_左 = 90° - L \tag{1-5-1}$$

$$\alpha_右 = R - 270° \tag{1-5-2}$$

按式(1-5-1)和式(1-5-2)计算的竖直角有正、负之分,正值表示仰角,负值表示俯角。当竖盘注记与 J6-2 型经纬仪竖盘注记不同时,可按以下方法对照仪器推导公式。

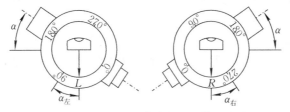

图 1-5-5　半测回竖直角与观测值的关系

1. 盘左位置

将望远镜大致置平,从读数显微镜中观察竖盘读数是逐渐增加还是逐渐减少。当望远镜上仰、读数增加时,有

$$\alpha_左 = [竖盘读数] - [视线水平时的特殊值]$$

当望远镜上仰、读数减少时,有

$$\alpha_左 = [视线水平时的特殊值] - [竖盘读数]$$

2. 盘右位置

可按盘左位置竖直角推导法导出 $\alpha_右$ 的计算公式。

（二）指标差不为零时的竖直角的计算

现仍以 J6-2 型光学经纬仪为例介绍竖直角计算方法。图 1-5-6 表示盘左和盘右观测同一目标时,指标差 i 导致度盘读数受到影响。

盘左时,由式(1-5-1)得

$$\alpha_左 = 90° - (L - i) = 90° - L + i \tag{1-5-3}$$

盘右时,由式(1-5-2)得

$$\alpha_右 = (R - i) - 270° = R - 270° - i \tag{1-5-4}$$

式(1-5-3)和式(1-5-4)相加,得

$$\alpha = \frac{R - L - 180°}{2} \tag{1-5-5}$$

式(1-5-5)就是竖直角的计算公式。从式(1-5-5)可看出,取盘右读数和盘左读数之差减180°再除以2,或取盘左和盘右观测的竖直角的平均值,都能够消除指标差的影响。实际应用

的经纬仪都或多或少地存在指标差,因此实际工作中必须采用这个公式计算竖直角。

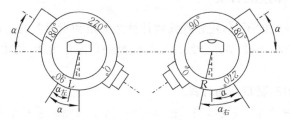

图 1-5-6　有指标差的竖直角观测

下面来推导计算指标差的公式。

式(1-5-3)减式(1-5-4)并除以 2,得

$$i = \frac{R + L - 360°}{2} \tag{1-5-6}$$

由式(1-5-6)可知,取盘左与盘右读数之和减 360°除以 2,或取盘右与盘左观测的竖直角之差再除以 2,都可以求得指标差 i。

例 1 用 J6-2 型光学经纬仪观测某一目标的竖直角,并记录于表 1-5-1 中,盘左读数为 $L = 85°40'30''$,盘右读数为 $R = 274°20'42''$,试计算竖直角 α 及指标差 i。

解:计算竖直角为

$$\alpha_左 = 90° - L = +4°19'30''$$
$$\alpha_右 = R - 270° = +4°20'42''$$

则

$$\alpha = \frac{\alpha_左 + \alpha_右}{2} = +4°20'06''$$

或

$$\alpha = \frac{R - L - 180°}{2} = +4°20'06''$$

求指标差为

$$i = \frac{\alpha_右 - \alpha_左}{2} = +36''$$

或

$$i = \frac{R + L - 360°}{2} = +36''$$

表 1-5-1　竖直角观测记录

测站	目标	盘左读数 /(° ′ ″)	盘右读数 /(° ′ ″)	指标差 /(″)	一测回竖直角值 /(° ′ ″)	各测回平均竖直角 /(° ′ ″)
O	A	85 40 30	274 20 42	+36	4 20 06	4 20 10
	A	85 40 24	274 20 54	+39	4 20 15	
	B	97 07 20	262 54 00	+40	−7 06 40	−7 06 30
	B	97 07 00	262 54 20	+40	−7 06 20	

五、竖直角观测的注意事项

竖直角观测的注意事项如下。

（1）水平丝照准目标的部位必须在手簿中注记说明，同一目标必须照准同一部位。

（2）盘左、盘右照准目标时，要目标影像位于竖丝附近两侧的对称位置上，以便纵转望远镜使前后所用的部位基本一致，尽量消除水平丝不水平的误差。用水平丝切准目标时，应徐徐转动望远镜微动螺旋，求得一次切准，不要来回上下移动。

（3）每一站应量取仪器高（测站标志顶部到仪器横轴的铅垂距离）和觇标高（照准点标志顶部到照准部位的铅垂距离），并应量取 2 次，每次读至 5 mm，若 2 次结果互差不超过 10 mm，可以取其平均值作为最终成果。

（4）每次读数前必须检查竖直度盘指标水准管气泡是否严格居中。

子任务 6　三角高程测量

6-1　三角高程测量操作步骤

一、三角高程测量的实施

三角高程测量外业观测主要是观测竖直角,还要量出仪器高和目标高。为防止测量差错和提高观测精度,凡组成三角高程路线的各边,应进行直觇、反觇观测,即对向观测,如图 1-6-1所示。

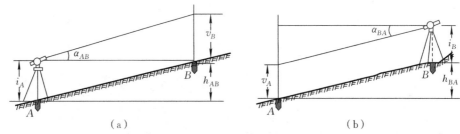

（a）　　　　　　　　　　　　　　　　　（b）

图 1-6-1　三角高程测量直觇、反觇观测

（一）直觇

如图 1-6-1(a)所示,从已知高程点 A,观测未知高程点 B,测定竖直角 α_{AB}、仪器高 i_A 和目标高 v_B,其高差 h_{AB} 计算公式为

$$h_{AB} = S\tan\alpha_{AB} + i_A - v_B + f$$

（二）反觇

如图 1-6-1(b)所示,从未知高程点 B 观测已知高程点 A,测定竖直角 α_{AB}、仪器高 i_B 和目标高 v_A,其高差 h_{BA} 计算公式为

$$h_{BA} = S\tan\alpha_{BA} + i_B - v_A + f$$

由直觇、反觇求得同一条边的高差不符值一般不得超过规范规定。当符合要求后,平均高差为

$$h'_{AB} = \frac{1}{2}(h_{AB} - h_{BA}) \tag{1-6-1}$$

亦得

$$h'_{AB} = \frac{1}{2}\left[(S\tan\alpha_{AB} - S\tan\alpha_{BA}) + (i_A - i_B) + (v_A - v_B) + (f - f)\right] \tag{1-6-2}$$

从式(1-6-1)和式(1-6-2)可以看出,对向观测可以基本抵消球气差的影响。但为了检核对向观测的高差是否符合限差要求,在计算 h_{AB} 和 h_{BA} 时,仍需要加入两差改正数。

独立交会点的高程可由三个已知点的单觇(仅作直觇或反觇)观测测定。例如,后方交会点可由三个反觇测定,前方交会点可由三个直觇测定。侧方交会高程点的高程也可由一个已知点的单觇与另一个已知点的直觇、反觇观测测定。

二、三角高程测量路线的计算

计算图根三角高程测量路线的目的是求出路线上各图根点的高程。计算前,要检查外业观测手簿,确认无误后才能开始计算。

(一)高差计算

由手簿中查取三角高程路线上各站的竖直角、仪器高、目标高,以及从平面图根控制计算成果表中查得的相应边的水平距离,填于计算表格中。当对向观测高差之较差在限差范围内时,则按式(1-6-1)计算其平均高差。

(二)高差闭合差的计算与调整

三角高程路线闭合差的计算与调整方法与水准路线高差闭合差的计算与调整方法基本相同,附合三角高程路线闭合差为

$$W_h = \sum h - (H_A - H_B)$$

闭合三角高程路线闭合差为

$$W_h = \sum h$$

式中,$\sum h$ 为路线上各站高差总和,H_A 为路线起始点高程,H_B 为路线终点高程。

当高程闭合差不超过表 1-6-4 的限值时,则按与边长成正比进行调整,其改正值为

$$V_{hi} = -\frac{W_h}{\sum S} S_i \tag{1-6-3}$$

式中,$\sum S$ 为路线上各边水平距离的总长,S_i 为第 i 条边的水平距离。

(三)高程计算

从路线起始点出发,根据改正后的高差,逐点计算各点高程。

例 1　设某测区平面控制网中有一线形锁,如图 1-6-2 所示。A、B 点已由水准测量确定其高程,现选择 $A—1—3—2—4—B$ 为图根三角高程路线,求图根点 1、2、3、4 的高程。

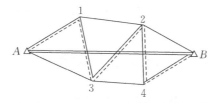

图 1-6-2　图根三角高程路线

(1)高差计算。高差计算在表 1-6-1 中进行,且仅列出路线中 $A—1—3$ 的高差计算,$3—2—4—B$ 部分的高差计算略。

表 1-6-1　三角高程路线计算

所求点	1		3	
起算点	A	A	1	1
觇法	直觇	反觇	直觇	反觇
α	$4°30'06''$	$-4°18'12''$	$-11°50'18''$	$+12°14'06''$
S/m	375.108	375.108	162.554	162.554

续表

所求点	1		3	
起算点	A	A	1	1
觇法	直觇	反觇	直觇	反觇
$S\tan\alpha$	+29.533	−28.226	−34.073	+35.249
i/m	+1.500	+1.400	+1.450	+1.500
V/m	−1.800	−2.400	−2.600	−1.500
f/m	+0.009	+0.009	+0.002	+0.002
h/m	+29.242	−29.217	−35.221	+35.251
平均高差/m	29.230		−35.236	

（2）高差改正与高程计算。高差闭合差计算、调整和高程计算在表1-6-2中进行。

表1-6-2　图根三角高程路线高差改正与高程计算

点号	距离/m	观测高差/m	改正数/m	改正后高差/m	点之高程/m	备注
A					80.120	已知高程
	375.108	+29.230	−0.054	+29.176		
1					109.296	
	162.554	−35.236	−0.024	−35.260		
3					74.036	
	412.580	+18.157	−0.060	+18.097		
2					92.133	
	200.778	−24.278	−0.029	−24.307		
4					67.826	
	130.130	−18.213	−0.033	−18.246		
B					49.580	已知高程
$\sum$	1 381.150	−30.340	−0.200	−30.540		

$$W_h = \sum h - (H_B - H_A) = +0.200 \text{ m}$$

$$W_{h_{限}} = \pm 0.1 H_c \sqrt{n_S} = \pm 0.1 \times \sqrt{5} = \pm 0.223 \text{(m)（等高距1 m）}$$

6-2　三角高程测量基础知识

用水准测量方法测定图根点高程的精度较高，但应用在地形起伏变化较大的山区、丘陵地区十分困难。在这种情况下，通常要采用三角高程测量的方法。

一、三角高程测量方法的基本原理

三角高程测量的方法是在相邻两点间观测其竖直角，再根据这两点间的水平距离，应用三角几何原理计算两点间的高差，进而推算点的高程。

如图1-6-3所示，设A、B点为相邻两图根点，欲求出B点对于A点的高差h_{AB}。将经纬仪安置于A点，量出望远镜旋转轴至标石中心的高度i_A（称仪器高），用望远镜十字丝横丝切准B点上花杆的顶端，量取目标高v_B，从竖直度盘上测出竖直角α_{AB}，若A、B点间已知水平距离为S，则A、B点的高差为

$$h_{AB} = \text{Stan}\alpha_{AB} + i_A - v_B \qquad (1\text{-}6\text{-}4)$$

式中，α_{AB} 为竖直角，仰角时取正号，相应的 $\text{Stan }\alpha_{AB}$ 也为正；俯角时取负号，其相应的 $\text{Stan }\alpha_{AB}$ 也为负。

若观测时，用十字丝横丝切花杆处与仪器同高，则 $i_A = v_B$，这时 $h_{AB} = \text{Stan}\alpha_{AB}$。$\alpha_{AB}$、$i_A$、$v_B$ 的测定往往与水平角观测同时进行。

若已知 A 点高程为 H_A，则 B 点高程为

$$H_B = H_A + h_{AB} \qquad (1\text{-}6\text{-}5)$$

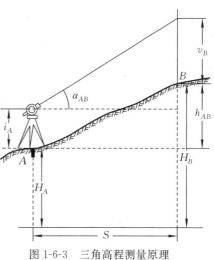

图 1-6-3　三角高程测量原理

二、地球曲率和大气折光对高差的影响

式(1-6-4)是以水平面为起算面的，即把地球表面视为平面，但大地水准面并不是平面，而是曲面。图 1-6-4 中 AF 为过 A 点的水准面，AE 为过 A 点的水平面，而 EF 为水平面代替水准面对高差的影响，称为球差，若不改正，球差会使高差变小。

另外，地球是被大气层包围的，大气层的密度随高度而变化，离地面越近，大气密度越大。光线通过不同密度的大气层所产生的大气折光的轨迹，是一条凸起向上的曲线。图 1-6-4 中，从 A' 点观测 M 点时，视准轴应是 $A'M$ 方向，但由于存在大气折光的影响，视线位于 $A'M$ 的切线方向 $A'M'$ 上，这样测得的竖直角就偏大了，依此算出的高差多了 MM'。这种由大气折光所产生的影响，称为气差，若不加改正，气差会使测得的高差加大。

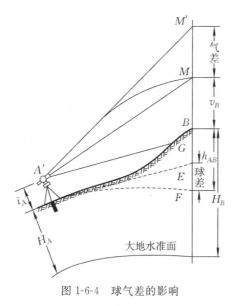

图 1-6-4　球气差的影响

综上所述，在进行三角高程测量的内业计算时，应当考虑球差和气差的影响。若考虑这两项影响，则高差的计算公式为

$$
\begin{aligned}
h_{AB} &= EF + EG + GM' - MM' - BM \\
&= \text{Stan}\alpha_{AB} + i_A - v_B + (FE - MM') \\
&= \text{Stan}\alpha_{AB} + i_A - v_B + f
\end{aligned}
\qquad (1\text{-}6\text{-}6)
$$

式中，$f = FE - MM'$ 称为球气差改正，其值可参照 $f = 0.43 \dfrac{S^2}{R}$ 算出。其中，R 为地球半径，可取 6 371 km；f 恒为正值，一般可用计算器迅速算得，也可编成球气差改正数表，以距离 S 为引数可直接查表 1-6-3。

表 1-6-3　球气差改正表示意

S/m	f/mm	S/m	f/mm
50	0	550	20.4
100	0.7	600	24.3
150	1.5	650	28.5
200	2.7	700	33.1
250	4.2	750	38.0
300	6.1	800	43.2
350	8.3	850	48.8
400	10.8	900	54.7
450	13.7	950	60.9
500	16.9	1 000	67.5

三、图根三角高程路线的布设

在地势起伏较大的测区，图根点高程除尽量在坡缓地区用水准测量的方法测定少量图根点高程作为图根三角高程测量的起点和终点外，其余图根点可根据分布情况，尽量沿最短边和最短路线组成三角高程闭合路线或附合路线，来确定图根点高程。

三角高程路线发展层次一般不多于两级，一级起闭于水准测量的固定点，二级在一级的基础上进行加密。

以交会定点的方法测定图根点高程，可由几个已知高程的平面控制点，用三角高程测量方法独立交会确定其高程。图根三角高程测量的主要技术要求应符合表 1-6-4 的规定。

表 1-6-4　图根三角高程测量的主要技术要求

仪器类型	测回数	垂直角较差、指标差较差/(″)	对向观测高差、单向两次高差较差/m	各方向推算的高程较差/m	附合或闭合路线闭合差/m
DJ6	1	$\leqslant 25$	$\leqslant 0.4S$	$\leqslant 0.2H_c$	$\leqslant \pm 0.1 H_c \sqrt{n_S}$

注：(1) S 为边长（单位为 km），H_c 为基本等高距（单位为 m），n_S 为边数。

(2) 仪器高和觇标高应量至毫米，高差较差或高程较差在限差内时，取其中数。

四、独立交会高程点的计算

独立交会高程点的高差计算方法与上述路线高差计算方法基本相同。由各已知高程点计算的交会点的高程较差不应超过表 1-6-4 中的规定。

图 1-6-5 为用侧方交会测定的点 P，现用独立交会高程点计算方法计算 P 点高程。全部计算在表 1-6-5 中进行。

表 1-6-5　独立交会高程点的计算

所求点	P		
起算点	A	A	B
觇法	直	反	反
$\alpha/(° ′ ″)$	−23 06 24	+23 27 24	+23 42 06
S/m	362.725	362.725	212.914
$S\tan\alpha$	−154.765	+157.379	+93.470
i/m	+1.250	+1.330	+1.330
V/m	−2.600	2.600	−2.600
f/m	+0.009	+0.009	+0.003
h/m	−156.106	+156.118	+92.203
H_0/m	459.470	459.470	395.590
H/m	303.364	303.352	303.378
$H_{平均}/m$	303.368		
备注	H_0 为已知高程(等高距为 1 m),高差限差为 0.2 m		

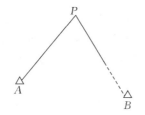

图 1-6-5　独立交会高程点

　　按照直觇、反觇分别计算未知点的高程,由于观测误差的存在和受其他因素的影响,得到的未知点的高程实际上不一致,如果其较差不超过表 1-6-4 中的规定,可以取平均值作为最终结果。

任务 2 图根平面控制测量

【教学任务设计】

(1)任务分析。平面控制测量是地形图测绘必须进行的一项工作。各学习小组的测区范围大约为 200 m×250 m,测区大部分地势平坦,图根平面控制测量采用导线测量是合适的,个别地区高差比较大,距离丈量比较困难,则采用解析交会法。导线测量路线可以根据实际情况采用闭合导线、附合导线等形式。测区内已有少量的高级控制点可以作为已知点使用。

(2)任务分解。测区内平面控制测量的任务包括对已知高级控制点的检查利用和图根平面控制测量两部分。由于各个测区内均有少量的已知高级平面控制点,因此各作业组可以分别独立布设图根导线。该项测量的任务可以分解为角度观测、距离丈量、导线测量、内业计算和解析交会等。

(3)各环节功能。图根导线测量是在测区内建立图根平面控制点的重要手段;角度观测和距离丈量是导线测量的重要环节,是建立测区内的全面的图根平面控制网的主要途径;解析交会测量是建立测区内全面的图根平面控制的补充措施,尤其是对于高差大的地区,这种方法的优势更加明显。

(4)作业方案。测区内平面控制测量的任务包括导线测量和解析交会测量两部分,由于各个测区内均有少量的已知高级平面控制点,所以各作业组在作业时可以独立布设以附合导线或闭合导线为主的图根平面控制。图根平面控制网最多发展两级。

(5)教学组织。本任务情境的教学共 32 学时,分为 4 个相对独立又紧密联系的子任务。教学过程中以作业组为单位,每组 1 个测区,在测区内分别完成角度测量、距离测量、导线测量、图根平面控制测量内业计算和解析交会测量的作业任务。作业过程中教师全程参与指导。每组领用的仪器设备包括经纬仪、全站仪、棱镜、测钎、花杆、钢尺、小钢尺、测伞、点位标志、记录板、记录手簿等。要求尽量在规定时间内完成外业作业任务,个别作业组在规定时间内没有完成的,可以利用业余时间继续完成任务。在整个作业过程中,教师除进行教学指导外,还要实时进行考评并做好记录,这是学生成绩评定的重要依据。

子任务 1 水平角测量

1-1 水平角测量操作步骤

一、经纬仪的安置和瞄准

用经纬仪观测水平角时,首先在水平角顶点安置经纬仪。仪器安置包括对中和整平两项。

(一)对中

将经纬仪水平度盘中心与角顶点置于同一铅垂线上,这种工作称为对中。欲观测水平角的顶点称为测站。对中时,先将三脚架放在测站点上,架头大致水平,高度适中。再在连接中心螺旋的钩上悬挂锤球,移动三脚架,使锤球尖大致对准测站点,将三脚架的各脚稳固地踩入地中。然后将经纬仪安装在三脚架上,旋紧连接中心螺旋。若垂球尖偏离测站点较大,需要平移脚架,使锤球尖对准测站点,再踩紧三脚架;若偏离较小,可略松连接螺旋,将仪器在三脚架头上的圆孔范围内移动,使锤球尖端精确地对准测站点,再拧紧连接螺旋。在地形测量中,对中误差一般应小于 3 mm。

对中也可用光学对中器进行。光学对中时,先要对光,然后将仪器在架头上平移,交替对中和整平,直至测站点的像在对中器中央,达到既对中又整平的目的。最后将中心连接螺旋拧紧。

对中时应注意的问题如下。

(1)打开三脚架后,应拧紧架腿固定螺旋;三脚架应约成等边三角形;安置脚架前要了解所观测的方向,避免观测时跨在架腿上。

(2)在地面坚硬的地区观测时,脚架应用绳子绑住或用石头等物顶住,防止脚架滑动。

(3)对中后,必须重新检查中心螺旋和脚架固定螺旋是否拧紧。

(4)脚架高度要适当,脚架跨度也不要太大,以便观测和仪器安全。

(二)整平

整平的目的是使仪器的竖轴竖直,使水平度盘处于水平位置。其步骤如下。

(1)使照准部水准管平行于任意两个脚螺旋连线方向,如图 2-1-1(a)所示。

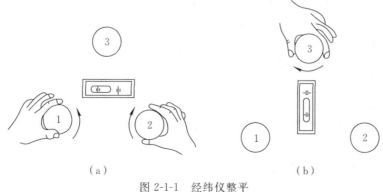

（a）   （b）

图 2-1-1 经纬仪整平

(2)两手同时向内或向外旋转脚螺旋1和2,使气泡居中。

(3)将照准部旋转90°,使水准管垂直于1和2两脚螺旋连线方向,如图 2-1-1(b)所示,然后旋转脚螺旋3,使气泡居中。

依上述步骤反复多次,直至照准部转到任意位置,气泡偏离中央均不超半格。

整平时应注意的问题如下。

(1)三个脚螺旋高低不能相差太大,即在脚螺旋调整范围内,否则需重新调整架头的水平,再进行对中整平。

(2)当仪器转动90°后,只能转动脚螺旋3使气泡居中,不能同时转动第三个和前两个脚螺旋中的一个。

对中和整平互相影响,尤其是使用光学仪器时,必须反复进行,直至两个目的同时达到。

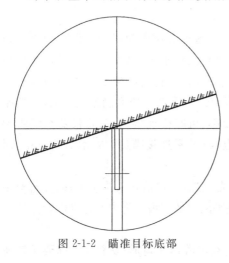

图 2-1-2 瞄准目标底部

(三)使用光学对中器进行经纬仪的对中和整平

固定三脚架的一条腿,两手分别握住另外两条腿。在移动这两条腿的同时,从光学对中器中观察,使对中器对准标志中心。此时脚架顶部并不水平,调节三脚架的伸缩连接处,使脚架顶部大致水平。

(四)瞄准

调节目镜使十字丝达到最清晰,然后用望远镜上的准星和照门,找到目标,当在望远镜内看到目标的像后,拧紧水平制动螺旋;消除视差,调节水平微动螺旋,用十字丝精确瞄准目标。

进行水平角观测时,应尽量瞄准目标底部,如图 2-1-2 所示。当目标较近、成像较大时,用十字丝竖丝的单丝,平分目标;当目标较远、成像较小时,可用十字丝竖丝与目标重合或将目标夹在两条竖丝中央。

二、测回法水平角观测

测回法适用于两个方向组成一个角度的情况,如图 2-1-3 所示,观测步骤如下。

(一)盘左位置

盘左位置的观测步骤如下。

(1)松开照准部和望远镜的制动螺旋,转动照准部,由望远镜上方通过照门和准星粗略瞄准目标 A,拧紧照准部和望远镜制动螺旋。仔细对光,用望远镜与照准部的微动螺旋,精确瞄准目标 A,读取水平度盘读数,设为 $a_左$,记入观测手簿(表 2-1-1 中 $0°01'12''$)。

(2)松开照准部和望远镜制动螺旋,顺时针转动照准部,用同样方法瞄准目标 B,读、记水平度盘读数为 $b_左 = 84°27'36''$。

图 2-1-3 两个目标方向的单角

以上两个步骤称上半测回,测得角值为

$$\beta_左 = b_左 - a_左$$

(二)盘右位置

盘右位置的观测步骤如下。

(1)松开照准部和望远镜制动螺旋,倒转望远镜,逆时针方向转动照准部,瞄准目标 B,读、记水平度盘读数为 $b_右 = 264°28'00''$。

(2)再松开照准部和望远镜制动螺旋,逆时针方向转动照准部,瞄准目标 A,读、记水平度盘读数为 $a_右 = 180°01'30''$。

以上两个步骤称下半测回,又测得角值为 $\beta_右 = b_右 - a_右$。 上、下两个半测回构成一个测回。

当两个半测回角值之差不超过规定时,则取它们平均值作为一测回的最后角值,即 $\beta = (\beta_左 + \beta_右)/2$。 测角精度要求较高时,需要观测几个测回,为减小水平度盘刻划不均匀误差的影响,在每一测回观测之后,要根据测回数 n,在每个测回将度盘起始方向改变 $180°/n$。 通常在第一测回瞄准第一个方向时,把度盘配置在 $0°00'$ 或稍大于 $0°00'$ 的位置。如果需要观测两测回,则 $n = 2$,可以计算出 $180°/2 = 90°$,即两个测回的起始方向读数应依次配置在 $0°00'00''$、$90°00'00''$ 或稍大的读数处,表 2-1-1 为测回法两测回观测水平角的记录格式。

表 2-1-1 测回法水平角观测手簿

测站	盘位	目标	水平度盘读数 /(° ′ ″)	半测回角值 /(° ′ ″)	平均角值 /(° ′ ″)	各测回平均方向值 /(° ′ ″)	备注
O	盘左	A	0 01 12	84 26 24	84 26 27		一测回
		B	84 27 36				
	盘右	A	180 01 30	84 26 30			
		B	264 28 00				
O	盘左	A	90 01 18	84 26 06	84 26 09	84 26 18	二测回
		B	174 27 24				
	盘右	A	270 01 24	84 26 12			
		B	354 27 36				

(三)测回法水平角观测限差

用测回法观测时,通常有两项限差,一项是两个半测回角值之差,另一项是各测回角值之差。这两项限差在有关测量规范中,根据不同的要求,都有其明确规定。例如,用 J6 型经纬仪,在进行图根水平角观测时,第一项限差为 $\pm 35''$,第二项限差为 $\pm 25''$。

二、方向观测法水平角观测

方向观测法适用于在一个测站上,有两个以上的观测方向且需要测量多个角的情况。如图 2-1-4 所示,测站 O 上有四个方向,即 OA、OB、OC、OD。下面介绍其观测步骤、记录与计算方法。

(一)观测步骤

方向观测法水平角观测的步骤如下。

(1)在测站 O 上安置仪器并对中、整平。

(2)盘左位置观测(上半测回)。将水平度盘安置在 $0°01'$ 左右读数处。以 A 为起始方向,按顺时针方向依次观测 B、

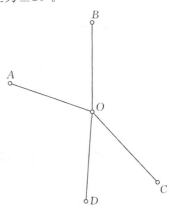

图 2-1-4 方向观测法

C、D 各方向，并将各方向的水平度盘读数依次记入观测手簿（表 2-1-2）中。继续顺时针方向转动经纬仪照准部，照准起始方向 A，再读一次水平度盘读数并记入观测手簿。该次观测称为"归零"。归零的目的是检查观测过程中水平度盘是否发生变动。

表 2-1-2　水平角观测手簿(方向观测法)

照准 目标	读数/(° ′ ″)		左一右（2C） /(″)	$\dfrac{\text{左}+\text{右}}{2}$/(″)	方向值 /(° ′ ″)	各测回平均方向值 /(° ′ ″)
	盘左	盘右				
A	0 02 36	180 02 42	−06	39	0 00 00	0 00 00
B	70 23 36	250 23 42	−06	39	70 21 05	70 21 00
C	228 19 24	48 19 30	−06	27	228 16 53	228 16 48
D	254 17 54	74 17 54	00	54	254 15 20	254 15 16
A	0 02 30	180 02 30	−00	30		
归零差：$\Delta_左 = -06''$，$\Delta_右 = -12''$						
A	90 03 12	270 03 18	00	15	0 00 00	
B	60 24 06	340 24 12	−06	09	70 20 55	
C	318 20 00	138 19 54	+06	57	228 16 43	
D	344 18 30	164 18 24	+06	27	254 15 13	
A	90 03 18	270 03 24	+06	12		
归零差：$\Delta_左 = +06''$，$\Delta_右 = -12''$						

（3）盘右位置观测（下半测回）。倒转经纬仪望远镜，使其变成盘右位置，逆时针方向照准 A、D、C、B、A，读数并记录。上、下两个半测回合起来叫作一测回。当一个测回不能满足测量精度的要求时，应进行多个测回的观测，最后取多个测回观测成果的平均值作为最终成果，表 2-1-2 为两个测回的方向观测手簿的记录和计算实例。

(二)外业观测手簿的计算

外业观测手簿的主要计算内容和方法如下。

（1）2C 值的计算公式为

$$2C = \text{盘左读数} - \text{盘右读数} \pm 180°$$

（2）一测回平均方向值的计算公式为

$$\text{一测回平均方向值} = (\text{盘左读数} + \text{盘右读数})/2$$

（3）归零后方向值的计算：零方向平均方向值有两个，取其平均值作为最后平均值；设起始方向值为 $0°00'00''$，其他平均方向值减去零方向最后平均值作为归零后方向值。

(三)方向观测法限差

方向观测法限差包含半测回归零差、2C 互差和各测回方向值之差。

（1）半测回归零差，即在半测回中两次瞄准起始方向的读数之差。用 J6 型光学经纬仪进行图根控制测量的水平角观测时，半测回归零差一般不得大于 $\pm 25''$。

（2）2C 互差，用 J6 型光学经纬仪进行图根控制测量的水平角观测时，2C 变动范围，即最大值与最小值之差不得大于 $\pm 35''$。

（3）各测回方向值之差，即各测回中同一方向归零后的平均方向值之差。用 J6 型光学经纬仪进行水平角观测时，若需要观测两测回，则两测回方向值之差不得超过 $\pm 25''$。

上述三种限差在有关规程中均有规定，在观测时可以按照这些限差值检查、核对观测成果，超限时应重测或补测。

1-2 水平角测量基础知识

角度测量是确定地面点位置的基本测量工作之一。测量中常用的测角仪器是经纬仪,它既可以测量水平角,又可以测量竖直角。

一、水平角测量原理

角度测量包括水平角测量和竖直角测量。所谓水平角,是指空间两条相交直线在水平面上投影的夹角。如图 2-1-5 所示,地面上有高低不同的 A、B、C 三点,直线 BA、BC 在水平面 H 上的投影为 B_1A_1 与 B_1C_1,其水平角 $\angle A_1B_1C_1 = \beta$ 即为 BA、BC 两相交直线的水平角。

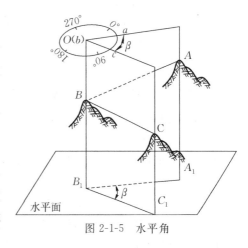

图 2-1-5 水平角

为测量水平角 β,可在过角顶 B 的铅垂线上任选一点 b,水平安置一度盘,通过 BA 和 BC 两竖直面与度盘水平面的交线为 ba 和 bc,则角 $\angle abc$ 就是 β 角。

水平角的度量是按照顺时针方向由角的起始边量至终边,水平角值的取值范围为 $0° \sim 360°$。

二、水平角观测方法

水平角的观测方法一般根据目标的多少而定,常用的有测回法和方向观测法两种。测回法只适用于观测两个目标方向的单角。如图 2-1-3 所示,设要测的水平角为 $\angle AOB$,先在 A、B 两点竖立标杆,经纬仪安置在测站 O 上,分别照准 A、B 两点并进行读数,两读数之差即为水平角 $\angle AOB$ 的角值。但为了消除经纬仪的某些误差,一般需要用盘左及盘右两个位置进行观测。所谓盘左,即观测者对着望远镜的目镜时,竖直度盘处于望远镜左侧时的位置,盘左又叫正镜;所谓盘右,即观测者对着望远镜的目镜时,竖直度盘处于望远镜右侧时的位置,盘右又叫倒镜。

三、水平角观测时的注意事项

测回法、方向观测法进行水平角观测时需要采用几个测回观测,各个测回要在度盘的不同位置上进行,其度盘变换数值按 $\dfrac{180°}{n}$ 计算。例如,观测 3 个测回,度盘起始读数应为 $0°$、$60°$、$120°$。

用经纬仪观测水平角时,往往由于疏忽大意而产生粗差,如测角时仪器对中不正确、望远镜瞄准目标不正确、读错度盘读数、记录错误和扳错复测按钮等。因此,在测角时必须注意以下几点。

(1)仪器高度要适中,脚架要踩稳,仪器要牢固。观测时不要用手扶三脚架,转动仪器和使用仪器时用力要轻。

(2)在观测高低相差比较大的两个目标时,要特别注意整平。

(3)对中要正确,这与测角精度、边长有关。测角精度要求越高,边长越短,对中要求越严格。例如,边长为 100 m,对中偏差为 5 mm,则对观测方向的影响约为 10″;边长为 20 m,则对观测方向的影响增大为$50''$。

（4）照准目标时，要尽量用十字丝交点瞄准花杆或桩顶小钉。

（5）用方向观测法正、倒镜观测同一角度时，由于先以正镜观测目标A，再按顺时针方向观测目标B，倒镜时则先观测目标B，再按逆时针方向观测目标A。因此记录时正镜位置要由上往下记，倒镜位置要由下往上记。

（6）记录要清晰、端正，不允许涂改。如发现错误或超限，应重新测量。

（7）水平角观测过程中，不得再调整仪器的水平度盘、水准管。如发现气泡偏离中央超过了1格，应停止观测，重新整平仪器，再进行观测。

四、光学经纬仪的一般结构

观测水平角和竖直角的仪器必须具备下列三个主要条件。

（1）仪器必须能安置在过角顶点的铅垂线上。

（2）有一圆刻度盘，其圆心与角顶点的铅垂线能安置成水平，用来确定水平角值。在竖直面内，设置另一竖直刻度盘（简称竖盘），用来确定竖直角值。

（3）仪器必须有能在水平方向和竖直方向转动的瞄准设备。

一般经纬仪就是按上述条件制成的测角仪器。经纬仪的类型很多，一般经纬仪按其读数设备分为游标经纬仪、光学经纬仪和电子经纬仪三类。游标经纬仪是金属度盘，利用游标原理读数，目前已被光学经纬仪取代。光学经纬仪度盘是用光学玻璃制成，借助光学透镜和棱镜系统的折射或反射，使度盘上的分划线成像到望远镜旁的读数显微镜中。电子经纬仪是目前最先进的测角仪器，自动化程度比较高。

国产光学经纬仪是按测角精度分类的，其系列标准为DJ07、DJ1、DJ2、DJ6等几种。其中"D"和"J"分别为"大地测量"和"经纬仪"两词的汉语拼音第一个字母，数值为仪器观测一测回方向值的中误差，以（$''$）为单位，其数字越大，精度越低。普通光学经纬仪的系列标准又可简写为J2、J6等。J6光学经纬仪属中等精度的光学经纬仪，适用于地形测量和一般工程测量。常见的J6光学经纬仪，根据度盘读数装置，分为带尺显微镜装置的光学经纬仪和带单玻璃平板光学测微器装置的光学经纬仪。

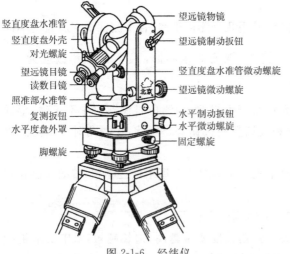

竖直度盘水准管
竖直度盘外壳
对光螺旋
望远镜目镜
读数目镜
照准部水准管
复测扳钮
水平度盘外罩
脚螺旋

望远镜物镜
望远镜制动扳钮
竖直度盘水准管微动螺旋
望远镜微动螺旋
水平制动扳钮
水平微动螺旋
固定螺旋

图 2-1-6　经纬仪

（一）经纬仪结构

图 2-1-6 是北京光学仪器厂生产的一种 J6 型光学经纬仪，仪器的最底部是基座。观测时基座固定在三脚架上，不能转动。基座上面能够转动的部分叫作照准部，望远镜是照准部的主要部件，与横轴固连在一起，而横轴安置在支架上。为了瞄准高低不同的目标，横轴可在支架上转动，同时望远镜也随横轴上下转动。整个仪器照准部由竖轴轴系与基座部分连接，可绕竖轴在水平方向内转动。在横轴与竖轴的转动部分各装有一对制动和微动螺旋，以控制照准部和望远镜的转动。

水平度盘独立安装在竖轴上,照准部转动时,水平度盘一般不动。有复测装置的经纬仪,将复测按钮扳下,水平度盘就与照准部脱开;没有复测装置的经纬仪,有一个专门变换水平度盘位置的手轮,当需要转动度盘时,只要转动手轮就可以拨动水平度盘到达预定的位置。

经纬仪上除了水平度盘外,还在横轴的一端装有一个竖直度盘。当望远镜在竖直面内上下转动时,竖盘跟着一起转动。

观测角度时,为了使竖轴处于铅垂状态、水平度盘处于水平位置,照准部一般装有圆水准器和水准管,用来整平仪器。为了能够按固定的指标位置进行竖盘读数,通常还装有竖直度盘指标水准管或自动补偿装置。

为使竖轴轴线与所测角度的顶点的铅垂线重合,在三脚架与基座的中心螺旋连线的正中装有挂垂球的挂钩。观测水平角时,应使所挂垂球对准所测角度顶点的标识中心。光学经纬仪装有光学对中器,它是一个小型的外调焦望远镜。光学对中器一般装在仪器的照准部上。如图 2-1-7 所示,若地面标志中心与光学对中器分划板中心重合,说明竖轴中心已经位于所测角度顶点的铅垂线上。

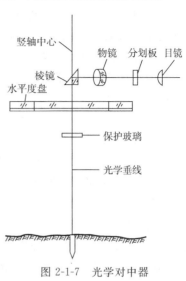

图 2-1-7 光学对中器

(二)光学对中器对中原理

图 2-1-8(a)中的 A、B、C 三点为三脚架支于地面的三个点,在支于 C 点的三脚架腿伸长时经纬仪的运动将以 AB 连线为轴旋转。当脚架顶面大致水平时,倾斜的光学垂线基本位于铅垂位置。如图 2-1-8(b)所示,倾斜的光学垂线与地面标志的重合点 F 也将旋转至 F' 位置。由于 DF' 的长等于 DO 的长,故铅垂位置的光学垂线将不再通过 O 点,而与 O 点相差一个距离 d。设三角形 ABC 构成等边三角形,且边长为 1 m,则 $DO=DF'=0.4$ m。此时,$d=DO(1+\cos\delta)$,式中 δ 为调整 C 点的脚架长度时仪器偏转的角度,当 $\delta=10°$ 时,$d=6$ mm。可见,整个仪器的对中状态变化不大。

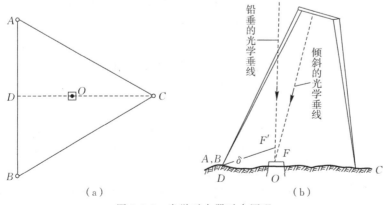

（a） （b）

图 2-1-8 光学对中器对中原理

脚架顶部大致水平之后,即可用脚螺旋调平水准管来整平仪器。经检查,若对中器十字丝已偏离标志中心,则平移(不可旋转)基座可使其精确对中。再检查整平是否已被破坏,若已破坏则用脚螺旋整平。上述两项操作应反复进行,直到用水准管使仪器整平,且光学垂线仍对准标志。

由于结构和操作上的原因,用光学对中器进行经纬仪对中的精度约为 1～2 mm,显然高于用垂球对中的精度。

当三脚架顶部倾斜较大时,用垂球对中的精度将受到一定的影响。设经纬仪基座脚螺旋伸长长度之差有 10 mm,则此时三脚架顶部与平面的倾斜角约为 δ'。这时连接经纬仪的中心螺旋也偏离竖直位置约 δ'。设中心螺旋长为 50 mm,则螺旋上下两端在水平方向上将相差 5 mm。实际上,这就是由脚架顶面不水平而产生的对中误差。

(三)度盘和读数设备

1. 基本结构

如图 2-1-6 所示,度盘和读数设备主要由照准、水平度盘和基座三部分组成。

(1)照准部分。照准部分主要由望远镜、水准管、带尺显微镜装置和竖轴等组成。望远镜是用来精确瞄准目标的,它和仪器的横轴固连在一起,安放在支架上。在测角过程中,望远镜横轴转动时,望远镜视准轴运行的轨迹是一个竖直面,这个竖直面叫作视准面。为控制望远镜上下转动,仪器设有望远镜制动扳钮和望远镜微动螺旋。带尺显微镜装置是在度盘上精确读数的设备,通过一系列棱镜的折光,可以在望远镜旁的读数显微镜内看到读数。在照准部安装有水准管,用于整平度盘。照准部下面的竖轴插入筒状的外轴座套内,可以使整个照准部绕仪器竖轴做水平转动。为控制照准部水平方向的转动,仪器设有水平制动扳钮和水平微动螺旋。另外,为观测竖直角,仪器横轴的一端安装有竖直度盘。

(2)水平度盘部分。水平度盘是用光学玻璃制成的精密刻度盘,度盘边缘顺时针有 0°～360° 的分划度。水平度盘安装在照准部的金属罩内,水平度盘与照准部可以固定或脱离。在进行水平角观测时,若需要换度盘位置,拨动复测板钮,转动照准部,则可将水平度盘置为固定值。

(3)基座部分。基座是支撑仪器的底座。其下部装有三个脚螺旋,转动脚螺旋可将度盘置于水平位置。基座和三脚架的中心螺旋相连接,将整个仪器固定在三脚架上。中心螺旋下可悬挂垂球,以指示水平度盘的中心位置,并借垂球尖将仪器水平度盘中心安置在该水平角顶的铅垂线上。目前常用仪器采用光学对中器代替悬挂垂球,其精度高且可减少风吹等影响。

2. 带尺显微镜装置的读数方法

盘度上两相邻分划线间弧长所对的圆心角称度盘分划值。徐州 J6-2 型光学经纬仪度盘分划值为 1°。小于分划值的读数是用带尺读取的,带尺又称分划尺。水平度盘都是按顺时针方向注记分划读数的。图 2-1-9 是在读数显微镜内看到的水平度盘和竖直度盘的情况。图 2-1-9 中,上半部分为水平度盘读数窗,注有"水平"二字;下半部分为竖直度盘读数窗,注有"垂直"二字。上部的 207 和 208、下部的 85 和 86 分别为 207°208°、85° 和 86°。图 2-1-9 中 0～6 数字的分划线部分称为带尺,带尺 0～6 的长度恰与度盘 1° 的长度相等。带尺共分为 60 个小格,每小格为 1′。度盘不满 1° 的角值,可用带尺直接读到 1′,估读到 0.1′,即 6″。带尺上0 线是指标线。读数时,先读出落在带尺上度盘分划的数值,然后读出这根分划线在带尺位置上的分数和估读的秒

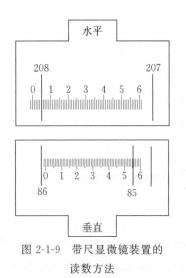

图 2-1-9 带尺显微镜装置的
读数方法

数,度、分、秒读数相加即得全读数。图 2-1-9 中水平度盘读数为 208°05′06″,竖直度盘读数为 85°56′12″。

五、经纬仪的检验与校正

经纬仪各个主要部件的轴线——视准轴、水准轴、水平轴、竖轴之间,必须满足一定的几何条件,才能测得精确的结果,这些在仪器出厂时经过检校已得到满足。但是,仪器在使用过程中会受到磨损、震动等因素的影响,这些几何关系可能会产生变化,故在使用前必须进行仪器的检验和校正。

(一)经纬仪的主要几何轴线及其相互关系

1. 经纬仪的主要几何轴线

经纬仪的主要几何轴线如图 2-1-10 所示。

(1)水准管轴:照准部水准管轴,以 LL 表示。

(2)竖轴:仪器旋转轴,以 VV 表示。

(3)视准轴:望远镜视准轴,以 CC 表示。

(4)横轴:望远镜旋转轴,以 HH 表示。

2. 经纬仪各主要几何轴线应满足的相互关系

几何轴线应满足的相互关系如下。

(1)水准管轴应垂直于竖轴($LL \perp VV$)。

(2)视准轴应垂直于横轴($CC \perp HH$)。

(3)横轴应垂直于竖轴($HH \perp VV$)。

由于仪器在出厂时,已严格保证水平度盘与竖轴的垂直,故当竖轴处于铅垂位置时,水平度盘即处于水平状态。竖轴的铅垂位置是利用照准部水准管气泡居中,即水准管轴水平来实现的。满足了 $LL \perp VV$,就能使竖轴铅垂,水平度盘处于水平位置。

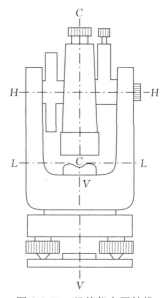

图 2-1-10　经纬仪主要轴线

$CC \perp HH$ 和 $HH \perp VV$ 时,视准平面为竖直的;$CC \perp HH$ 时,视准面为一个平面;$HH \perp VV$ 时,视准平面就成为竖直的平面。

J6 型光学经纬仪除了其主要几何轴线满足上述要求外,为了便于在观测水平角时用竖丝去瞄准目标,还要求十字丝竖丝垂直于横轴。另外,在进行垂直角观测时,为了计算方便,应使竖盘指标差接近于零。

(二)经纬仪的检验与校正

进行经纬仪的检验时,首先应进行仪器的外观检视,即检查仪器外观的状况,确认仪器及其附件状况完好无损后,才可以进行以下几项检验与校正。

1. 水准管轴应垂直于竖轴的检验与校正

(1)检验。将经纬仪整平,然后使照准部水准管平行于一对脚螺旋的连线,调节这两个脚螺旋,使水准管气泡严格居中,再将仪器旋转 180°,观察气泡位置。若气泡仍居中,则表明满足这项要求,否则应进行校正。

(2)校正。当气泡不居中时,转动脚螺旋,使气泡退回偏离中心的一半,然后用校正针拨动位于水准管一端的校正螺丝,使气泡居中。这项检验校正需要反复进行,直至水准管气泡偏离零点不超过半格为止。

（3）原理。水准管轴不垂直于竖轴，是由水准管两端支架不等高引起的。当两端不等高而气泡居中时，如图 2-1-11(a)所示，水准管轴虽然水平，但度盘并不水平，水准管轴与度盘相交成 α 角。当照准部旋转 $180°$，水准管气泡发生偏移时，如图 2-1-11(b)所示，竖轴方向不变仍偏 α 角，但水准管两端支架却换了位置，水准管轴与度盘仍夹 α 角，但水准管轴与水平线间却夹了 2 倍 α 角。2α 角的大小，表现为照准部旋转 $180°$ 后气泡偏离的格数。转动脚螺旋使气泡向中央移动至偏离格数的一半，如图 2-1-11(c)所示，此时竖轴已竖直，水平度盘已呈水平状态，但水准管轴仍偏离 α 角，还未与竖轴垂直。用校正针拨动水准管的校正螺丝，使气泡居中，此时水准管两端支架等高，从而满足了要求，如图 2-1-11(d)所示。

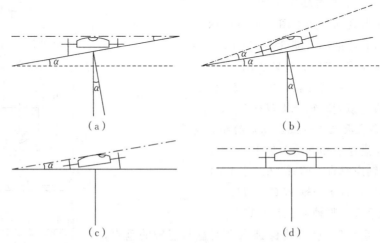

图 2-1-11　水准管轴的检验与校正

此项检验校正须反复进行，直至满足要求。

2. 十字丝竖丝垂直于横轴的检验与校正

（1）检验。整平仪器，用十字丝竖丝最上端精确瞄准远处一个明显目标点，固定水平制动扳钮和望远镜制动扳钮，缓慢转动望远镜微动螺旋，若目标点始终不离开竖丝，说明此条件满足，否则应进行校正。

（2）校正。与水准仪横丝垂直于竖轴的校正方法类似。不过此处是校正竖丝的位置。

3. 视准轴应垂直于横轴的检验与校正

（1）检验。整平仪器，使望远镜大致水平，盘左位置瞄准一个目标，读得水平度盘读数 M_1。倒转望远镜，以盘右位置瞄准原目标，读得水平度盘读数 M_2，若 $M_1 = M_2 \pm 180°$，则表示条件满足。当 $M_1 - (M_2 \pm 180°)$ 的绝对值大于 $1'$ 时，则应予以校正。

（2）校正。计算盘右位置观测原目标的正确读数 M'，即

$$M' = M_2 + (M_1 \pm 180°)$$

盘右，转动水平微动螺旋，使水平度盘读数指标在 M' 的读数上，望远镜十字丝的竖丝必偏离目标。拨动十字丝环的左、右两个校正螺丝，松开一个，拧紧一个，推动十字丝环，直至十字丝的竖丝对准原目标。这项检验与校正须反复进行几次，直到满足要求。

（3）原理。视准轴不垂直于横轴，是由十字丝交点位置不正确引起的。如图 2-1-12 所示，K 点为十字丝交点的正确位置，视准轴垂直于横轴 HH。当经纬仪以盘左位置瞄准同高目标

时,水平度盘读数指标在左,读数为 M;当以盘右位置瞄准时,读数指标在右,读数为 M'。两读数相差 $180°$,即 $M - M' = \pm 180°$

若视准轴不垂直于横轴,在盘左位置,十字丝交点偏到 K' 点,比正确的 K 点偏右,视准轴偏斜了一个小角度 c,c 称为视准误差。若用此偏斜的视准轴瞄准同目标 P,望远镜带着照准部必须沿水平度盘顺时针多旋转一个小角度 c,这样 M_1 读数就比正确的读数 M 增大了一个角 c,即 $M_1 = M + c$。

在盘右位置,原盘左时的 K' 点转到正确的 K 点左边 K'' 点位置,用它瞄准原 P 点时,望远镜带着照准部必须沿水平度盘逆时针多旋转一个小角度 c,此时度盘读数 M_2 比正确读数 M' 少了一个角 c,即 $M_2 = M' - c$。

由图 2-1-12 可以看出

$$M = M_1 - c$$
$$M \pm 180° = M' = M_2 + c$$

盘左时的正确读数应为

$$M = \frac{M_1 + (M_2 \pm 180°)}{2} \qquad (2\text{-}1\text{-}1)$$

盘右时的正确读数应为

$$M = \frac{(M_1 \pm 180°) + M_2}{2} \qquad (2\text{-}1\text{-}2)$$

同时还可以看出

$$M_1 - (M_2 \pm 180°) = 2c \qquad (2\text{-}1\text{-}3)$$

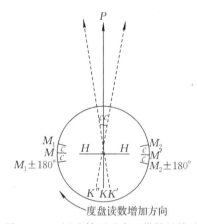

图 2-1-12 视准轴不垂直于横轴的检验

及

$$(M_1 \pm 180°) - M_2 = 2c \qquad (2\text{-}1\text{-}4)$$

由此,可得出以下结论。

(1)盘左和盘右读数不相差 $180°$,则有 2 倍视准误差存在。

(2)在盘右位置进行校正时,需要先按式(2-1-2)计算正确读数 M'。

(3)用盘左、盘右两个位置观测同一目标,取其平均值作为该方向一测回的方向值,可消除视准误差的影响。

4. 横轴应垂直于竖轴的检验与校正

(1)检验。如图 2-1-13 所示,在距墙壁 $10\sim20$ m 处安置经纬仪。盘左位置先用望远镜瞄准墙壁高处明显目标点 A,固定照准部,将望远镜往下放平,在墙上标出 a_1 点。盘右,用望远镜瞄准 A 点,固定照准部,再放平望远镜,依十字丝交点标出 a_2,若 a_2 点与 a_1 点不重合,则说明横轴不垂直于竖轴。横轴不垂直于竖轴的误差 i 称为横轴误差。由图 2-1-13 可知

$$\tan i = \frac{a_1 a}{Aa}$$

设仪器距墙壁的距离 $S = Oa$,$a_1 a_2 = \Delta$,瞄准 A 点时的竖直角为 α,则

$$a_1 a = \Delta/2, \quad Aa = Oa \cdot \tan\alpha = S \cdot \tan\alpha$$

因 i 很小,故有

$$i = \frac{a_1 a}{Aa} \cdot \rho'' = \frac{\Delta}{2} \cdot \frac{1}{S \tan\alpha} \cdot \rho'' = \frac{\Delta \cot\alpha}{2S} \cdot \rho'' \qquad (2\text{-}1\text{-}5)$$

例如,当 $\Delta=5$ mm、$S=15$ m、$\alpha=20°$时,$i=(5\times\cot20°)\times206\,265/(2\times15\,000)=41''$,J6 型经纬仪的 i 角大于 $30''$时,必须进行校正。

(2)校正。取 a_1 与 a_2 的中点 a,用十字丝中心瞄准 a。将望远镜缓慢上仰,十字丝中心必不通过 A 点而移至 A' 点。将横轴的一端升高或降低,使十字丝对准 A 点。

由于光学经纬仪的横轴是密封的,为了不破坏它的密封性能,作业人员在野外一般只进行检验,校正通常由仪器检验专业人员用工具在室内进行。

横轴误差 i 的影响,也可用正、倒镜观测取中数的方法予以消除。

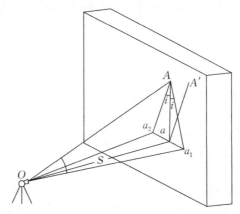

图 2-1-13 横轴不垂直于竖轴的检验

5. 竖盘指标差应为零的检验与校正

(1)检验。安置经纬仪并瞄准明显目标,用前述竖直角观测的方法测量竖直角一测回,算出指标差 i。对于 J6 型光学经纬仪,当计算的 i 的绝对值大于 $1'$时,则需要进行校正。

(2)校正。根据检验时的读数 L 或 R,以及计算出的 i 值,计算盘左时的正确读数 L_0 或盘右时的正确读数 R_0,具体方法如下。

盘左为

$$\alpha=90°-(L-i) \tag{2-1-6}$$

盘右为

$$\alpha=(R-i)-270° \tag{2-1-7}$$

式(2-1-6)、式(2-1-7)右边的 $90°$、$270°$为特殊值(常数),括号内的代数和表示盘左的正确读数 L_0 和盘右时的正确读数 R_0,即

$$L_0=L-i \tag{2-1-8}$$

$$R_0=R-i \tag{2-1-9}$$

以盘右(或盘左)位置,瞄准原检验时的目标,转动竖盘指标水准管微动螺旋,使指标对准盘右正确读数 R_0(或盘左正确读数 L_0)。此时,指标水准管气泡必不居中,用校正针拨动指标水准管的上、下校正螺丝,使气泡居中。此项校正要反复进行,直至指标差不超过规定范围。

子任务 2　距离测量

2-1　距离测量操作步骤

直线丈量的目的在于获得直线的水平距离,即直线在水平面上的投影的长度。根据测区地面坡度的大小,可分为在平坦地面丈量和在倾斜地面丈量两种情况。

一、在平坦地面丈量

(一)整尺法

如图 2-2-1 所示,A、B 为直线两端点,因地势平坦,可沿直线在地面直接丈量水平距离。丈量前,若在点 A、B 间已定好线,则用钢尺依次丈量各中间点间的距离;若未定线,可采用边定线边丈量的方法量距,具体步骤如下。

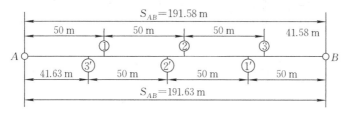

图 2-2-1　整尺法丈量直线距离

后拉尺人(简称"后尺手")站在 A 点后,手持钢尺的零端。前拉尺人(简称"前尺手")手持钢尺的末端并携带一束测钎和一根花杆,沿 AB 方向前进。走到一整尺段长时,后尺手和前尺手都蹲下,后尺手将钢尺零点对准起点 A 的标志,前尺手将钢尺贴靠定线时的中间点,两人同时将尺拉紧、拉平和拉直。当尺稳定后,前尺手对准钢尺终点刻划,在地上竖直插一根测钎,如图 2-2-1 中的 1 点所示,并喊"好",这样就丈量完了一整尺段。

前后尺手抬尺前进,后尺手走到 1 点,然后一起重复上述操作,量得第二个整尺段,并标出 2 点。后尺手拔起 1 点测钎继续往前丈量。最后丈量至 B 点时,已不足一整尺段,此时,仍由后尺手对准钢尺零刻划,前尺手读出余尺段读数(读至厘米)。

尺段全长计算为

$$全长 = n \times 整段尺长 + 余段尺长$$

量距记录计算如表 2-2-1 所示,表中 AB 全长为 $S_{AB} = 3 \times 50 + 41.58 = 191.58\text{(m)}$。

为了校核和提高量距精度,应由 B 点起按上述方法量至 A 点。由 A 点至 B 点的丈量称往测,由 B 点至 A 点的丈量称返测。AB 直线的返测全长 S_{BA} 为

$$S_{BA} = 3 \times 50 + 41.63 = 191.63\text{(m)}$$

表 2-2-1　钢尺量距记录

测线	往测长度/m	返测长度/m	往返测之差/m	往返测平均值/m	相对误差
AB	50	50			
	50	50			
	50	50			
	41.58	41.63			
	191.58	191.63	0.05	191.605	
⋮					

因量距误差,一般 $S_{AB} \neq S_{BA}$,往返量距之差称较差 $\Delta_S = S_{AB} - S_{BA}$,较差反映了量距的精度。但较差的大小又与丈量的长度有关。因此,用较差与往返测距离的平均值之比来衡量测距精度更为全面。该比值通常用分子为 1 的形式来表示,称为相对误差 K,即

$$K = \frac{1}{\dfrac{S}{\Delta_S}}$$

式中,S 为往返所测距离的平均值。

各级测量都规定了 K 值的相应限差,对于地形测量而言,一般地区不超过 1/3 000,较困难地区不超过 1/2 000,特殊困难地区不超过 1/1 000。若相对误差在限度之内,则取往返测距离的平均数作为量距的最后结果。

(二)串尺法

当对量距的精度要求比较高时,可采用串尺法来量距,如图 2-2-2 所示。

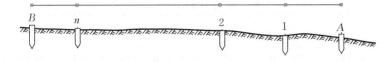

图 2-2-2　串尺法丈量直线距离

1. 定线

欲精密丈量 AB 直线的距离,首先要清除直线上的障碍物,然后安置经纬仪于 A 点。瞄准 B 点,用经纬仪进行定线,用钢尺进行概量,在视线上依次定出比钢尺一整尺略短的尺段 $A1$、12、23、……。在各尺段端点打下木桩,桩顶高出地面 10～20 cm,在桩顶做出标志,使各个标志在一条直线上。

一般钢尺量距常用的方法是悬空丈量,其定线方法是用经纬仪在直线 AB 的方向线上定出用垂球线表示的各个节点位置,然后再用经纬仪在各条垂球线上定出各同高点的位置,可用大头针等作为标志,定线最大偏差应不超过 5 cm,如图 2-2-3 所示。

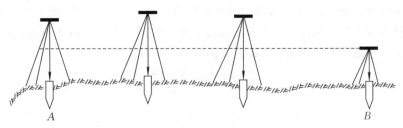

图 2-2-3　定线

2. 丈量距离

用检定过的钢尺丈量相邻的2个木桩之间的距离。丈量一般由5人组成，2人拉尺，2人读数，1人记录并指挥。丈量时，将钢尺放在相邻2个木桩顶上，并使钢尺有刻划的一侧贴近标志，后尺手将拉力计挂在钢尺的0端，并施以标准拉力。前尺手以尺上整分划对准标志，发出读数口令，两端的人员同时读数，读至毫米，并记入手簿。每一尺段需移动钢尺丈量3次，3次结果的较差不得超过2 mm，悬空丈量时不得超过3 mm。取3次结果的平均值作为此尺段的观测结果。如此对各个尺段进行丈量，每个尺段都应记录温度，往测完成后，立即进行返测。

3. 计算全长

测量桩顶高程并计算各尺段的长度，最终计算出全长。

二、在倾斜地面丈量

（一）平量法

如图2-2-4所示，当地势起伏不大时，可将钢尺拉平丈量，量距方法与在平坦地面丈量的方法相同，只不过是要把钢尺一端抬高，并要注意在钢尺中间扶起钢尺以防其成为悬链线，再进行往、返测距。

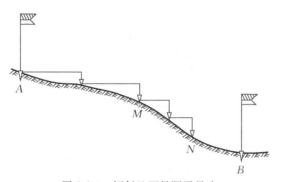

图 2-2-4　倾斜地面量距平量法

（二）斜量法

若地面坡度比较均匀，如图2-2-5所示，沿斜面量出AB的斜长L，再用经纬仪测出倾斜角α（或用水准仪测出高差h），依$S=L \cdot \cos\alpha$（或$S=\sqrt{L^2-h^2}$）求得平距。在倾斜地面丈量时应满足$\frac{|S_往-S_返|}{S} \leqslant \frac{1}{1\,000}$。

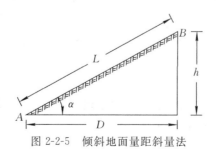

图 2-2-5　倾斜地面量距斜量法

2-2　距离测量基础知识

距离测量是测量地面两点间的水平距离,这是测量工作的重要内容之一。通过地面两点的铅垂线分别将两点投影到参考椭球面(在半径小于 10 km 的范围可视为平面)上,椭球面上两投影点的距离称为水平距离。

测量距离可根据不同的要求、不同的条件(仪器及地形)采用不同的方法。在施工场地,用尺子直接测量距离称为距离丈量。也可利用光学仪器的几何关系间接测量距离。近代由于电子技术的发展,越来越多地应用光电测距技术来测量距离。在此,主要学习测量距离的方法及其精度要求。

一、地面点的标志和直线定线

(一)地面点的标志

要测量地面上两点之间的距离,需要先将地面点标示在地面上。固定点位的标志种类很多,根据用途不同,可用不同的材料加工而成。常用的有木桩、石桩及混凝土桩,如图 2-2-6 所示。标志的选择,应由点位稳定性、使用年限的要求,以及土壤性质等因素决定,并以节约的原则,尽量做到就地取材。临时性的标志可以将 30 cm 长、顶面 4~6 cm 见方的木桩打入地下,并在桩顶钉一个小钉或划一个"十"表示点的位置,桩上还要进行编号。如果标志需要长期保存,可用石桩或混凝土桩,在桩顶预设瓷质或金属的点位标识来表示点位。

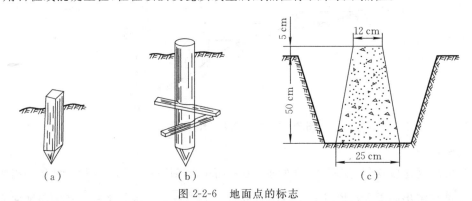

图 2-2-6　地面点的标志

在测量时,为了使观测者能在远处瞄准点位,还应在点位上竖立各种形式的觇标。觇标的种类很多,常用的有测旗、花杆、三角锥标、测钎等,如图 2-2-7 所示。地形测量中常用的是长 2~3 m、直径 3~4 cm 的木质花杆,杆上用红白油漆涂出 20 cm 间隔的花纹,花杆底部装有铁足,以便准确地立在标志点上。立花杆时,可以用细铁丝或线绳将花杆沿三个方向拉住,将花杆固定在地面上。

(二)直线定线

若两点间距离较长,一整尺不能量完,或由于地面起伏不平,不便用整尺直接丈量,就需要在两点间加设若干中间点,将全长分为几小段。这种在某直线段的方向上确定一系列中间点的工作,称为直线定线。

直线定线在一般情况下可用目估的方法进行。在精度要求比较高的量距工作中,应采用经纬仪定线。

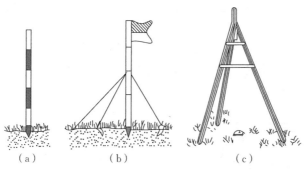

图 2-2-7 觇标的类型

1. 目估定线法

如图 2-2-8 所示,若要在互相通视的 A、B 两点间定线,先在 A、B 点上竖立花杆,然后由一位测量员站在 B 点花杆后 1～2 m 处,使一只眼的视线与 A、B 点上的花杆同侧边缘相切。另一位测量员手持花杆(或测钎)由 B 走向 A 端,首先在距 B 点略短于一整尺段处,依照 A 点测量员的指挥,左右移动花杆(或测钎),立在 AB 方向线上,固定花杆得出 1 点。同法可定出 2、3、……、n 点。标定的点数主要取决于 AB 的长度和所用钢尺的长度。这种从远处 B 点走向 A 点的定线方法称走近定线,反之由近端 A 走向远端的定线称走远定线。定线完毕即可量距。

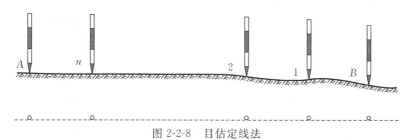

图 2-2-8 目估定线法

2. 经纬仪定线法

当测角、量边同时进行时,或者距离丈量的精度要求比较高时,可直接用经纬仪定线。如图 2-2-9 所示,仪器安置在 B 点后,瞄准 A 点,然后固定仪器照准部,在望远镜的视线上,用花杆、测钎或支架垂球线定出 1、2、……、n 点。

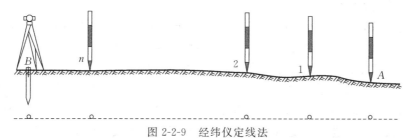

图 2-2-9 经纬仪定线法

二、距离丈量的工具和钢尺检定

(一)钢尺量距工具

用于直接丈量距离的工具有钢卷尺、皮尺等。这里介绍的是用钢尺量距时所用的钢卷尺及其辅助工具。

钢卷尺又叫钢尺,有架装和盒装两种,如图2-2-10所示。钢尺宽度为1～1.5 cm,长度有20 m、30 m、50 m等几种。

钢尺依零点位置的不同,有端点尺和刻线尺两类。端点尺是以尺端扣环作为零点,如图2-2-11(a)所示。刻线尺则是以钢尺始端附近的零分划线作为零点,如图2-2-11(b)所示。钢尺上最小分划值一般为1 mm,如图2-2-11所示。

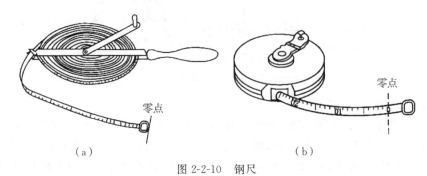

（a）　　　　　　　　　　　　　　（b）

图 2-2-10　钢尺

钢尺量距的辅助工具有测钎(图2-2-12)、花杆、拉力计和垂球等。测钎是用约30 cm长的粗铁丝制成的,一端磨尖以便插入土中。在量距时,测钎用来标志所量尺段的起、止点和计算已量过的整尺段数。进行比较精确的钢尺量距时,还需要使用拉力计和温度计。

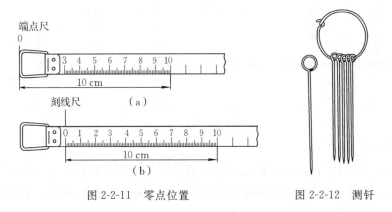

图 2-2-11　零点位置　　　　　图 2-2-12　测钎

(二)钢尺检定的概念

材料质量、刻划误差、温度变化,以及经常使用产生的变形等原因,使钢尺实际长度与名义长度不符。在量距前必须对钢尺进行检定,以便对丈量结果进行尺长改正。

确定实际长度与名义长度之间关系的工作叫作钢尺检定,又称钢尺比长。钢尺比长通常在比长台上进行。比长台是在平坦的地面上,按照一定的间距埋设固定的标志。用标准尺精确丈量标志间长度,当作真长。进行钢尺检定时,用待检钢尺精确丈量比长台两标志间距离,将此结果与比长台真长进行比较,求出该钢尺的改正数 Δl 值及其尺长方程式。

设用高精度的一级线纹尺丈量比长台两个标志中心的距离 L,误差很小,可以看作真长。进行钢尺检定时,用钢尺精密丈量比长台的两个标志之间的距离,得到丈量结果 L',则被检定的钢尺整尺改正数为 $L-L'$。显然被检定钢尺每米的改正数为 $\dfrac{L-L'}{L'}$。若被检定钢尺的名

义长度为 l_0，则被检定钢尺的改正数为

$$\Delta l = \frac{L - L'}{L'} l_0$$

被检定钢尺的实际长度为 $L_0 = l_0 + \Delta l$。

例如，某学校 50 m 钢尺比长台的实际长度为 $L = 49.798\,6\,\text{m}$，以名义长 $l = 50\,\text{m}$ 的钢尺多次丈量比长台两标志之间的距离，求得平均长度 $L' = 49.810\,2\,\text{m}$。检定时的拉力为 100 N，温度为 14℃，在此条件下，钢尺尺长改正数 $\Delta l' = L - L' = -0.011\,6\,\text{m}$，则一整尺长（50 m）的尺长改正数为

$$\Delta l = [(L - L')/L'] \cdot 50 = -0.011\,6\,(\text{m})$$

式中，$(L - L')/L'$ 为钢尺每米长度的改正数。

由此，得出检定时温度为 14℃、拉力为 100 N 条件下的尺长方程式（结果单位为 m）为

$$lt = 50 - 0.011\,6 + 0.000\,012\,5 \times 50 \times (t - 14)$$

若要改化成检定温度为 20℃ 时的尺长方程式，则须计算出该钢尺在 $t = 20$ ℃ 时的实际长度，即

$$lt = 50 - 0.011\,6 + 0.000\,012\,5 \times 50 \times (20 - 14) = 50 - 0.007\,9$$

显然，在检定温度为 20℃ 的条件下，钢尺尺长改正数为 $\Delta l = -0.007\,9\,\text{m}$，则该钢尺的尺长方程可写为

$$lt = 50 - 0.007\,9 + 0.000\,012\,5 \times 50 \times (t - 20)$$

三、量距的成果整理

用检定过的钢尺量距，要经过尺长改正、温度改正和倾斜改正才能得到实际距离。

（一）尺长改正

根据尺长改正数 Δl 可计算距离改正数 ΔD_l，即

$$\Delta D_l = \frac{D'}{l_0} \Delta l$$

式中，D' 为量得的直线长度。

（二）温度改正

利用量距时的温度值求距离的温度改正数 ΔD_t，即

$$\Delta D_t = \alpha(t - t_0)D'$$

当量距的温度高于检定钢尺时的温度时，钢尺因膨胀而变长，量距值变小，温度改正数为正，这与公式算出的 ΔD_t 正负号一致。

（三）倾斜改正

若沿地面量出的斜距为 D'，用水准仪测得的桩顶高差为 h，由图 2-2-13(a) 可知

$$\Delta D_h = D - D' = (D'^2 - h^2)^{\frac{1}{2}} - D' = D'\left[\left(1 - \frac{h^2}{D'^2}\right)^{\frac{1}{2}} - 1\right]$$

按级数展开，即

$$\Delta D_h = D'\left[\left(1 - \frac{h^2}{2D'^2} - \frac{1}{8}\frac{h^4}{D'^4} - \cdots\right) - 1\right] = -\frac{h^2}{2D'} - \frac{1}{8}\frac{h^3}{D'^3} - \cdots$$

当高差不大时可取第一项，即 $\Delta D_h = -\dfrac{h^2}{2D'}$。

若观测了竖直角(图 2-2-13(b)),也可以根据三角函数直接换算平距。

综上所述,若实际量距为 D',经过改正后的水平距离 D 为

$$D = D' + \Delta D_l + \Delta D_t + \Delta D_h$$

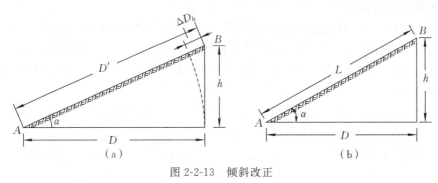

图 2-2-13 倾斜改正

四、钢尺量距的精度和注意事项

(一)钢尺量距的精度

影响量距精度的因素有很多,主要为定线误差、拉力误差、钢尺未展平误差、插测钎及对点误差、丈量读数误差、温度变化误差、钢尺检定的残余误差、地形起伏不平的影响等。为了提高量距的精度,可以用经纬仪定线,施加标准拉力,以及进行尺长、温度和倾斜改正计算,从而保证量距的精度达到一定的要求。

为了校核和提高量距的精度,在直线丈量中,要求往返各丈量一次。直线往返丈量的较差已经反映出量距的精度,但是量距误差的大小又与所量距离的长短有直接的关系。因此,为了更全面地衡量精度,在距离测量中一般以往返(或两次)丈量的较差 Δs 与其平均长度的比值来衡量,即用相对误差来衡量精度,以 $\dfrac{1}{K}$ 的形式表示,即

$$\frac{1}{K} = \frac{\Delta s}{S} = \frac{1}{\dfrac{S}{\Delta s}}$$

钢尺量距的精度与测区的地形和工作条件有关。对于地面图根导线,一般地区钢尺量距的相对误差不得大于 1/3 000,困难地区不得大于 1/2 000 。当丈量结果加上各项改正数时,对于 5″级导线,其相对误差不得大于 1/6 000;对于 10″级导线,相对误差不得大于 1/4 000。

(二)钢尺量距的注意事项

钢尺使用前应认清尺子的零点、终点和刻划,以免搞错。丈量时定线要准,尺子要拉平、拉直,拉力要均匀,测钎要垂直地插下,并插在钢尺的同一侧;读数应细心,不要读错,不要只注意读准毫米,而把米和分米忽视了;记录应复诵,以检查是否读错或记错。

(三)钢尺的保养与维护

外业工作结束后,应用软布擦去钢尺上的泥沙和水,涂上机油,以防生锈。丈量时钢尺应稍微抬高,不能在地上拖拉,如果钢尺扭结打卷,不可用力拉,应解除扭结打卷后再拉,以免折断。靠近公路或在公路上丈量时,钢尺不能被车辆碾压,或被人畜踩踏。收钢尺时宜用左手持钢尺盘,右手顺时针方向收转钢尺,不可逆时针转,以免折断。

五、视距测量

(一)视准轴水平时的视距测量

如图 2-2-14 所示,欲测定 A、B 两点间的水平距离 S 及高差 h,在 A 点安置仪器,在 B 点竖立视距尺。望远镜视准轴水平时,照准 B 点的视距标尺,视线与标尺垂直交于 Q 点。若尺上 M、N 两点成像在十字丝分划板的两根视距丝 m、n 处,则标尺上 MN 长度可由上下视距丝读数之差求得。 上下视距丝读数之差称为尺间隔。

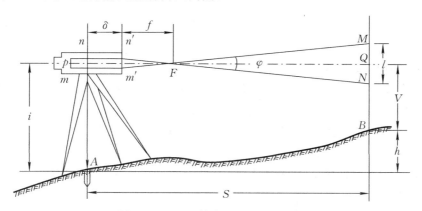

图 2-2-14　视准轴水平时的视距测量

图 2-2-14 中,l 为尺间隔,p 为视距丝间距,f 为物镜焦距,δ 为物镜至仪器中心的距离。由相似三角形 $m'n'F$ 与三角形 MNF 得

$$\frac{FQ}{l} = \frac{f}{p}$$

即

$$FQ = \frac{f}{p}l$$

由图 2-2-14 可看出

$$S = FQ + f + \delta$$

令

$$\frac{f}{p} = K , \quad f + \delta = c$$

则

$$S = Kl + c$$

式中,K 为乘常数,c 为加常数。

目前,常用的测量望远镜,在设计制造时已使 $K = 100$。对于常用的内对光测量望远镜来说,适当地选择透镜的半径、透镜间的距离,以及物镜到十字丝平面的距离,可使 c 趋于零。因此,有

$$S = Kl = 100l \tag{2-2-1}$$

因目前常用的测量仪器上的望远镜都是内对光式的,故在以后有关的视距问题讨论中,都是以 $c = 0$ 为前提来分析的。

由图 2-2-14 还可写出高差公式,为

$$h = i - v \tag{2-2-2}$$

式中,i 为仪器高,即由地面点的标志顶量至仪器横轴的铅垂距离;v 为目标高,即为望远镜十字丝在标尺上的中丝(横丝)读数。

由图 2-2-14 可知,$\varphi = 34'22.6''$,仪器制造时 φ 值已确定。这种用定角 φ 来测定距离的方法又称定角视距,即

$$\tan\frac{\varphi}{2} = \frac{\frac{p}{2}}{f} = \frac{1}{2 \cdot \frac{f}{p}} = \frac{1}{200}$$

(二)视准轴倾斜时的视距测量

在地面起伏较大的地区进行视距测量时,必须使视准轴处于倾斜状态才能在标尺上读数,如图 2-2-15 所示。由于标尺竖在 B 点,它与视线不垂直,那么用式(2-2-1)计算距离就不适合了。设想将标尺绕 G 点旋转一个角度 α(等于视线的倾角),则视线与视距标尺的尺面垂直。这样,即可依式(2-2-1)求出斜距 S',即 $S' = Kl'$。

然而 $M'N' = l'$ 无法测出,由图 2-2-15 中可以看出 $MN = l$,且与 l' 存在一定的关系,即

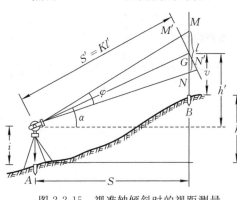

图 2-2-15 视准轴倾斜时的视距测量

$$\angle MGM' = \angle NGN' = \alpha$$
$$\angle MM'G = 90° + \varphi/2$$
$$\angle NN'G = 90° - \varphi/2$$

式中,$\varphi/2 = 17'11.3''$,角值很小,故可近似地认为 $\angle MM'G$ 和 $\angle NN'G$ 是直角。于是

$$M'G = MG\cos\alpha$$
$$N'G = NG\cos\alpha$$

以上两个公式可写为

$$\frac{l'}{2} = \frac{l\cos\alpha}{2}$$

故

$$l' = l\cos\alpha$$

代入式(2-2-1)得 $S' = Kl\cos\alpha$,所以 A、B 的水平距离为

$$S = S'\cos\alpha = Kl\cos2\alpha \tag{2-2-3}$$

由图(2-2-15)还可知,A、B 的高差为

$$h = h' + i - v$$

式中,h' 称初算高差,即

$$h' = S'\sin\alpha = Kl\cos\alpha\sin\alpha = \left(\frac{1}{2}\right)Kl\sin2\alpha \tag{2-2-4}$$

$$h = \left(\frac{1}{2}\right)Kl\sin2\alpha + i - v = S\tan\alpha + i - v \tag{2-2-5}$$

式(2-2-3)和式(2-2-5)为视距测量计算的普遍公式,当视线水平时,即 $\alpha = 0$ 时,即为式(2-2-1)和式(2-2-2)。

六、电磁波测距技术

(一)测距原理

测定 A、B 两点之间的距离,光线由点 A 到点 B 经反射再回到点 A,所用时间为 t,光速为 v,则 A、B 两点之间的距离为

$$D = \frac{1}{2}vt \tag{2-2-6}$$

式(2-2-6)是计时脉冲法测距所依据的最基本的数学模型。由于 1 mm 距离相应的渡越时间为 6.67×10^{12} s,故要求精确测定 t。此外,还要精密地确定大气条件下的综合折射率,以确定较为精确的 v,这就使脉冲法测距困难重重。故此,市场上多见的脉冲式测距仪的测距精度仅为数厘米级,在测绘上应用较为困难。

另外一种测距原理被称为相位法测距,这是绝大多数光电测距仪(大地测量型)所选择的测距方法。由光波原理可知,当调制光波的频率为 f 时,光波由 A 点出发到 B 点反射后又回到 A 点的相位移为 Φ,则渡越时间 t 为

$$t = \frac{\Phi}{2\pi f} \tag{2-2-7}$$

将式(2-2-7)代入式(2-2-6)得

$$D = \frac{v}{2} \cdot \frac{\Phi}{2\pi f} \tag{2-2-8}$$

由式(2-2-8)可以看出,相位法测距不是直接测定传播时间 t,而是通过测定相位移 Φ 来间接测定 t,进而确定距离。相位法测距精度较高,因此仪器必须具备高分解力的测相器、准确的调制频率及一定大气条件下的综合折射率。测距仪一般有二三个调制频率,其中一个为精测频率。用粗测频率保证测程,用精测频率保证测距精度。最后,距离的计算与显示均由仪器内部的微处理器自动完成。

(二)光电测距仪分类

光电测距仪可以按照不同的方式分类。

(1)按结构,光电测距仪可分为分离式和组合式。分离式是指单测距式测距仪,由测距仪和基座组成,可测斜距。组合式是指将测距仪架在经纬仪上,当经纬仪为电子经纬仪时,此为组合式全站仪。

(2)按测程,3 km 以内测程的为短程仪器,3~15 km 测程的为中程仪器,15 km 以上测程的为远程仪器。

(3)按标称测距精度,通常是以每千米的标称测距中误差 m_D:若 $m_D \leqslant 5$ mm,为 Ⅰ 级测距仪;若 $m_D \leqslant 10$ mm,为 Ⅱ 级测距仪;若 10 mm$< m_D \leqslant 20$ mm,为 Ⅲ 级测距仪。光电测距仪的出厂标称精度一般表示为 $a + b \cdot 10^{-6}D$,其中 a 为固定误差,以 mm 为单位,b 为与测程 D(以 km 为单位)成正比的比例误差。

(4)按光源,光电测距仪可以分为普通光源测距仪、红外光源测距仪和激光光源测距仪。

子任务3 导线测量

3-1 导线测量操作步骤

一、经纬仪导线测量的外业工作

(一)选点

导线点的选择直接关系着经纬仪导线测量外业的难易程度,关系着导线点的数量和分布是否合理,也关系着整个导线测量的精度,以及导线点的使用和保存。因此,在选点前应进行周密的研究与设计。

选点工作一般是先从设计开始。不同比例尺的图根控制,对导线的总长、平均边长等都有相应的规定。为满足上述要求,应先在已有的旧地形图上进行导线点的设计。需要在图上画出测区范围,标出已知控制点的位置,然后根据地形条件,在图上拟定导线的路线、形式和点位。之后,再带着设计图到测区进行实地考察,同时依据实际情况,对图上设计做必要的修改。若测区没有旧的地形图,或测区范围较小,也可直接到测区进行实地考察,依实际情况,直接拟定导线的路线、形式和点位。

当选定点位后,应立即建立和埋设标志。标志可以是临时性的,如图 2-3-1 所示。即在点位上打入木桩,在木桩顶钉一个钉子或刻"+",以示点位。如果需要长期保存点位,可以制成永久性标志。图 2-3-2 即埋设混凝土桩,在桩中心的钢筋顶面刻"+",以示点位。

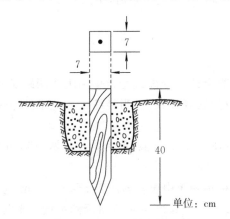

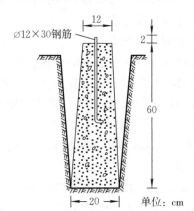

图 2-3-1 临时图根导线点标志　　　　图 2-3-2 永久图根导线点标志

标志埋设好后,对作为导线点的标志要进行统一编号,并绘制导线点与周围固定地物的相关位置图,称为点之记(图 2-3-3),作为今后找点的依据。

为使导线计算简便,应尽可能布设成单一的闭合导线、附合导线或具有一个节点的节点导线,尽量避免采用支导线。

(1)导线点应选在土质坚硬、视野开阔、便于安置经纬仪和施测地形图的地方。

（2）相邻导线点间应通视良好、地面比较平坦，便于钢尺测距。若用光电测距仪测距，则地形条件不限，但要求在导线点间的视线上避开发热体、高压线等。

（3）导线边长最好大致相等，以减少望远镜调焦而引起的误差，尤其要避免从短边突然转向长边。

导线点位选定后，应根据要求埋设导线点标志并进行统一编号。为便于测角时寻找目标和瞄准，应在导线点上竖立带有测旗的标杆或其他标志。

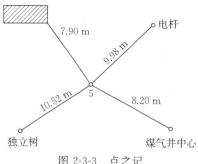

图 2-3-3　点之记

（二）测角

测角前应对经纬仪进行检验与校正。导线折角可用 J6 型和 J2 型经纬仪进行观测。为防止差错和便于计算，应观测与导线前进方向同一侧的水平夹角。前进方向左侧的水平角叫左角，前进方向右侧的水平角叫右角。测量人员一般习惯观测左角。对于闭合导线来说，若导线点按逆时针方向顺序编号，则观测的角既是多边形内角，又是导线的左角。

经纬仪导线边长一般较短，对中、照准都应特别仔细，观测目标应尽量照准标杆底部。经纬仪导线点水平角观测的技术要求应符合技术规定。

（三）量边

用光电测距仪测量边长时，应加入气象、倾斜改正等，目前大多数的测距设备中，只要设置好参数，均可以自动完成。用钢尺直接量边时，要用经过比长的钢尺进行往返丈量。每尺段在不同的位置读数 2 次，2 次读数之差不应超过 1 cm，并在下述情况下进行有关改正。

（1）尺长改正数大于尺长的 1/10 000 时，应加尺长改正。

（2）量距时的平均尺温超过检定温度 10 ℃时，应加温度改正。

（3）尺子两端的高差，当 50 m 尺段大于 1 m、30 m 尺段大于 0.5 m 时，应加倾斜改正。

（四）导线的定向

经纬仪导线起止于已知控制点，但为了控制导线方向，必须测定连接角，该项测量称为导线定向。

导线定向就是在导线与高等级已知点连接的点上直接观测连接角，如图 2-3-4（a）中 β_A、β'_A 和图 2-3-4（b）中的 β_A、β'_A 及 β_B、β'_B。附合导线与节点导线各端均有连接角，故它们的检验比较充分。

为了防止在连接时可能产生的错误，如瞄准目标等，在已知点上若能看见两个点时，则应观测两个连接角，如图 2-3-4（b）中 β_A、β'_A 及 β_B、β'_B。连接角的正确与否可用 β_A、β'_A 及 β_B、β'_B 的各自差值与相应两已知方向间的夹角 $\alpha_{AM} - \alpha_{AN}$、$\alpha_{BC} - \alpha_{BD}$ 进行比较。

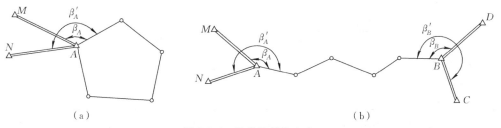

（a）　　　　　　　　　　　　　　　　　　（b）

图 2-3-4　导线及其定向角

二、导线内业计算

(一)闭合导线内业计算

根据已知点的坐标和改正后的坐标增量,依坐标进行正算(导线测量基础知识部分),依次推算各点坐标,并推算出闭合导线的起始点,该值应与已知值一致,否则计算有错误。

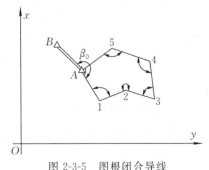

图 2-3-5　图根闭合导线

如图 2-3-5 所示,闭合导线为图根导线。已知数据和整理好的观测角值及边长均列入表 2-3-1 中,试计算各导线点坐标。全部计算均在表 2-3-1 中进行,计算步骤如下。

(1)将起算边 BA 的坐标方位角(150°50′47″)、连接角和已知点 A 的坐标抄入闭合导线坐标计算表的第 2、4、10、11 栏。

(2)将经过整理的外业工作成果中的其他水平角及水平边长抄入第 2 栏和第 5 栏。

表 2-3-1　闭合导线坐标计算

点名	观测角 /(° ′ ″)	改正数 /(″)	坐标方位角 /(° ′ ″)	水平距离 /m	X 坐标 增量/m	改正数 /mm	Y 坐标 增量/m	改正数 /mm	坐标	
									X/m	Y/m
1	2	3	4	5	6	7	8	9	10	11
	连接角		150 50 47							
A	193 42 12	−12							11 024.142	3 491.577
			164 32 59	65.365	−66.858	+16	+18.479	+11		
1	75 52 30	−13							10 957.300	3 510.067
			60 25 17	54.671	+26.987	+13	+47.546	+9		
2	202 04 27	−13							10 984.300	3 557.622
			82 29 31	73.266	+9.573	+17	+72.638	+11		
3	82 02 12	−13							10 993.890	3 630.271
			344 31 30	71.263	68.679	+17	−19.014	+11		
4	101 53 45	−13							11 062.586	3 611.268
			266 25 02	70.678	−4.417	+17	−70.540	+11		
5	148 52 40	−13							11 058.186	3 540.739
			235 17 29	59.814	−34.058	+14	−49.171	+9		
A	109 15 42	−12							11 024.142	3 491.577
			164 32 59							
Σ	720 01 16	−76	(检核)						(检核)	(检核)
辅助计算	角度闭合差:$W_\beta = +01′16″$　角度闭合差容许值:$W_{\beta容} = ±01′38″$ X 增量闭合差:$W_X = −94$ mm Y 增量闭合差:$W_Y = −62$ mm 导线闭合差:$W_S = 112.6$ mm　导线相对精度:$1/T = 1/3\ 544$										

(3)将第 2 栏闭合导线内角求和并求出角度闭合差 $W_\beta = +01′16″$,再计算 $W_{\beta容} = ±01′38″$,然后将它们表示在备注栏内。若 $W_\beta < W_{\beta容}$,故将 W_β 反号平均调整给闭合导线各内角,改正

数写在第 3 栏。

(4)根据起算边 BA 的坐标方位角和连接角计算 $A—1$ 边的坐标方位角($164°32'59''$),再由改正后的各折角推算其余各边的坐标方位角。为了检核,要从 $5—A$ 边的方位角再推算出 $A—1$ 边的坐标方位角。所有坐标方位角值都写在第 4 栏。

(5)用电子计算器计算坐标增量,即由第 4、5 栏按公式 $\Delta x = S\cos\alpha$、$\Delta y = S\sin\alpha$ 计算出第 6、8 栏各相应坐标增量的数值。

(6)计算坐标增量闭合差 W_X、W_Y,计算导线全长闭合差 W_S 和相对闭合差 $1/T$,并写入备注栏内。

(7)由于相对闭合差合乎要求,故根据 W_X、W_Y 计算坐标增量改正数,并将其写入第 7、9 栏内。

(8)根据 A 点的已知坐标和改正后的坐标增量依次计算导线各点坐标并写入第 10、11 栏内。

(二)符合导线内业计算

设测得如图 2-3-6 所示的附合导线,将已知数据、观测成果和各项计算列入表 2-3-2 中。

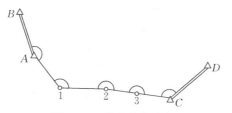

图 2-3-6 附合导线示意

表 2-3-2 附合导线计算

点名	观测角 /(° ′ ″)	改正数 /(″)	坐标方位角 /(° ′ ″)	水平距离/m	X 坐标增量/m	改正数 /mm	Y 坐标增量/m	改正数 /mm	坐标 X/m	坐标 Y/m	备注
1	2	3	4	5	6	7	8	9	10	11	12
B			157 00 36								
A	167 45 36	+6							2 299.824	1 303.802	
			144 46 18	138.902	−113.463	+26	+80.124	−12			
1	123 11 24	+6							2 186.387	1 383.914	
			87 57 48	172.569	+6.133	+32	+172.460	−15			
2	189 20 30	+6							2 192.552	1 556.359	
			97 18 24	100.094	−12.730	+19	+99.281	−8			
3	179 59 24	+6							2 179.841	1 655.632	
			97 17 54	102.478	−13.018	+19	101.648	−9			
C	129 27 24	+6							2 166.842	1 757.271	
			46 45 24								
D											

辅助计算

角度闭合差:$W_\beta = -30''$ 角度闭合差容许值:$W_{\beta_容} = \pm89''$

X 增量闭合差:$w_X = -96$ mm Y 增量闭合差:$w_Y = +44$ mm

导线闭合差:$w_S = \sqrt{w_X^2 + w_Y^2} = 106$ mm   导线相对精度:$1/T = 1/4\,839 < 1/2\,000$

三、全站仪导线测量的外业工作

采用苏光 RTS632H 全站仪进行导线测量,如图 2-3-7 所示。

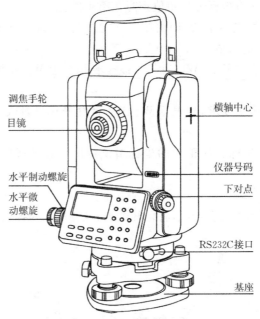

图 2-3-7　苏光 RTS632H 全站仪

(一)准备工作

苏光 RTS632H 全站仪操作界面如图 2-3-8 所示,界面说明如表 2-3-3 所示。准备工作如下。

(1)对中整平后,按开关键(◎)开机后,上下转动望远镜几周,左右转动水平盘几周,完成仪器初始化工作,直至显示"水平度盘角值 HR""竖直度盘角值 V"。

(2)参数设置。进入距离测量或坐标测量模式,进行参数设置。

(3)棱镜常数 PRISM 的设置。一般原配棱镜设置为 0,国产棱镜设置为 −30 mm。

(4)大气改正值的设置。分别在"TEMP."和"PRES."栏输入测量时的气温、气压。或者按照说明书中的公式计算出大气改正值后,按"PPM"直接输入。

参数设置完成后,在没有新设置前,仪器将保存现有设置。

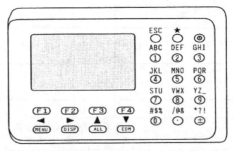

图 2-3-8　苏光 RTS632H 全站仪操作界面

表 2-3-3 苏光 RTS632H 全站仪界面说明

按键	第一功能	第二功能
F1~F4	对应第四行显示的功能	功能参见所显示的信息
0~9	输入相应的数字	输入字母及特殊符号
ESC	退出各种菜单功能	
★	夜照明开/关	
⏻	开/关机	
MENU	进入仪器主菜单	字符输入时光标向左移，内存管理中查看数据上一页
DISP	切换角度、斜距、平距和坐标测量模式	字符输入时光标向右移，内存管理中查看数据下一页
ALL	一键启动测量并记录	向前翻页，内存管理中查看上一点数据
EDM	测距条件、模式设置菜单	向后翻页，内存管理中查看下一点数据

(二)角度测量

角度测量的步骤如下。

(1)确认在角度测量模式下,于盘左位置,测站 S 处瞄准左目标 L 的觇标中心。先调节目镜,使分划板十字丝清晰,再将望远镜对准目标,转动调焦手轮,使目标影像清晰并消除视差。

(2)制动照准部及望远镜,再使用微动螺旋精确瞄准目标。

(3)瞄准该方向并"置零",如图 2-3-9 所示。

(4)松开制动螺旋,转动照准部瞄准右目标 R。 读取读数,此即在盘左位置测得的水平角,如图 2-3-10 所示。

图 2-3-9 盘左置零　　图 2-3-10 盘左水平角

(5)盘右位置用同样的方法进行水平角测量。

(三)距离测量

距离测量的步骤如下。

(1)确认在角度测量模式下,按两次"DISP"切换键,进入平距、高差测量模式界面。

(2)照准棱镜中心,按"F1"测距键,则显示测量结果,如图 2-3-11 所示。

```
HR: 168° 36′ 18″
HD:      88.886 m
VD:       0.002 m
测距|记录| —— | P1
```

图 2-3-11 平距测量

四、采用软件进行导线内业平差

下面介绍附合导线的测量数据和简图实例。原始测量数据如表 2-3-4、图 2-3-12 所示，A、B、C 和 D 是已知坐标点，2、3 和 4 是待测的控制点。

表 2-3-4 原始测量数据

测站点	角度/(° ′ ″)	距离/m	X/m	Y/m
B			8 345.870 9	5 216.602 1
A	85 30 21.1	1 474.444 0	7 396.252 0	5 530.009 0
2	254 32 32.2	1 424.717 0		
3	131 04 33.3	1 749.322 0		
4	272 20 20.2	1 950.412 0		
C	244 18 30.0		4 817.605 0	9 341.482 0
D			4 467.524 3	8 404.762 4

图 2-3-12 导线图示意

(一)在平差易软件输入数据

在平差易软件中输入表 2-3-4 中的数据，如图 2-3-13 所示。

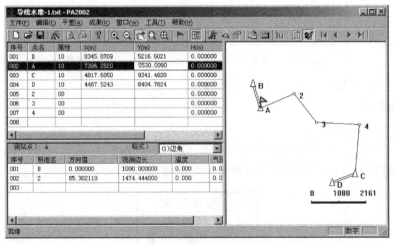

图 2-3-13 平差易软件数据输入

在测站信息区中输入 A、B、C、D、2、3 和 4 号测站点的数据，其中点 A、B、C、D 为已知坐标点，其属性为 10，其坐标见表 2-3-4；点 2、3、4 为待测点，其属性为 00，其他信息为空。 如果要考虑温度、气压对边长的影响,就需要在观测信息区中输入每条边的实际温度、气压值,然后通过概算进行改正。

根据控制网的类型选择数据输入格式,控制网为边角网,格式为边角格式,如图 2-3-14 所示。

测站点:　4		格式:　(1)边角　▼

图 2-3-14　选择格式

在观测信息区中输入每一个测站点的观测信息(为了节省空间,只截取部分观测信息),点 B、D 作为定向点,它没有设站,所以无观测信息,但在测站信息区中必须输入它们的坐标。以点 A 为测站点、点 B 为定向点时,定向点的方向值必须为零,输入照准点 2 的数据,此时测站 A 的观测信息如图 2-3-15 所示。

测站点:　A				格式:　(1)边角　▼	
序号	照准名	方向值	观测边长	温度	气压
001	B	0.000000	1000.000000	0.000	0.000
002	2	85.302110	1474.444000	0.000	0.000

图 2-3-15　测站数据输入

以点 C 为测站点、以点 4 为定向点时,将照准点 D 的数据输入测站点 C 的观测信息;点 2 作为测站点时,以点 A 为定向点,照准点 3,输入测站点 2 的信息;以点 3 为测站点,以点 2 为定向点时,照准点 4,输入测站点 3 的信息;以点 4 为测站点,以点 3 为定向点时,将照准点 C 的数据输入测站点 4 的观测信息中。数据为空或前面已输入过时可以不输入(对向观测例外),在电子表格中输入数据时,所有零值可以省略不输入。以上数据输入完后,单击菜单"文件＼另存为",将输入的数据保存为平差易数据格式文件。

```
[STATION](测站信息)
B,10,8345.870900,5216.602100
A,10,7396.252000,5530.009000
C,10,4817.605000,9341.482000
D,10,4467.524300,8404.762400
2,00
3,00
4,00
[OBSER](观测信息)
A,B,1000.0000
A,2,85.302110,1474.4440
C,4
C,D,244.183000,1000.0000
2,A
2,3,254.323220,1424.7170
3,2
3,4,131.043330,1749.3220
4,3
4,C,272.202020,1950.4120
```

其中,"[STATION]"(测站点)是测站信息区中的数据,"[OBSER]"(照准点)是观测信息区中的数据。

(二)选择计算方案

选择计算方案,输入图 2-3-16 中的"中误差及仪器参数""平差方法""限差"等参数,完成计算方案设计。本例平面网等级选择"图根"。

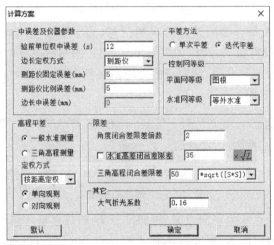

图 2-3-16　计算方案

(三)生成平差报告

平差报告包括控制网属性、控制网概况、闭合差统计表、方向观测成果表、距离观测成果表、平面点位误差表、点间误差表、控制点成果表等。也可根据自己的需要选择显示或打印其中某一项,成果表打印时其页面也可进行自由设置。它不仅能在 PA2005 中浏览和打印,还可输入到 Word 中进行保存和管理。

输出平差报告之前可进行报告属性的设置,用鼠标单击菜单"窗口\报告属性",可以设置"成果输出""输出精度""打印页面设置"及定义模板,如图 2-3-17 所示。

图 2-3-17　平差报告属性

最后成果如表 2-3-5、表 2-3-6、表 2-3-7 所示。

表 2-3-5　方向观测成果

测站	照准	方向值 /(° ′ ″)	改正数 /(″)	平差后值 /(° ′ ″)	备注
A	B	0 00 00.00			
A	2	85 30 21.10	0.28	85 30 21.38	
C	4	0 00 00.00			
C	D	244 18 30.00	1.28	244 18 31.28	
2	A	0 00 00.00			
2	3	254 32 32.20	0.48	254 32 32.68	
3	2	0 00 00.00			
3	4	131 04 33.30	0.76	131 04 34.06	
4	3	0 00 00.00			
4	C	272 20 20.20	1.10	272 20 21.30	

表 2-3-6　平面点位误差

点名	长轴/m	短轴/m	长轴方位 /(° ′ ″)	点位中误差 /m	备注
2	0.006 36	0.003 90	157 43 08.45	0.007 5	
3	0.007 26	0.005 99	18 39 36.18	0.009 4	
4	0.006 69	0.004 78	95 57 38.88	0.008 2	

表 2-3-7　控制点成果

点名	X/m	Y/m	备注
B	8 345.870 9	5 216.602 1	已知点
A	7 396.252 0	5 530.009 0	已知点
C	4 817.605 0	9 341.482 0	已知点
D	4 467.524 3	8 404.762 4	已知点
2	7 966.652 7	6 889.679 5	
3	6 847.270 3	7 771.063 0	
4	6 759.991 7	9 518.221 0	

3-2　导线测量基础知识

一、平面控制网的概念

(一)国家平面控制网

地形图是分幅测绘的,测绘的各幅地形图要能相互拼接构成整体,且精度均匀。因此,地形图的测绘需要由国家有关部门,根据国家经济和国防建设的需要,进行全面规划。同时,按照国家制定的统一测量规范,建立起国家控制网。国家控制网建立的原则是"分级布网,逐级控制"。国家控制网分为国家平面控制网和国家高程控制网,国家平面控制网建立的常规方法是三角测量和导线测量。

(1) 三角测量是在地面上选择由一系列平面控制点组成的许多互相连接的三角形,成网状的称三角网(图 2-3-18),成锁状的称三角锁(图 2-3-19)。在这些平面控制点上用精密仪器进行水平角观测,经过严密计算,求出各点的平面坐标,这种测量工作称为三角测量。用三角测量的方法确定的平面控制点称为三角点。

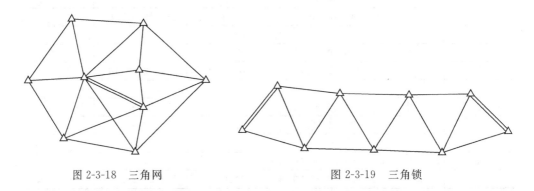

图 2-3-18 三角网   图 2-3-19 三角锁

(2) 导线测量是建立平面控制的另一种常规方法。在地面上选择一系列控制点,将它们依次连成折线,称为导线。图 2-3-20 所示的为单一导线。若导线构成网状则称导线网,如图 2-3-21 所示。测出导线中各折线边的边长和转折角,然后计算出各控制点坐标,这种测量工作称为导线测量。用导线测量的方法确定的平面控制点称为导线点。

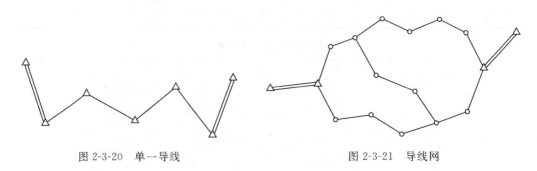

图 2-3-20 单一导线   图 2-3-21 导线网

国家平面控制网(锁)按其精度分为一、二、三、四共 4 个等级,从一等至四等,控制点的密度逐级加大,而精度则逐级降低。

一等三角锁是国家平面控制的骨干,一般沿经纬线方向构成纵横交叉的锁系,如图 2-3-22 所示。纵、横各 4 个锁段构成锁环,每个锁段长约 200 km。在锁环中,隔一定距离选择一个控制点,用天文测量的方法测定其经纬度,作为锁中起算和检核的数据。这种控制点又称为天文点。二等三角网是在一等锁环内布设成全面三角网的,如图 2-3-23 所示。三等三角网则是在二等三角网的基础上所做的进一步加密。

各等级的三角测量主要技术要求如表 2-3-8 所示。

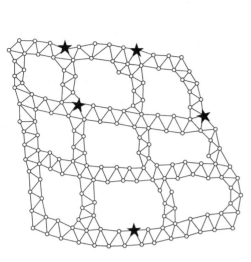

图 2-3-22 一等三角锁

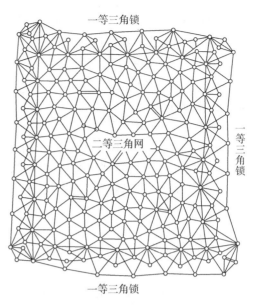

图 2-3-23 二、三等三角网

表 2-3-8 三角测量主要技术要求

等级	平均边长/km	测角中误差/(″)	测边相对中误差	最弱边边长相对中误差	测回数			三角形最大闭合差/(″)
					1″级仪器	2″级仪器	6″级仪器	
二等	9	1.0	≤1/250 000	≤1/120 000	12	—		3.5
三等	4.5	1.8	≤1/150 000	≤1/70 000	6	9	—	7
四等	2	2.5	≤1/100 000	≤1/40 000	4	6		9
一级	1	5.0	≤1/20 000	≤1/20 000	—	2	4	15
二级	0.5	10	≤1/10 000	≤1/10 000		1	2	30

由于全球导航卫星系统(global navigation satellite system,GNSS)技术的应用和普及,我国从 20 世纪 80 年代开始在原有大地控制网的基础上,逐步用卫星定位测量控制网代替了国家等级的平面控制网和城市各级平面控制网。其构网形式基本上仍为三角形网或多边形格网、闭合环或附合线路。

我国国家级的 GNSS 大地控制网按控制范围和精度分为 A、B、C、D、E 5 个等级。在全国范围内,已建立由 20 多个点组成的国家 A 级卫星定位测量控制网,在其控制下,又有由 800 多个点组成的国家 B 级卫星定位测量控制网。

(二)城市平面控制网

城市平面控制网一般是以国家控制点为基础,根据测区的大小、城市规划和施工测量的要求布设,供地形测图和施工放样使用。在 15 km² 以下的范围内,为大比例尺测图和工程建设而建立的平面控制网称为小区域平面控制网。小区域平面控制网应尽可能与国家(或城市)的高等级控制网进行联测,将国家(或城市)控制点的坐标作为小区域平面控制网的起算和校核数据。若测区内或附近无国家(或城市)控制点,可以建立测区内的独立控制网。

建立小区域平面控制网主要有三角测量、三边测量、导线测量、交会定点和 GNSS 定位等方法,现在最常用的方法是导线测量、交会定点和 GNSS-RTK 定位法。此外,应按照我国《工程测量标准》(GB 50026—2020)的规定完成平面控制网。

(三)控制测量应遵循的原则

控制测量应遵循从高级到低级、由整体到局部、逐级控制、逐级加密的原则,即首先在全国范围内布设一系列控制点形成控制网,用最精密的仪器和最严密的方法测定其平面坐标和高程,构成骨架,而后先急后缓、分期分区逐级布设低一级控制网。这样,就形成了控制等级系列,即点位精度逐级降低,点的密度逐级加大。控制测量这种布网原则确保了坐标和高程系统的统一,确保了同级控制网的规格和精度比较均衡,使点位误差的积累得到了有效的控制。各等级控制网的布网形式、技术规格、实施方法和精度要求,都在国家测量和行业测量有关规范中做了明确规定。国家和行业测量规范是保障测绘成果质量的技术法规,必须严格执行。

二、导线测量

(一)导线测量概念

导线测量是建立平面控制网常用的一种方法,主要用于带状地区、隐蔽地区、城建区、地下工程等控制点的测量。将测区内相邻控制点用直线连接而构成的折线称为导线,构成导线的控制点称为导线点。连接两导线点的线段称为导线边,相邻两导线边所夹的水平角称为转折角。测定了转折角和导线边长之后,即可根据已知坐标方位角和已知坐标算出各导线点的坐标。用经纬仪测量转折角,用钢尺测定边长的导线,称为经纬仪导线;用光电测距仪测定导线边长,则称为光电测距导线;用全站仪测量的导线称为全站仪导线。由于全站仪导线不受地形条件限制,速度快、精度高,因此在工程建设中得到了广泛应用。

精密导线也分为一、二、三、四等共四个等级。一等导线一般沿经纬线或主要交通路线布设,纵横交叉构成较大的导线环。二等导线布设于一等导线环内,三、四等导线则是在一、二等导线的基础上进一步加密而成。

国家平面控制网(锁)中控制点间距较大,一般最短的也在 2 km 以上,为了满足大比例尺地形测图的要求,需要在国家平面控制的基础上,布设精度稍低于四等的 $5''$ 和 $10''$ 小三角网(锁)或 $5''$ 和 $10''$ 导线。

$5''$ 小三角网(锁)点间的平均边长为 1 km,测角中误差不超过 $\pm 5''$(称 $5''$ 小三角);$10''$ 小三角网(锁)点间距的平均边长为 0.5 km,测角中误差不超过 $\pm 10''$。在通视困难和隐蔽地区可布设测角中误差为 $5''$ 和 $10''$ 的导线来代替相应精度的 $5''$ 和 $10''$ 小三角网(锁)。

(二)导线布设

导线布设形式主要有闭合导线、附合导线、支导线和节点导线。

(1)闭合导线。如图 2-3-24(a)所示,导线起始于已知高等级控制点 A,经各导线点,又回到 A 点,组成闭合多边形,称为闭合导线。

(2)附合导线。如图 2-3-24(b)所示,导线从已知高等级控制点 A 出发,经各导线点后,终止于另一个已知高等级控制点 B,组成一条伸展的折线,称为附合导线。

(3)支导线。如图 2-3-24(c)所示,导线从已知高等级控制点 A 出发,经各导线点后既不闭合也不附合于已知控制点,呈开展形,称为支导线。由于支导线没有终止到已知控制点上,如出现错误不易发现,所以一般规定支导线不宜超过两个点。

(4)节点导线。如图 2-3-25 所示,导线从三个或三个以上的已知点出发,几条导线交汇于

一点 J，该交汇点称为节点。这种形式的导线称为节点导线。

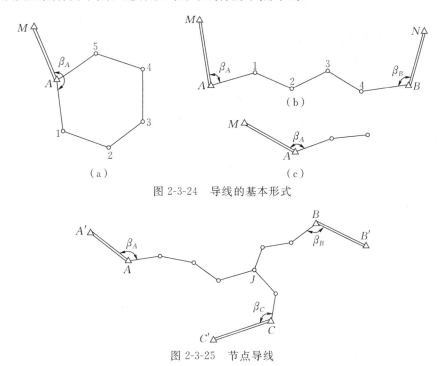

图 2-3-24 导线的基本形式

图 2-3-25 节点导线

(三)图根平面控制点

在国家平面控制网或小三角网(锁)等控制点间进行进一步加密,建立的直接为地形测图服务的平面控制点称图根点。图根点可以分为两级:直接在高等级控制点基础上加密的图根点称为一级图根点,在一级图根点的基础上再加密的图根点称为二级图根点。测定图根点平面位置的工作称为图根点平面控制测量。图根平面控制点可根据高等级控制点在测区内的分布情况、测图比例尺、测区内通视条件,以及地形复杂程度,采用图根经纬仪导线、图根三角网(锁)及交会定点的测量方法确定其平面坐标。无论用哪种方法建立的图根控制,都应当保证在整个测区内有足够密度和精度的图根点。

为满足图根点密度和精度的需要,导线总长度和各边长,以及图根三角网(锁)中三角形个数和边长在规范中均做了相应的规定。但是图根点究竟加密到什么程度,是难以用一个简单的数字确定的。各测区地形条件不一,即使在同一个测区内,各幅图的实际情况也不尽相同,加之测图比例尺和精度要求的差别,若规定一个简单数字作为诸多方面的抉择标准,则很难符合实际情况。因此,在布设图根点时,应根据具体情况来确定合理的方案。但为了保证测图精度,还必须有一个最少图根点数的要求。一般说来,在 1∶1 000 比例尺测图时,每 1 km² 不得少于 50 个点;在 1∶2 000 比例尺测图时,每 1 km² 不得少于 15 个点;在 1∶5 000 比例尺测图时,每 1 km² 不得少于 7 个点。实际上,在山区或地形复杂的隐蔽地区,图根点数往往要比上述最少图根点数增加约 30%～60%。

布设图根点时,还必须埋设标志和进行统一编号。图根点标志一般采用木桩,亦需要埋设少量标石或混凝土桩。标石应埋在一级图根点上,其数量每 1 km² 连同高等级埋石点在内,1∶5 000 比例尺测图时为 1 个点,1∶2 000 比例尺测图时为 4 个点,1∶1 000 比例尺测图时为

12 个点。同时要求埋石点均匀分布并至少应与 1 个相邻埋石点通视。在工矿区,还应根据需要,适当增加埋石点数。

（四）测区内控制点加密的层次

在测区中,最高一级的平面控制称首级控制。首级控制的等级应根据测区面积的大小、测图比例尺和测区发展远景等因素确定。

若测区首级控制是国家四级控制,因一般平均边长较长,可用 5″小三角网(锁)或 5″导线加密,然后再在此基础上布设两级图根点。若测区首级控制是 5″小三角网(锁)或 5″导线,则可直接在此基础上布设两级图根点。

10″小三角网(锁)只在面积较小、无发展远景的地区用作首级控制,或作为 5″小三角网(锁)的少量加密点。

三、导线测量的技术要求

表 2-3-9 是《工程测量标准》(GB 50026—2020)中各级导线测量的技术要求。

表 2-3-9　导线测量的主要技术要求

等级	导线长度/km	平均边长/km	测角中误差/(″)	测距中误差/mm	测距相对中误差	测回数 1″级仪器	测回数 2″级仪器	测回数 6″级仪器	方位角闭合差/(″)	导线全长相对闭合差
三等	14	3	1.8	18	1/150 000	8	12	—	$3\sqrt{n}$	≤1/55 000
四等	9	1.5	2.5	18	1/80 000	4	6	—	$5\sqrt{n}$	≤1/35 000
一级	4	0.5	5	15	1/30 000	—	2	4	$10\sqrt{n}$	≤1/15 000
二级	2.4	0.25	8	15	1/14 000	—	1	3	$16\sqrt{n}$	≤1/10 000
三级	1.2	0.1	12	15	1/7 000	—	1	2	$24\sqrt{n}$	≤1/5 000

注:表中 n 为测站数。

当测区测图的最大比例尺为 1∶1 000 时,一、二、三级导线的导线长度、平均边长可适当放大,但最大长度不应大于表中规定相应长度的 2 倍。

在表 2-3-9 中,图根导线的平均边长和导线的总长度是根据测图比例尺确定的。当导线平均边长较短时,应控制导线边数不超过表 2-3-9 相应等级导线长度和平均边长算得的边数;当导线长度小于表 2-3-9 规定长度的 1/3 时,导线全长的绝对闭合差不应大于 0.13 m。

导线网中节点与节点、节点与高等级点之间的导线段长度,不应大于表 2-3-9 中相应等级规定长度的 70%。

四、坐标方位角推算

（一）直线定向

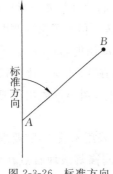

图 2-3-26　标准方向

如图 2-3-26 所示,若要确定 B、A 两点之间的相对关系,只要知道 A 到 B 点的距离和 BA 直线的方向,就可以准确地描述两点之间的相对位置关系。直线定向就是确定地面上两点之间连线的方向。一条直线的方向是以该直线和标准方向之间的夹角表示的。

测量工作中,直线定向通常采用的标准方向有真子午线、磁子午线和坐标纵线(平面直角坐标系的纵坐标轴,以及平行于纵坐标轴的直线)。

1. 真子午线

地理坐标系统中的子午线称为真子午线,通过地面上一点指向地球北极的方向称为该点的真子午线方向。真子午线的方向可以用天文测量的方法或用陀螺经纬仪观测的方法确定。

2. 磁子午线

磁子午线的方向是用磁针来确定的。磁针静止时,指向地球南、北两个磁极。过地面上某点与磁北极、磁南极所做的平面与地球表面的交线称磁子午线。由于地球两磁极与地理南、北极不一致,地球表面上任意一点的真子午线方向和磁子午线方向一般不一致,磁子午线与真子午线方向间的夹角称磁偏角,用 δ 表示,如图 2-3-27 所示。地球上不同地点的磁偏角有所不同。当磁子午线北端偏离真子午线以东时称为东偏,偏在真子午线以西时称为西偏。图 2-3-27 为东偏。

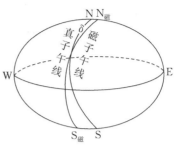

图 2-3-27　真子午线与磁子午线

3. 坐标纵线

在测量工作中,我国一般情况下采用高斯平面坐标系,即将全国范围分成若干个 6°带、3°带,而每一个投影带内都是以该投影带的中央子午线的投影作为坐标纵轴的。因此,该带内的直线定向就以该带的坐标纵线方向为标准方向。

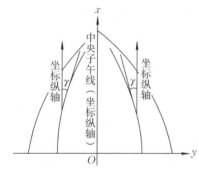

图 2-3-28　坐标北方向与子午线收敛角

地面上各点的真子午线方向与高斯平面直角坐标系中坐标纵线北方向之间的夹角称为子午线收敛角,用符号 γ 表示,其值也有正有负。在中央子午线以东地区,各点的坐标纵线北方向偏向中央子午线以东为正值,偏向中央子午线以西为负值,如图 2-3-28 所示。

(二)表示直线方向的方法

测量工作中常用方位角来表示直线的方向。所谓直线的方位角就是从标准方向北端起,顺时针方向到某一直线的角度。方位角的取值范围是 0°～360°。

直线定向时,若以真子午线方向为标准方向来计算方位角,称为真方位角。一般用 A 表示。 如图 2-3-29(a)所示,过点 O 的直线有 OM、OP、OT 和 OZ,则 A_1、A_2、A_3 和 A_4 分别为四条直线的真方位角。

直线定向时,若以磁子午线为标准方向来计算方位角,称为磁方位角。一般用 A_m 表示,如图 2-3-29(b)所示。

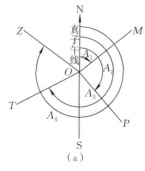

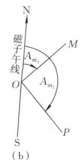

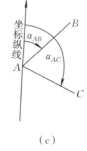

(a)　　　　　　　　　(b)　　　　　　　　　(c)

图 2-3-29　方位角

直线定向时,若以坐标纵线为标准方向来计算方位角,称为坐标方位角,一般用 α 表示。如图 2-3-29(c)所示,直线 AB 的坐标方位角为 α_{AB}。坐标方位角又称方向角。

(三)正、反坐标方位角

一条直线有正、反两个方向,一般以直线前进方向为正方向。在图 2-3-30(a)中,标准方向为坐标纵线,若从 A 到 B 为正方向,用 α_{AB} 表示,则由 B 到 A 为反方向,从而直线 BA 的坐标方位角又称反坐标方位角。

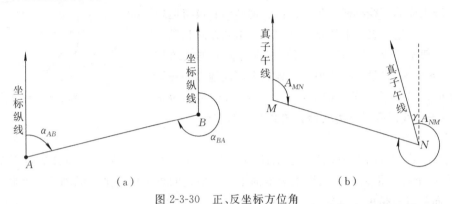

图 2-3-30　正、反坐标方位角

正、反坐标方位角的概念是相对来说的,若事先确定由 B 到 A 为前进方向,则又可称 α_{BA} 为正坐标方位角,而 α_{AB} 为反坐标方位角。由于过直线两端点 A、B 的坐标纵线互相平行,故正、反坐标方位角相差 $180°$,即

$$\alpha_{AB} = \alpha_{BA} \pm 180°$$

式中,反坐标方位角 α_{BA} 大于 $180°$ 时,取"—"号,否则取"+"号。

由于通过不在同一真子午线(或磁子午线)上的地面各点的真子午线(或磁子午线)互相不平行,所以正、反真方位角(或磁方位角)不只相差 $180°$。图 2-3-30(b)中,标准方向为真子午线方向,直线 MN 的前进方向是由点 M 到点 N,则 A_{MN} 为正真方位角,而 A_{NM} 为反真方位角,显然

$$A_{NM} = A_{MN} + 180° + \gamma$$

式中,γ 为子午线收敛角。子午线收敛角是随直线所处的位置不同而变化的,故正、反真方位角的计算是很不方便的。因此,在地形测量中,通常都采用坐标方位角来表示直线的方向。

(四)象限角的概念

直线定向时,有时也用小于 $90°$ 的角度来确定。过直线一端点的标准方向线的北端或南端,顺时针或逆时针量至直线的锐角,称为该直线的象限角,一般用 R 表示,象限角值为 $0°\sim 90°$。若分别以真子午线、磁子午线和坐标纵线为标准方向,则相应的有真象限角、磁象限角和坐标象限角。

具有同一角值的象限角,在四个象限中都能找到,所以用象限角定向时,除了角值之外,还须注明直线所在象限的名称:北东、南东、南西、北西。图 2-3-31(a)中,分别位于第一、二、三、四象限内的直线 OM、OP、OT、OZ 的象限角为北东 R_1、南东 R_2、南西 R_3、北西 R_4。直线的坐标方位角与其象限角的关系如图 2-3-31(b)所示,它们的换算关系列于表 2-3-10 中。

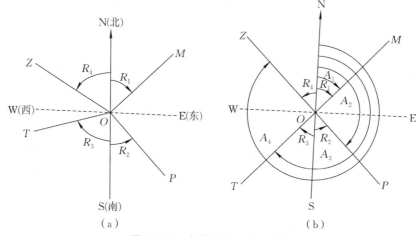

图 2-3-31　象限角和坐标方位角

表 2-3-10　坐标方位角与其象限角的关系

直线位置	由坐标方位角推算其象限角	由象限角推算其坐标方位角
北东,第一象限	$R_1 = A_1$	$A_1 = R_1$
南东,第二象限	$R_2 = 180° - A_2$	$A_2 = 180° - R_2$
南西,第三象限	$R_3 = A_3 - 180°$	$A_3 = 180° + R_3$
北西,第四象限	$R_4 = 360° - A_4$	$A_4 = 360° - R_4$

（五）坐标方位角推算

导线各边坐标方位角推算方法是:根据高一级点间的已知坐标方位角与测得的连接角,求出导线起始边的坐标方位角,然后利用各水平角推算出各导线边的坐标方位角。

如图 2-3-32 所示,1—2 边的坐标方位角为已知,导线的前进方向为 $1 \rightarrow 2 \rightarrow 3 \rightarrow \cdots \rightarrow n$,若观测的是导线左角(如 β_2),不难看出由相邻两边的坐标方位角,可求出它们之间所夹的左角 β_2,即

$$\beta_2 = \alpha_{2,3} - \alpha_{2,1}$$

故

$$\alpha_{2,3} = \alpha_{2,1} + \beta_2$$

由于正、反坐标方位角相差 $\pm 180°$,故

$$\alpha_{2,1} = \alpha_{1,2} \pm 180°$$

显然

$$\alpha_{2,3} = \alpha_{1,2} + \beta_2 \pm 180°$$

若观测的是导线右角,也可利用右角推算坐标方位角。从图 2-3-32 可看出

$$\beta_3 = \alpha_{3,2} - \alpha_{3,4}$$

故

$$\alpha_{3,4} = \alpha_{3,2} - \beta_3$$

而

$$\alpha_{3,2} = \alpha_{2,3} \pm 180°$$

则

$$\alpha_{3,4} = \alpha_{2,3} - \beta_3 \pm 180°$$

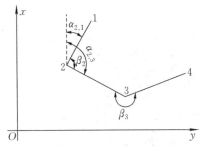

图 2-3-32　坐标方位角推算

若规定左角 β_i 取"+"号,右角 β_i 取"-"号,则可写成一般形式为

$$\alpha_{i,(i+1)} = \alpha_{(i-1),i} + \beta_i \pm 180° \qquad (2\text{-}3\text{-}1)$$

式中, i 为导线点编号。由式(2-3-1)可知,导线前一边的方位角等于后一边的方位角加折角(左角取"+",右角取"-"),再加或减 180°。

实际计算时,因坐标方位角的取值为 0°~360°,坐标方位角若大于 360°,应减去 360°,若为负值,应加 360°。

例 1: 已知 1—2 的坐标方位角 $\alpha_{1,2} = 200°18'21''$, $\beta_2 = 88°15'17''$, $\beta_3 = 220°05'24''$,求 $\alpha_{2,3}$ 及 $\alpha_{3,4}$。

解:

$$\alpha_{2,3} = 200°18'21'' + 88°15'17'' - 180° = 108°33'38''$$
$$\alpha_{3,4} = 108°33'38'' - 200°05'24'' + 180° = 68°28'14''$$

五、坐标计算的基本原理

(一)坐标增量

直线终点与起点坐标之差为坐标增量。如图 2-3-33 所示,在平面直角坐标系中,设直线起点 A 和终点 B 的坐标分别为 (X_A, Y_A) 和 (X_B, Y_B)。 ΔX_{AB} 表示由 A 到 B 的纵坐标增量, ΔY_{AB} 表示由 A 到 B 的横坐标增量,即

$$\left.\begin{aligned} \Delta X_{AB} = X_B - X_A \\ \Delta Y_{AB} = Y_B - Y_A \end{aligned}\right\} \qquad (2\text{-}3\text{-}2)$$

反之,若直线起点为 B,终点为 A,则 B 到 A 的纵、横坐标增量为

$$\left.\begin{aligned} \Delta X_{BA} = X_A - X_B \\ \Delta Y_{BA} = Y_A - Y_B \end{aligned}\right\} \qquad (2\text{-}3\text{-}3)$$

由式(2-3-2)、式(2-3-3)可知, A 到 B 和 B 到 A 的坐标增量绝对值相等,符号相反,即

$$\left.\begin{aligned} \Delta X_{AB} = -\Delta X_{BA} \\ \Delta Y_{AB} = -\Delta Y_{BA} \end{aligned}\right\} \qquad (2\text{-}3\text{-}4)$$

直线的坐标增量的正负号,取决于该直线的方向,而与直线本身所在的象限无关。图 2-3-34 为坐标增量正负号与直线方向的关系。

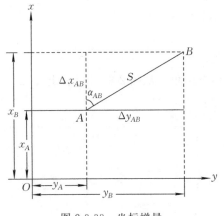

图 2-3-33　坐标增量

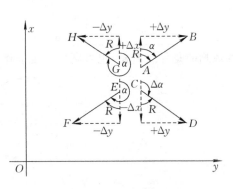

图 2-3-34　坐标增量与象限角

如果已知直线 AB 的长度为 S，坐标方位角为 α_{AB}，如图 2-3-33 所示，则 A 到 B 点的坐标增量的计算公式为

$$\left.\begin{array}{l} \Delta X_{AB} = S \cdot \cos\alpha_{AB} \\ \Delta Y_{AB} = S \cdot \sin\alpha_{AB} \end{array}\right\} \tag{2-3-5}$$

S 未加下标，因为直线长度本身无方向性。坐标方位角 α_{AB} 的取值为 $0°\sim360°$，故坐标增量的正、负号取决于 α_{AB} 所在的象限。根据图 2-3-33 及式(2-3-5)，坐标增量的正、负号经归纳列于表 2-3-11 中。

表 2-3-11　坐标增量符号的判定

直线的方向		函数符号		坐标增量符号	
坐标的方位角	相应的象限	cos	sin	ΔX	ΔY
$0°\sim90°$	北东	+	+	+	+
$90°\sim180°$	南东	−	+	−	+
$180°\sim270°$	南西	−	−	−	−
$270°\sim360°$	北西	+	−	+	−

(二)坐标正算

根据直线起点的坐标、直线的水平距离及其方位角，计算直线终点的坐标，称为坐标正算。如图 2-3-33 所示，先求其坐标增量，则点 B 的坐标 (X_B, Y_B) 为

$$\left.\begin{array}{l} X_B = X_A + S \cdot \cos\alpha_{AB} \\ Y_B = Y_A + S \cdot \sin\alpha_{AB} \end{array}\right\} \tag{2-3-6}$$

例 2：设平面上一直线 AB，起点 A 的坐标为 $X_A = 2\,507.687$ m、$Y_A = 1\,215.630$ m，AB 距离为 $S = 225.850$ m，AB 方位角为 $\alpha_{AB} = 157°00'36''$，求 B 点坐标 (X_B, Y_B)。

解：由式(2-3-6)得

$$X_B = 2\,507.687 + 225.850 \times \cos157°00'36'' = 2\,299.776(\text{m})$$
$$Y_B = 1\,215.630 + 225.850 \times \sin157°00'36'' = 1\,303.840(\text{m})$$

(三)坐标反算

根据直线起点和终点的坐标，计算直线的边长和方位角，称为坐标反算。如图 2-3-33 所示，已知 A、B 点的坐标分别为 (X_A, Y_A) 及 (X_B, Y_B)，求算直线 AB 的坐标方位角 α_{AB} 及长度 S。

由图 2-3-33 可得

$$\tan\alpha_{AB} = \frac{\Delta Y_{AB}}{\Delta X_{AB}} = \frac{Y_B - Y_A}{X_B - X_A} \tag{2-3-7}$$

$$\alpha_{AB} = \arctan\frac{Y_B - Y_A}{X_B - X_A} \tag{2-3-8}$$

$$S = \frac{\Delta Y_{AB}}{\sin\alpha_{AB}} = \frac{\Delta X_{AB}}{\cos\alpha_{AB}} \tag{2-3-9}$$

由式(2-3-8)求出 α_{AB} 后，再由式(2-3-9)计算出 S。用正弦和余弦算出的 S 可进行互相检核。

不论直线的坐标方位角如何，由式(2-3-8)直接计算出来的角度绝对值都为小于 $90°$ 的象限角值。因此，还应根据其坐标增量的正、负号，按表 2-3-11 中的关系，换算成相应的坐标方位角。

若只需要计算直线的长度,也可用式(2-3-10)计算 S,即

$$S = \sqrt{\Delta X_{AB}^2 + \Delta Y_{AB}^2} = \sqrt{(X_B - X_A)^2 + (Y_B - X_A)^2} \tag{2-3-10}$$

例3:设直线 A、B 两点的坐标值分别为

$$X_A = 104\,342.990\text{ m}, \ X_B = 102\,404.500\text{ m}$$
$$Y_A = 573\,814.290\text{ m}, \ Y_B = 570\,525.720\text{ m}$$

求 AB 距离及坐标方位角。

解:由 A、B 两点的坐标可得坐标增量为

$$\Delta Y_{AB} = -3\,288.570\text{ m}, \ \Delta X_{AB} = -1\,938.490\text{ m}$$

由坐标增量的符号判断,直线 AB 所指方向为第三象限,计算出的象限角值为 $R_{AB} = 59°28'56''$ 则

$$\alpha_{AB} = 180° + 59°28'56'' = 239°28'56''$$

$$S = \frac{\Delta Y_{AB}}{\sin\alpha_{AB}} = 3\,817.386(\text{m})$$

或

$$S = \frac{\Delta X_{AB}}{\cos\alpha_{AB}} = 3\,817.385(\text{m})$$

六、支导线各个未知点的坐标计算

在支导线计算中,从一已知点开始,由推算出来的各边坐标方位角和边长,就可依次求出各导线点的坐标。

支导线中没有多余的观测值,所以它不存在数据之间的检核关系,因此也无法对角度和边长的测量数据进行检核,支导线的计算步骤如下。

(1)根据已知起始点的坐标反算出已知边的坐标方位角,并进行计算检核。

(2)根据已知边的坐标方位角和观测的导线上的水平角,推算出各导线边的坐标方位角。

(3)根据所测得的导线边长和推算出的各导线边的坐标方位角计算各边的坐标增量。

(4)根据给定的已知高级点的坐标和计算出的坐标增量依次推算各点的坐标。

从支导线的计算过程可以看出,支导线缺少对观测数据的检核,因此在实际工作中使用支导线时一定要谨慎。根据相关规范规定,一般情况下,支导线只限于在图根导线和地下工程导线中使用。对于图根导线,支导线的未知点数一般规定不超过三个。

七、闭合导线内业计算

(一)角度闭合差的计算与调整

设闭合导线有 n 条边,由几何学可知,平面闭合多边形的内角和的理论值为

$$\sum\beta_{理} = (n-2) \times 180° \tag{2-3-11}$$

若闭合导线内角观测值的和为 $\sum\beta_{测}$,则角度闭合差为

$$W_\beta = \sum\beta_{测} - \sum\beta_{理} = \sum\beta_{测} - (n-2) \times 180° \tag{2-3-12}$$

W_β 绝对值的大小可说明角度观测的精度。一般图根导线的 W_β 的容许值,即其极限中误差,应为

$$W_{\beta容} = \pm 40''\sqrt{n} \tag{2-3-13}$$

式中，n 为导线折角个数。

若 $|W_\beta| > |W_{\beta容}|$，则应重新观测各折角；若 $|W_\beta| \leqslant |W_{\beta容}|$，通常将 W_β 反号，平均分配到各折角的观测值中。调整的分配值称角度改正数，以 V_β 表示，即

$$V_\beta = -\frac{W_\beta}{n} \tag{2-3-14}$$

角度及其改正数取至($''$)，如果式(2-3-14)不能整除，可将余数凑给短边夹角的改正数，最后使 $\sum V_\beta = -W_\beta$。将角度观测值加上改正数后，即得到改正后的角值，也称平差角值。

改正后的导线水平角之间必须满足正确的几何关系。

（二）推算导线各边的坐标方位角

推算闭合导线各边坐标方位角是根据高一级点间的已知坐标方位角与测得的连接角，求出导线起始边的坐标方位角，然后利用各平差角推算出各导线边的坐标方位角。关于导线边坐标方位角的推算详细过程参考坐标方位角推算。

（三）坐标增量计算

依据导线各边丈量结果及坐标方位角的推算结果，就可利用坐标增量计算公式，求出各边的坐标增量。

（四）坐标增量闭合差计算及调整

由图 2-3-35 可以看出，闭合导线边的纵、横坐标增量的代数和应分别等于零，即

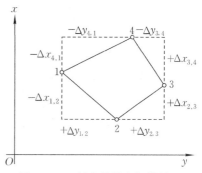

图 2-3-35 闭合导线坐标增量

$$\left. \begin{array}{l} \sum \Delta X_{理} = 0 \\ \sum \Delta Y_{理} = 0 \end{array} \right\} \tag{2-3-15}$$

但是，由于不仅量边有误差，而且平差角值也有误差，致使计算的坐标增量代数和不一定等于零，即

$$\left. \begin{array}{l} \sum \Delta X_{计} = W_x \\ \sum \Delta Y_{计} = W_y \end{array} \right\} \tag{2-3-16}$$

式中，W_x 为纵坐标增量闭合差，W_y 为横坐标增量闭合差。导线存在坐标增量闭合差，反映了导线没有闭合，其几何意义如图 2-3-36 所示。图 2-3-36 中 $1—1'$ 这段距离叫作导线全长闭合差，以 W_S 表示，按几何关系得

$$W_S = \sqrt{W_x^2 + W_y^2} \tag{2-3-17}$$

一般来说，导线越长，误差的累计越大，W_S 也会相应增大，所以衡量导线的精度不能单纯以 W_S 的大小来判断。导线的精度通常是以相对闭合差来表示的，若以 T 表示相对闭合差的分母，$\sum S$ 表示导线的全长，则

图 2-3-36 闭合导线坐标增量闭合差

$$\frac{1}{T} = \frac{W_S}{\sum S} = \frac{1}{\dfrac{\sum S}{W_S}} \tag{2-3-18}$$

相对闭合差要以分子为 1 的形式表示。分母越大，导线精度越高。图根导线相对闭合差

一般小于 1/2 000,在特殊困难地区不应超过 1/1 000。

若导线相对闭合差在允许的限度之内,则将 W_x、W_y 分别反号并按与导线边长成正比原则,调整相应的纵、横坐标增量。若以 V_{x_i}、V_{y_i} 分别表示第 i 边纵、横坐标增量改正数,则

$$\left.\begin{array}{l} V_{x_i} = -\dfrac{W_x}{\sum S} \cdot S_i \\ V_{y_i} = -\dfrac{W_y}{\sum S} \cdot S_i \end{array}\right\} \qquad (2\text{-}3\text{-}19)$$

坐标增量改正数计算至毫米。由凑整而产生的误差,可调整到长边的坐标增量改正数上,使改正数总和满足

$$\left.\begin{array}{l} \sum V_x = -W_x \\ \sum V_y = -W_y \end{array}\right\} \qquad (2\text{-}3\text{-}20)$$

将坐标增量加上各自的改正数,得到调整后的坐标增量。改正后的坐标增量应满足 $\sum \Delta X = 0$、$\sum \Delta Y = 0$。

(五)坐标计算

根据已知点的坐标和改正后的坐标增量,依坐标正算公式,依次推算各点坐标,并推算出闭合导线的起始点,该值应与已知值一致,否则计算有错误。

八、附合导线内业计算

附合导线计算步骤与闭合导线计算步骤基本相同,但是由于两者布设形式不同,故角度闭合差和坐标增量闭合差的计算公式略有差别。下面着重介绍其不同之处,以及角度闭合差的计算与调整。

如图 2-3-37 所示,设附合导线起始边 BA 和终边 CD 的坐标方位角 α_{BA} 及 α_{CD} 都是已知的,点 B、A、C、D 为已知的高等级控制点,β_i 为观测角值($i = 1, 2, \cdots, n$),附合导线编号从起始点 A 开始,并将 A 点编成点 1,终点 C 编成点 n。

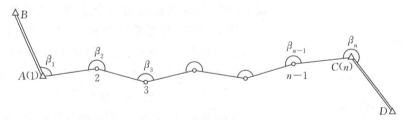

图 2-3-37　附合导线

从已知边 BA 的坐标方位角 α_{BA} 开始,依次用导线各左角推算出终边 CD 的坐标方位角 α'_{CD},即

$$\alpha_{12} = \alpha_{BA} + \beta_1 \pm 180°$$
$$\alpha_{23} = \alpha_{12} + \beta_2 \pm 180°$$
$$\vdots$$
$$\alpha_{CD} = \alpha_{(n-1)n} + \beta_n \pm 180°$$

将上列等式两端分别相加,得

$$\alpha'_{CD} = \alpha_{BA} + \sum \beta_i \pm n \times 180°$$

由于导线左角观测值总和 $\sum \beta$ 中含有误差,上面推算出的 α'_{CD} 与边 CD 已知值 α_{CD} 不相等,两者的差数即为附合导线的角度闭合差 W_β,即

$$W_\beta = \alpha'_{CD} - \alpha_{CD} = \sum \beta + \alpha_{BA} - \alpha_{CD} \pm n \times 180°$$

写成一般形式,即

$$W_\beta = \sum \beta + \alpha_{始} - \alpha_{终} \pm n \times 180° \tag{2-3-21}$$

附合导线闭合差容许值的计算公式及角度闭合差的调整方法与闭合导线相同。

W_β 绝对值的大小,说明角度观测的精度。图根导线 W_β 的容许值,即其极限中误差,应为

$$W_{\beta_容} = \pm 40'' \sqrt{n} \tag{2-3-22}$$

式中,n 为导线折角个数(包括两个导线的定向角)。

若 $|W_\beta| > |W_{\beta_容}|$,则应重新观测各折角;若 $|W_\beta| \leqslant |W_{\beta_容}|$,通常将 W_β 反号,平均分配到各折角的观测值中。调整的分配值称角度改正数,以 V_β 表示,即

$$V_\beta = -\frac{W_\beta}{n} \tag{2-3-23}$$

角度及其改正数取至秒,如果式(2-3-23)不能整除,可将余数分配给短边夹角的改正数,最后使 $\sum V_\beta = -W_\beta$。将角度观测值加上改正数后,即得改正后的角值,也称平差角值。

改正后的导线水平角之间必须满足正确的几何关系。

按附合导线的要求,导线各边坐标增量代数和的理论值应等于终点(如 C 点)与起点(如 A 点)的已知坐标值之差,即

$$\left. \begin{aligned} \sum \Delta X_{理} = X_{终} - X_{始} \\ \sum \Delta Y_{理} = Y_{终} - Y_{始} \end{aligned} \right\} \tag{2-3-24}$$

因测角量边都有误差,故从起点推算至终点的纵、横坐标增量的代数和 $\sum \Delta X_{测}$、$\sum \Delta Y_{测}$ 与 $\sum \Delta X_{理}$、$\sum \Delta Y_{理}$ 不一致,从而产生增量闭合差,即

$$\left. \begin{aligned} W_x = \sum \Delta X_{测} - \sum \Delta X_{理} \\ W_y = \sum \Delta Y_{测} - \sum \Delta Y_{理} \end{aligned} \right\} \tag{2-3-25}$$

$$W_S = \sqrt{W_x^2 + W_y^2} \tag{2-3-26}$$

一般来说,导线越长,误差的累积越大,这样 W_S 也会相应增大,所以衡量导线的精度不能单纯以 W_S 的大小来判断。导线的精度通常是以相对闭合差来表示的,若以 T 表示相对闭合差的分母,$\sum S$ 表示导线的全长,则

$$\frac{1}{T} = \frac{W_S}{\sum S} = \frac{1}{\dfrac{\sum S}{W_S}} \tag{2-3-27}$$

相对闭合差要以分子为 1 的形式表示。分母越大,导线精度越高。图根导线相对闭合差

一般小于 1/2 000,在特殊困难地区不应超过 1/1 000。

若导线相对闭合差在允许的限度之内,则将 W_x、W_y 分别反号并按与导线边长成正比原则,调整相应的纵、横坐标增量。若以 V_{x_i}、V_{y_i} 分别表示第 i 边纵、横坐标增量改正数,则

$$\left. \begin{array}{l} V_{x_i} = -\dfrac{W_x}{\sum S} \cdot S_i \\[4mm] V_{y_i} = -\dfrac{W_y}{\sum S} \cdot S_i \end{array} \right\} \tag{2-3-28}$$

坐标增量改正数计算至毫米。由凑整而产生的误差,可调整到长边的坐标增量改正数上,使改正数总和满足

$$\left. \begin{array}{l} \sum V_x = -W_x \\[2mm] \sum V_y = -W_y \end{array} \right\} \tag{2-3-29}$$

将坐标增量加上各自的改正数,得到调整后的坐标增量。改正后的坐标增量应满足 $\sum \Delta X =$ 已知点之间的 X 坐标增量、$\sum \Delta Y =$ 已知点之间的 Y 坐标增量。

根据已知点的坐标和改正后的坐标增量,依坐标正算公式依次推算各个未知点的坐标,并推算出附合导线的终点(已知点)的坐标,推算出的已知点的坐标应该等于已知的已知点坐标,如果不相等则说明计算过程中有计算错误。

九、全站仪

全站仪是全站型电子测距仪,是一种集光、机、电为一体,集水平角、竖直直角、距离(斜距、平距)、高差测量功能于一体的测绘仪器系统。

电子全站仪由电源部分、测角系统、测距系统、数据处理部分、通信接口、显示屏、键盘等组成。下面对上述部分涉及的结构和原理进行说明。

(一)同轴望远镜

全站仪的望远镜实现了视准轴、测距光波的发射、接收光轴同轴化。同轴化的基本原理是在望远物镜与调焦透镜间设置分光棱镜系统,通过该系统实现望远镜的多种功能,即可瞄准目标,使之成像于十字丝分划板,进行角度测量。同时其测距部分的外光路系统又能使测距部分的光敏二极管发射的调制红外光在经物镜射向反光棱镜后,经同一路径反射回来,再经分光棱镜使回光被光电二极管接收。为满足测距需要,在仪器内部另设内光路系统,通过分光棱镜系统中的光导纤维将由光敏二极管发射的调制红外光也传送给光电二极管接收,并由内、外光路调制光的相位差间接计算光的传播时间,计算实测距离。

同轴性使得望远镜一次瞄准即可实现同时测定水平角、垂直角和斜距等全部基本测量要素的功能,加之全站仪强大、便捷的数据处理功能,使全站仪的使用极其方便。

(二)双轴自动补偿

全站仪纵轴倾斜会引起角度观测的误差,盘左、盘右观测值取平均不能使之抵消。而全站仪特有的双轴(或单轴)倾斜自动补偿系统可对纵轴的倾斜进行监测,并在度盘读数中对因纵轴倾斜造成的测角误差自动加以改正。也可对竖轴倾斜引起的角度误差进行改正,微处理器自动按竖轴倾斜改正计算式计算,加入度盘读数中加以改正,使度盘显示读数为正确值,即实

现纵轴倾斜自动补偿。

双轴自动补偿是使用一个水泡来标定绝对水平面,该水泡中间填充的是液体,两端是气体。在水泡的上部两侧各放置一个发光二极管,而在水泡的下部两侧各放置一个光电管,用一个光电管接收发光二极管透过水泡发出的光。而后,通过运算电路比较两个二极管获得的光的强度。当在初始位置,即绝对水平时,将运算值置零。当作业中全站仪器发生倾斜时,运算电路实时计算出光强的差值,从而换算成倾斜的位移,将此信息传达给控制系统,以决定自动补偿的值。自动补偿的方式除由微处理器计算后修正输出外,还有一种方式是通过步进马达驱动微型丝杆,对此轴方向上的偏移进行补正,从而使轴时刻保证绝对水平。

(三)键盘

键盘是全站仪在测量时输入操作指令或数据的硬件,全站型仪器的键盘和显示屏均为双面式,便于正、倒镜作业时操作。

(四)存储器

全站仪存储器的作用是将实时采集的测量数据存储起来,再根据需要传送到其他设备(如计算机等)中,供进一步的处理或利用,全站仪的存储器有内存储器和存储卡两种。全站仪内存储器相当于计算机的内存,存储卡是一种外存储媒体,又称 PC 卡,作用相当于计算机的磁盘。

(五)通信接口

全站仪可以通过 RS-232C 通信接口和通信电缆将内存中存储的数据输入计算机,或将计算机中的数据和信息经通信电缆传输给全站仪,实现双向信息传输。

子任务4   三角测量与解析交会

4-1   三角测量与解析交会操作步骤

一、单三角形解析交会外业测量

如图 2-4-1 所示,在已知点 A、B 和待定点 P 上设站,分别测出角 α、β 及 γ,并计算出 P 点的坐标,这种方法称单三角形解析交会方法。

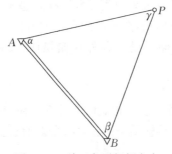

图 2-4-1   单三角形解析交会

二、单三角形计算 P 点坐标步骤

(一)三角形闭合差的计算与分配

在单三角形中,观测角 α、β、γ 存在观测误差,致使三角形内角和不等于 $180°$,因而产生了闭合差,即

$$W = \alpha + \beta + \gamma - 180°$$

改正闭合差的方法是将 W 反符号,平均分配到角 α、β、γ 中。

(二)坐标计算

用改正后的角 α、β 及已知坐标,直接算出点 P 坐标,即

$$\left.\begin{array}{l} x_P = \dfrac{x_A \cot\beta + x_B \cot\alpha - y_A + y_B}{\cot\alpha + \cot\beta} \\[3mm] y_P = \dfrac{y_A \cot\beta + y_B \cot\alpha + x_A - y_B}{\cot\alpha + \cot\beta} \end{array}\right\} \tag{2-4-1}$$

式(2-4-1)称余切公式,它在测量计算中受到广泛的应用。应用该公式时,A、B、P 三点应逆时针排列。角 α、β、γ 也需要与 A、B、P 三点按图 2-4-1 的规律对应排列,否则将会导致错误。表 2-4-1 为利用余切公式解算单三角形的示例。

表 2-4-1 单三角形计算案例

示意图								略图		备考

点号	点号	角号	观测角值 /(° ′ ″)	−W/3 /(″)	平差角值 /(° ′ ″)	角余切值	x/m	y/m
						1.272 825		
P	矸石山	γ	54 34 24	−8	54 34 16	0.711 422	3 811 499.774	20 543 080.152
A	新桥	α	60 41 32	−8	60 41 24	0.561 403	3 811 230.095	20 543 153.696
B	煤仓	β	64 44 28	−8	64 44 20	0.471 868	3 811 406.822	20 543 333.132
	Σ		180 00 24	−24	180 00 00	1.033 271		

(三)检核计算

为检核计算中有无错误,可先求出 P 点坐标,将 P、A 点作为已知点,计算 B 点坐标。若计算出的 B 点坐标与原坐标一致,则说明计算无误。检核计算出 B 点坐标,即

$$\left. \begin{array}{l} x_B = \dfrac{x_P \cot\alpha + x_A \cot\gamma - y_P + y_A}{\cot\gamma + \cot\alpha} \\ y_B = \dfrac{y_P \cot\alpha + y_A \cot\gamma + x_P - x_A}{\cot\gamma + \cot\alpha} \end{array} \right\} \tag{2-4-2}$$

(四)单三角形计算案例

单三角形计算案例如表 2-4-1 所示。

4-2 三角测量与解析交会基础知识

一、概 述

图根三角锁(网)测量是过去建立图根平面控制的常用方法。在已知高等级控制点的基础上,将图根控制点做适当地连接成三角形,由若干三角形组成的锁或网形,称图根三角锁或图根三角网。在图根三角锁(网)中,必须有足够的起算数据:一条已知边长,一个已知方向和一个已知点的坐标。若观测了锁(网)中所有三角形的内角,应用正弦定理,即可逐个求出锁(网)中的全部边长。再根据已知点坐标和已知坐标方位角,推算出图根点的坐标。如此测算三角锁(网)的工作,称为图根三角锁(网)测量。

图根三角锁(网)测量受地形限制较小,布设灵活,加密点较多,通常不需要丈量边长,且控制面积较大,在测图作业中得到广泛的应用。在图根三角锁(网)中最常用的布设形式是图根线形锁。图根三角锁(网)的基本图形是中点多边形和大地四边形。

（一）线形锁

两端点附合到两个已知坐标的高等级控制点上的三角锁叫线形锁，如图 2-4-2 所示。在线形锁中，除观测各三角形所有内角外，若两端高等级控制点 A、B 间通视，则还需要观测的 AB 连线与三角形一边的夹角 φ_1 和 φ_2，称为内定向角，这种线形锁称为内定向线形锁，如图 2-4-2(a) 所示。在图 2-4-2(b) 中，点 A、B 间互不通视，则可利用已知方向 AM 和 BN 观测夹角 φ_1 和 φ_2，这时 φ_1 和 φ_2 称为外定向角，这种线形锁称为外定向线形锁。

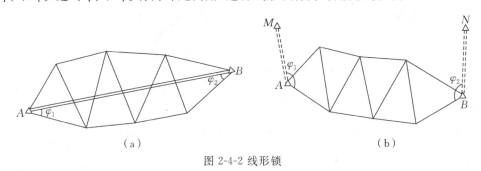

（a）   （b）

图 2-4-2 线形锁

（二）中点多边形

以一个中心为公共顶点（极点）、各三角形以一条公用边依次毗连而构成的闭合图形称为中点多边形，如图 2-4-3 所示。

（三）大地四边形

具有双对角线的四边形称为大地四边形，如图 2-4-4 所示。

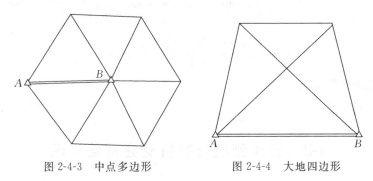

图 2-4-3 中点多边形   图 2-4-4 大地四边形

图根三角测量的主要技术要求应符合表 2-4-2 的规定。

表 2-4-2 图根三角测量的主要技术要求

边长/m	测角中误差/(″)	三角形个数	DJ6 测回数	三角形闭合差/(″)	方位角闭合差/(″)
≤1.7 倍测图最大视距	±20	≤12	1	≤±60	$\pm 40\sqrt{n}$

注：n 为测站数。

二、图根三角锁（网）测量的外业工作

图根三角锁（网）测量的外业工作包括选点、埋设点的标志、竖立标杆、观测水平角等。首先在测区已有的旧地形图上，根据高等级控制点的分布情况、测图比例尺的大小、地形条件，结合地形测量规范要求，拟定图根三角锁（网）布设方案。然后再到实地去踏勘，根据实际情况对布设方案做必要修改,最后在实地选定点位。

选点时,除考虑视野开阔、通视良好、便于测角、土质坚实等因素外,还要满足以下要求。

(1)锁(网)平均边长一般在1:1000比例尺测图时为170 m,在1:2000比例尺测图时为350 m,在1:5000时为500 m。

(2)锁(网)中三角形边长应尽量互相接近,在三角形中用作连续传算边长的求距角一般不小于30°,个别三角形的求距角也不得小于20°。

(3)锁(网)点点位应尽量均匀分布,线形锁中的图根点要尽量布设在两端已知点连线的两侧,呈直伸型,组成的三角形个数一般不超过12个。

点位确定以后,埋石点的数量应按规范中图根点数量规定及用图单位的要求确定,其余用木桩加以标志,然后进行点的统一编号,并在埋石点上立标杆,然后进行水平角观测。图根三角锁(网)布设及观测技术要求参见表2-4-3。另外,要求只能有个别的三角形闭合差接近限差±60″。

表 2-4-3 小三角测量基本参数与精度要求

级别	平均边长/m	测角中误差/(″)	三角形个数	起始边长相对中误差	最弱边长相对中误差	测回数 J2	测回数 J6	三角形最大闭合差/(″)	方位角闭合差/(″)
一级小三角	1 000	±5	6~7	1/40 000	1/20 000	2	6	±15	$±12\sqrt{n}$
二级小三角	500	±10	6~7	1/20 000	1/10 000	1	2	±30	$±24\sqrt{n}$
图根小三角	75	±20	12 以下	1/10 000			1	±60	$±40\sqrt{n}$

三、解析交会测量

布设图根平面控制点时,若导线或三角锁(网)等图根点密度不够,可用解析交会测量的方法加密图根点。所谓解析交会测量,就是测角或测距离,然后利用角度或距离交会,经过计算求得待定点的坐标的测量工作。解析交会一般有以下五种。

(一)前方交会

如图2-4-5(a)所示,在已知点A、B上设站,分别测出角α、β,通过计算求得P点坐标。这种方法称为前方交会。

为了检核,还要在第三个已知点C上设站,这样共测出$α_1$、$β_1$、$α_2$、$β_2$四个角,如图2-4-5(b)所示。通过对计算出的P点的两组坐标进行比较,即可检核观测质量。

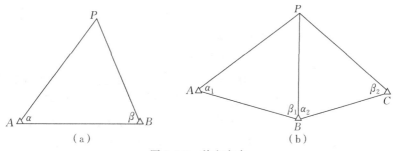

图 2-4-5 前方交会

（二）侧方交会

如图 2-4-6(a)所示，若分别在一个已知点 A（或 B）和待定点上设站，测出角 α（或角 β）和角 γ，通过计算求得 P 点坐标。这种方法称侧方交会。

为了检核，还要在 P 点多观测一个已知点 K，测出检验角 ε，如图 2-4-6(b)所示。比较坐标反算求得的 ε 角值与 ε 的实测角值，即可检核观测质量。

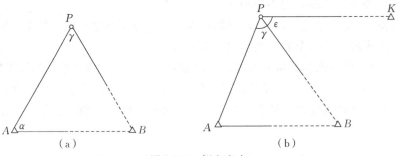

图 2-4-6 侧方交会

（三）后方交会

如图 2-4-7(a)所示，在待定点 P 上设站，对三个已知点进行观测，测出角 α、β，通过计算求得 P 点坐标。这种方法称后方交会。

为了检核，在待定点 P 上还应多观测一个已知点 K，测得角 ε，如图 2-4-7(b)所示。比较坐标反算求得的 ε 角值与 ε 的实测角值，即可检核观测质量。

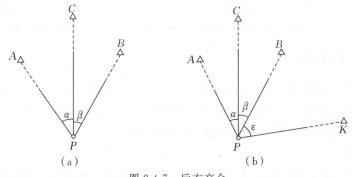

图 2-4-7 后方交会

（四）单三角形

如图 2-4-8 所示，在已知点 A、B 和待定点 P 上设站，分别测出角 α、β 及 γ，计算出 P 点坐标。这种方法称单三角形。

单三角形因观测了三角形三个内角，可用 $\alpha+\beta+\gamma=180°$ 作为检核条件。

（五）距离交会

如图 2-4-9(a)所示，在待定点 P 上设站，用光电测距仪分别观测已知点 A、B，测出 P 点至 A、B 点的距离 S_1、S_2，通过计算求得 P 点坐标。这种方法称距离交会。

为了检核，可在 P 点多观测一个已知点 C，测出 P 点至

图 2-4-8 单三角形

C 点的距离 S_3,利用 S_2、S_3 求得 P 点的又一组坐标,通过对两组坐标进行比较来检查观测质量,如图 2-4-9(b)所示。

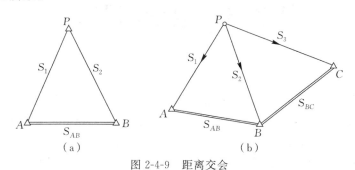

图 2-4-9　距离交会

解析交会测量中,角度交会测量的外业工作与图根三角锁(网)测量的外业工作基本相同,但在交会图形中,由待定点至相邻两已知点方向间的交角(称交会角)不能过大或过小,交会角在 70° 左右最好,否则将产生大的点位误差。一般测量规范规定交会角不应小于 30° 或大于 150°。另外,为了提高交会测量外业效率,测角交会的角度观测应尽量与图根三角锁(网)同时进行。还需要特别注意的是,在后方交会中,待定点 P 不能选择在危险圆上或危险圆附近。

四、图根三角测量内业计算的原理

图根三角测量内业计算的主要内容为小三角测量内业计算和交会测量的内业计算。

(一)小三角测量内业计算

小三角测量内业计算是根据已知的高等级点的坐标和观测数据,结合图形条件,通过数据处理,合理分配闭合差,求出观测值的平差值,最后利用平面三角知识计算出各个未知三角点的平面坐标,同时进行精度评定。三角测量的平差计算分为严密平差和近似平差两种,对小三角测量可采用近似平差计算。小三角网的计算过程如下。

(1)绘制三角网略图,并全面检查外业手簿。

(2)计算三角形闭合差,如果不超限,对闭合差进行分配和调整。

(3)根据正弦定理计算各条未知边长及其闭合差,并进行调整。

(4)求算三角形的边长。

(5)根据导线测量的计算方法计算坐标增量和各个未知点的坐标。

(6)进行精度评定。

(二)交会测量的内业计算

前方交会、侧方交会、距离交会和单三角形都可以用余切公式进行解算。下面以单三角形为例,说明余切公式的应用。

如图 2-4-10 所示,A、B 为高等级已知点,观测角为 α、β、γ,从而求解待定点 P 的坐标。单三角形计算 P 点坐标的步骤参见 4-1。

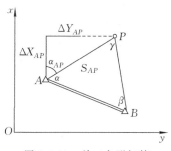

图 2-4-10　单三角形解算

任务 3　地形图测绘

【教学任务设计】

(1)任务分析。地形图测绘是在完成图根高程控制测量和图根平面控制测量后进行的一项工作。各作业小组的测区范围大约为 200 m×250 m,测区的地势大部分平坦,地物密集,树木茂密,给测绘工作带来诸多不便。根据实际情况,确定地形图测绘采用经纬仪测记法(极坐标法)。个别高差比较大、距离丈量比较困难地区,可以采用交会法。图根控制测量中建立的控制点均可以作为测站点,个别地区控制点密度不够时,可以采用经纬仪支导线、交会法、视距导线等方法增补测站。

(2)任务分解。根据地形图测绘的工作内容和要求,可以将该项任务分解为测图前的准备工作、地物测绘、地貌测绘,以及地形图的拼接、整饰、检查验收等。

(3)各环节功能。测图前的准备工作是指在地形图测绘外业工作开始之前的技术资料的收集、仪器工具的准备、坐标方格网的绘制、地形图的分幅与编号、控制点的展绘等。地物测绘是通过外业测绘工作,完成测区内的各种地物的测绘工作,并将它们绘制到地形图上。地貌测绘则是通过外业测绘工作将测区内的自然地貌用等高线等形式表示在测绘的地形图上。地形图的拼接、整饰、检查验收则是各作业组在地形图测绘外业工作完成后,将各作业组测绘的图纸进行拼接,消除由测图误差引起的图边上的矛盾。地形图的检查验收是地形图测绘工作的最后一个环节,内容包括图纸的内外业检查、测绘资料的提交和技术总结等。

(4)作业方案。在测区内的图根高程控制测量和图根平面控制测量已经完成的情况下,地形图测绘时采用自由分幅与编号方法,坐标方格网的绘制采用专用格网尺法,展绘控制点后采用经纬仪测记法(极坐标法)等进行地物地貌的测绘,地形图测绘外业工作完成后进行地形图的拼接、检查和验收,并提交相关的测绘资料和技术总结。

(5)教学组织。本任务情境的教学共 24 学时,分为 2 个相对独立又紧密联系的子任务。教学过程中以作业组为单位,每组 1 个测区,在测区内分别完成测图前的准备工作、地物测绘、地貌测绘、地形图的拼接与检查验收作业任务。作业过程中教师全程参与指导。每组领用的仪器设备包括经纬仪、全站仪、棱镜、测钎、花杆、钢尺、小钢尺、测伞、点位标志、记录板、记录手簿等。要求尽量在规定时间内完成外业作业任务,个别作业组在规定时间内没有完成的,可以利用业余时间继续完成任务。在整个作业过程中,教师除进行教学指导外,还要实时进行考评并做好记录,这是成绩评定的重要依据。

子任务 1　测图前的准备工作

1-1　测图前准备工作操作步骤

一、技术资料的收集与抄录

测图前应收集有关测区的自然地理和交通情况资料,了解所测地形图的专业要求,抄录测区内各级平面和高程控制点的成果资料。对抄取的各种资料应仔细进行核对,确认无误后方可使用。

二、仪器和工具的准备

用于地形测图的平板仪、经纬仪、水准仪,以及计算工具等,都必须进行细致的检查和必要的校正。

三、测图板的准备

过去采用聚酯薄膜进行图纸测图。聚酯薄膜具有伸缩性小、耐湿、耐磨、耐酸、透明度高、抗张力强和便于保存的优点。聚酯薄膜一般可用透明胶带粘贴在图板上或用铁夹固定在图板上。为了看清薄膜上的铅笔线画,最好在薄膜下垫一张白纸。目前数字测图是常用测图方法,而本任务是采用聚酯薄膜进行手工测图,主要是为了通过该任务说明测图原理及过程。

四、绘制坐标方格网

大比例尺地形图平面直角坐标方格网是由边长 10 cm 的正方形组成的。因绘制方格网所用工具不同,故其绘制方法也不一样。

(一)用普通直尺绘制坐标方格网

(1)如图 3-1-1 所示,先按图纸的四角,用普通直尺轻轻地绘出两条对角线 AC 和 BD,并得两对角线交点 O。

(2)以交点为圆心,以适当的长度为半径,分别在直线的两端画短弧,得 A、B、C、D 交点,依次连接各点,得矩形 ABCD。

(3)分别由 A 和 B 点起,沿 AD 和 BC 边以 10 cm 间隔截取分点。再自 A 点和 D 点起,沿 AB 和 DC 边以 10 cm 间隔截取分点。

(4)连接上下、左右各对应分点,便构成了边长为 10 cm 的正方形方格网,若在纵横线两端按比例尺注上相应的坐标值,即为所要的坐标方格网。

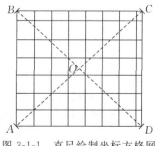

图 3-1-1　直尺绘制坐标方格网

（二）用坐标格网尺绘制坐标方格网

图 3-1-2 所示的是坐标格网尺的一种。它用热膨胀系数很小的合金钢制成,适用于绘制 30 cm×30 cm、40 cm×40 cm、50 cm×50 cm 的方格网。格网尺上每隔 10 cm 有一小孔,孔内有一斜面,共有 6 个小孔。左端第一孔的下边缘有一细直线,细线与斜面边缘的交点为尺的零点。其余各孔及尺的最末端的斜边均以零点为圆心,零点到其余各孔末端距离分别为 10 cm、20 cm、30 cm、40 cm、50 cm 及 70.711 cm,可以沿孔的末端画出短圆弧线。其中 70.711 cm 为 50 cm×50 cm 正方形对角线的长度。

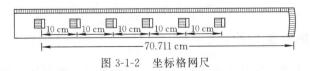

图 3-1-2　坐标格网尺

用坐标格网尺绘制坐标方格网的步骤如图 3-1-3 所示。

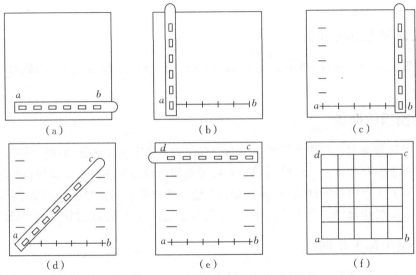

图 3-1-3　用坐标格网尺绘制坐标方格网

（1）将格网尺放在图纸下方,目估使其与下边缘平行,用铅笔沿尺边画一条直线。在直线左端适当位置定出一点 a,以尺的零点对准 a 点,使尺上各孔的斜面中心位置通过已绘出的直线,然后沿各孔斜边画出弧线分别与直线相交,最后定出右端点 b,如图 3-1-3(a)所示。

（2）用格网尺的零点对准 a 点,目估使格网尺垂直于 ab,沿各孔画短线,如图 3-1-3(b)所示。

（3）用格网尺的零点对准 b 点,目估格网尺垂直于 ab,沿各孔画短线,如图 3-1-3(c)所示。

（4）将格网尺的零点对准 a 点,旋转格网尺,依尺子末端画弧线,使之与右上方第一个短弧线相交得 c 点,如图 3-1-3(d)所示。

（5）将格网尺目估放置在与图纸上边缘平行的位置,以格网尺的零点对准 c 点,使尺子左端第一孔的弧线与左上方的弧线相交,得 d 点,并沿各孔画出短线,如图 3-1-3(e)所示。

（6）连接 a、b、c、d 各点,则得到边长为 50 cm 的正方形。再连接两对边相应各分点,便得到每边长为 10 cm 的坐标方格网,如图 3-1-3(f)所示。

(三)坐标方格网的检查

坐标方格网的绘制精确直接影响以后展绘各级控制点和地形测图的精度,因此,必须对所绘坐标方格网进行检查。

可利用坐标格网尺的斜边或其他直尺检查对角线上各交点是否在一条直线上。另外,还需要用标准直尺检查各方格网边长、对角线长及 50 cm×50 cm 正方形各边边长。相关规范规定,方格网 10 cm 边长与标准 10 cm 边长之差不应超过±0.2 mm,50 cm×50 cm 正方形对角线长度与标准长度 70.711 cm 之差不应超过±0.3 mm,50 cm×50 cm 正方形各边长度与标准长度 50 cm 之差不应超过±0.2 mm。坐标方格网线的粗度与刺孔直径不应大于±0.1 mm。若不满足上述要求,应局部变动或重新绘制。

目前,有的聚酯薄膜测图纸已印制了坐标方格网,但使用前,必须进行检查,不合精度要求的不得使用。

五、展绘图廓点及控制点

展点就是将图廓点(当用梯形分幅时)和控制点,依其坐标及其测图比例尺展绘到具有坐标方格网的测图纸上。

根据已拟订的测区"地形图分幅编号图",按划分的图幅在已绘好的坐标方格网纵横坐标线两端注记相应的坐标值,如图 3-1-4 所示。抄录本图幅和与本图幅有关的各级控制点点号、坐标、高程及相邻点间的边长。若测绘 1∶5 000 比例尺地形图采用梯形分幅,还需要抄录图廓点坐标、图廓边长及对角线长,用来展点和检核。

展点时,首先要确定该点所在的方格。在图 3-1-4 中,设控制点 A 的坐标值为 $X_A = 3\,811\,317.110$ m, $Y_A = 43\,272.850$ m,根据 A 点坐标及纵横方格线的标注,可判定出 A 点在 $klnm$ 方格内,然后分别从 m 点和 n 点向上用比例尺量取 17.11 m,得 a、b 两点,再分别从 k、m 点用比例尺向右量取 72.85 m 得 c、d 两点。ab 与 cd 两连线的交点即为 A 点在图上的位置。

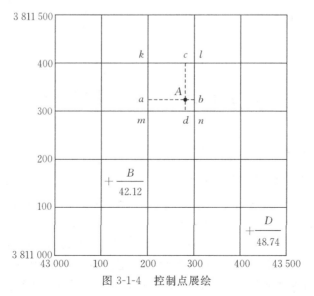

图 3-1-4　控制点展绘

图幅内所有控制点,如为梯形分幅时,还包括图廓点,可按同样方法展绘在图纸上。展完点后,还必须进行认真的检查。检查方法为:可用比例尺在图上量取各相邻点间距离,并与已知边或坐标反算长度进行比较,其最大误差不应超过图上的±0.3 mm,否则需要重新展会。展点合格后,用小针刺出点位,其针孔不得大于图上的±0.1mm。点位确定后还应在旁边注上点号和高程。

六、图外方向线的展绘

为了在测图时能充分利用邻近图幅内的控制点进行图板定向,需要在本图幅内,展绘由本图幅内的控制点至相邻图幅内的控制点的方向线。

图 3-1-5 为一幅在坐标方格网中展绘有梯形图幅的测图纸。P 点至图外 k 点的坐标方位角为已知,过 P 点用削尖的铅笔轻轻做一条平行于坐标纵线的直线,使之与距 P 点最远的横坐标格网线交于 n 点。根据已知坐标方位角 α 及 P 点至 n 点的纵坐标差,nn' 的长度为

$$nn' = Pn'\tan\alpha$$

按比例尺截取 nn' 长度,得 n' 点,过 P 点与 n' 点做直线,即为 P 点至图外 k 点的方向线。为了检核,还需在 pn' 相反的方向上,用同样的方法求出 m' 点,若 m'、P、n' 点在一条直线上,则说明方向线展绘无误。

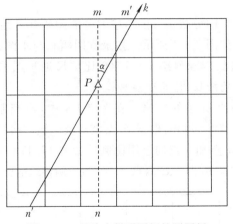

图 3-1-5 展绘有梯形图幅的测图纸

1-2 测图前准备工作基础知识

一、地形与地形图

地形图是表示地球表面局部形态的平面位置和高程的图纸。地球表面的形态非常复杂,既有高山、深谷,又有房屋、森林等,但这些复杂形态总体上可以分为两大类,即地物和地貌。地物是指地球表面各种自然形成的和人工修建的固定物体,如房屋、道路、桥涵、河流、植被等;地貌是指地球表面高低起伏的形态,如高山、丘陵、深谷、平原、洼地等。所谓地形就是地物和地貌的总称。将地物和地貌的平面位置和高程按一定的数学法则,用统一规定的符号和注记表示在图上,这幅图就是地形图。地形图的基本要素主要包括以下几类。

(1)数学要素,即图的数学基础,如坐标网、投影关系、图的比例尺和控制点等。

(2)自然地理要素,即地球表面自然形态所包含的要素,如地貌、水系、植被和土壤等。

（3）社会经济要素，即地面上人类在生产活动中改造自然界所形成的要素，如居民地、道路网、通信设备、工农业设施、经济文化和行政标志等。

（4）注记和整饰要素，即图上的各种注记和说明，如图名、图号、测图日期、测图单位、所用坐标和高程系统等。

地形图通常采用正射投影。由于地形测图范围一般不大，故可将参考椭球体近似看成圆球，当测区范围更小（小于 100 km²）时，还可把曲面近似看成过测区中心的水平面。当测区面积较大时，必须将地面各点投影到参考椭圆面上，然后用特殊的投影方法展绘到图纸上。图 3-1-6 所示地形图的比例尺为 1∶2 000。

图 3-1-6　地形图

为了便于测绘、使用和保管地形图，须将地形图按一定的规则进行分幅和编号。中小比例尺地形图一般采用按经纬线划分的梯形分幅法。1∶500、1∶1 000、1∶2 000、1∶5 000 的大比例尺地形图，采用正方形分幅。

一幅地形图采用图幅内最著名的地名、企事业单位，或突出的地物、地貌的名称来命名，图号按统一的分幅编号法则进行编号。图名和图号均注写在北外图廓的中央上方,图号注写在图名下方。

为了反映本幅图与相邻图幅之间的邻接关系,在外图廓的左上方绘有九个小格的邻接图表。中间画有斜线的一格代表本幅图,四周八格分别注明了相邻图幅的图名,利用接图表可方便地进行地形图的拼接。

图廓是地形图的边界,分为内图廓和外图廓。内图廓线是由经纬线或坐标格网线组成的图幅边界线,在内图廓外侧距内图廓 1 cm 处,画一平行框线叫外图廓。在内图廓外四角处注有以千米为单位的坐标值,外图廓左下方注明测图方法、坐标系统、高程系统、基本等高距、测图年月、地形图图式版别。

GB/T 20257(所有部分)—2017《国家基本比例地图图式》(以下简称《地图图式》)是测绘、出版地形图的基本依据之一,是识读和使用地形图的重要工具,其内容概括了各类地物、地貌在地形图上表示的符号和方法。测绘地形图时应以《地图图式》为依据来描绘地物、地貌。

地形图(特别是大比例尺地形图)是解决国民经济、国防建设中各类工程设计和施工问题时所必需的重要资料。地形图上表示的地物、地貌应内容齐全,位置准确,符号运用统一、规范,图面清晰、明了,便于识读与应用。

二、地形图的分幅与编号

为了便于测绘、拼接、使用和保管地形图,需要对各种比例尺的地形图按统一的规定进行分幅与编号。根据地形图比例尺,有正方形和梯形两种分幅与编号的方法。大比例尺地形图一般采用正方形分幅,中小比例尺地形图采用梯形分幅。对于大面积的 1∶5 000 比例尺测图,有时也采用梯形分幅。

(一)正方形分幅与编号

正方形分幅是以平面直角坐标的纵横坐标线为界限来分幅的。如图 3-1-7 所示,一幅 1∶5 000 的地形图包括 4 幅 1∶2 000 的地形图,一幅 1∶2 000 的地形图包括 4 幅 1∶1 000 的地形图,一幅 1∶1 000 的地形图包括 4 幅 1∶500 的地形图。正方形分幅的图廓规格如表 3-1-1 所示。

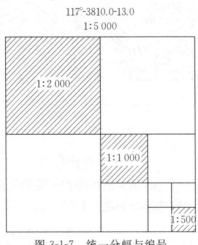

图 3-1-7　统一分幅与编号

表 3-1-1　正方形分幅的图廓规格

比例尺	图廓的大小 /cm²	实地面积 /km²	一幅 1∶5 000 地形图中所包含的图幅数	图廓西南角坐标 /m
1∶5 000	40×40	4	1	2 000 的整数倍
1∶2 000	50×50	1	4	1 000 的整数倍
1∶1 000	50×50	0.25	16	500 的整数倍
1∶500	50×50	0.062 5	64	50 的整数倍

正方形图幅的编号方法有两种,即坐标编号法及数字顺序编号法和行列编号法。

1. 坐标编号法

当测区已与国家控制网联测时,图幅的编号由以下两项组成。

(1)图幅所在投影带的中央子午线经度。

(2)图幅西南角的纵、横坐标值(以 km 为单位),纵坐标在前,横坐标在后。

1∶5 000 地形图图幅编号为“117°-3810.0-13.0”,即表示该图幅所在投影带的中央子午线经度为 117°,如图 3-1-7 所示。

当测区尚未与国家控制网联测时,正方形图幅的编号只由图幅西南角的坐标组成。图 3-1-8 为 1∶1 000 比例尺的地形图,按图幅西南角坐标编号法分幅,其中画阴影线的两幅图的编号分别为 3.0-1.5、2.5-2.5。这种方法的编号与测区的坐标值联系在一起,便于按坐标查找。

2. 数字顺序编号法和行列编号法

对于小面积测区,可从左到右、从上到下按数字顺序进行编号。图 3-1-9 中虚线表示某规划区范围,数字表示图号。

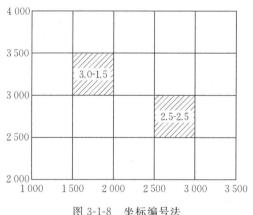

图 3-1-8　坐标编号法

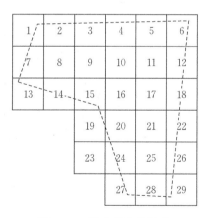

图 3-1-9　数字顺序编号法

行列编号法是从上到下给横列编号,用 *A*、*B*、*C*、……、*n* 表示,从左到右给纵行编号,用 1、2、3、……、*n* 表示,按“列号 - 行号”组成图幅编号,如 *A*-1、*A*-2、……、*B*-1、*B*-2 等。

(二)梯形分幅和编号

梯形分幅是按经线和纬线来划分的。左右以经线为界,上下以纬线为界,图幅形状近似梯形,故称梯形分幅。

1. 国际 1∶100 万比例尺地形图的分幅与编号

1∶100 万比例尺地形图的分幅与编号是国际统一的,故称国际分幅编号。如图 3-1-10 所示,国际分幅编号规定由经度 180°起,自西向东,逆时针按经差 6°分成 60 个纵列,并用阿拉伯数字1～60进行编号；由赤道起，向北分别按纬差4°各分成22个横行，由低纬度向高纬度各以拉丁字母A、B、……、V表示。这样，每幅1：100万图的编号以该图幅所在的横行字母与纵列号数组成，并在前面加上N或S，以区分是北半球还是南半球。我国位于北半球，图号前的N一般省略不写。例如，首都北京所在的1：100万地形图的图幅号为J-50，徐州所在的1：100万地形图的图幅编号为I-50。某地1：100万地形图的内图廓线如图3-1-11所示，则该地的图幅编号为J-51。

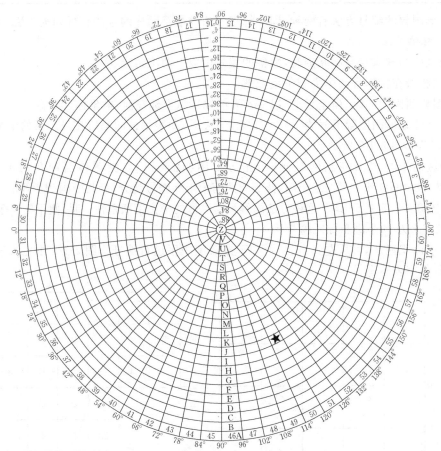

图3-1-10 国际1：100万地形图的分幅与编号

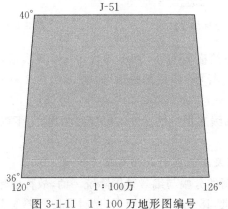

图3-1-11 1：100万地形图编号

2. 1∶10 万比例尺地形图的分幅与编号

1∶10 万比例尺地形图是在 1∶100 万比例尺地形图图幅的基础上进行分幅和编号的。一幅 1∶100 万的地形图划分为 144 幅 1∶10 万的地形图,分别以 1、2、……、144 来表示。因此,每幅 1∶10 万的地形图的纬差为 20′,经差为 30′。图 3-1-12 中,有斜线的小梯形为北京所在图幅,它的图幅编号为 J-50-5;图 3-1-13 中,有斜线的小梯形为徐州某区所在的图幅,它的编号为 I-50-55。

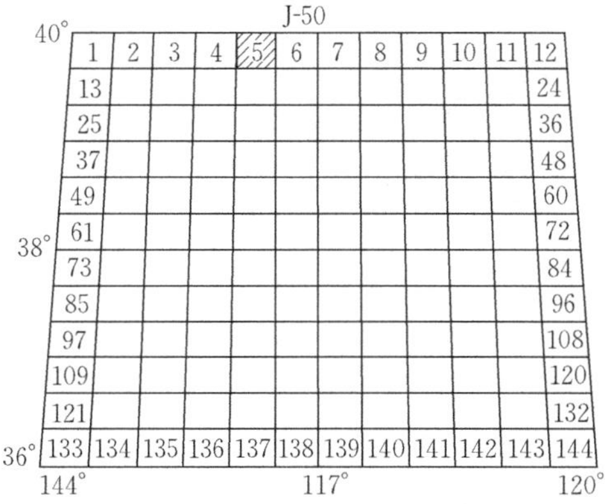

图 3-1-12　北京所在 1∶10 万图幅及编号 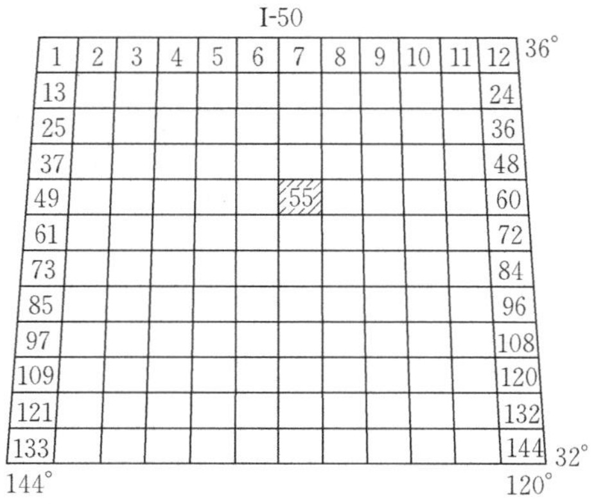　　　　图 3-1-13　徐州所在 1∶10 万图幅及编号

3. 1∶5 万、1∶2.5 万、1∶1 万地形图的分幅与编号

1∶5 万、1∶2.5 万、1∶1 万比例尺地形图的分幅与编号是在 1∶10 万地形图分幅和编号的基础上进行的。将一幅 1∶10 万地形图按纬差 10′、经差 15′ 的大小划分为 4 幅 1∶5 万地形图,其编号是在 1∶10 万地形图的编号后加上自身代号 A、B、C、D。例如,图 3-1-14 中阴影部分为北京所在的 1∶5 万地形图,图号为 J-50-5-B。

每幅 1∶5 万地形图又分为 4 幅 1∶2.5 万地形图,其纬差是 5′,经差是 7′30″,其编号是在 1∶5 万地形图编号后面加上自身代号 1、2、3、4。例如,图 3-1-14 中影线较密的那幅图为北京所在的 1∶2.5 万地形图,图号为 J-50-5-B-4。

每幅 1∶10 万地形图分为 8 行 8 列共 64 幅 1∶1 万的地形图,分别以 (1)、(2)、(3)、……、(64) 表示,其纬差是 2′30″,经差是 3′45″。1∶1 万地形图的编号是在 1∶10 万地形图编号后加上自身代号所组成,图 3-1-15 所示的影线部分为北京所在的 1∶1 万地形图,图号为 J-50-5-(24)。

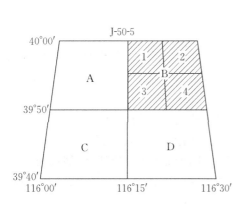

图 3-1-14　1∶5 万比例尺地形图的分幅与编号

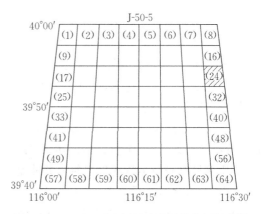

图 3-1-15　1∶1 万比例尺地形图的分幅与编号

4.1∶5 000 比例尺地形图的分幅编号

1∶5 000 地形图分幅编号是在 1∶1 万地形图的基础上进行的。每幅 1∶1 万地形图分成 4 幅 1∶5 000 的地形图,用 a、b、c、d 表示,其纬差是 1′15″,经差是 1′52.5″。1∶5 000 地形图的编号是在 1∶1 万地形图的编号后加上自身代号,如图 3-1-16 中北京某点所在的 1∶5 000 地形图的编号为 J-50-5-(24)-b。

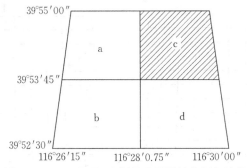

图 3-1-16 1∶5 000 比例尺地形图的分幅与编号

表 3-1-2 列出了上述各种比例尺地形图的图幅大小、图幅间的数量关系和以北京某点为例的所在图幅编号。

表 3-1-2 不同比例尺地形图的分幅与编号

比例尺		1∶100 万	1∶10 万	1∶5 万	1∶2.5 万	1∶1 万	1∶5 000
图幅大小	纬差	4°	20′	10′	5′	2′30″	1′15″
	经差	6°	30′	15′	7.5′	3′45″	1′52.5″
图幅数量关系		1	144	576	2 304	9 216	36 864
			1	4	16	64	256
				1	4	16	64
					1	4	16
代号字母或数字			1,2,3,…,144	A,B,C,D	1,2,3,4	(1),(2),…,(64)	a,b,c,d
图幅编号举例		J-50	J-50-5	J-50-5-B	J-50-5-B-4	J-50-5-(24)	J-50-5-(24)-b

三、地物、地貌在地形图上的表示方法

地形测量的主要任务是测绘地形图。

(一)地物在地形图上的表示方法

在地形图上,地物是用相似的几何图形或特定的符号表示的。测绘地形图时,将地面上各种形状的地物按一定的比例,准确地用正射投影的方法缩绘于地形图上,对难以缩绘的地物,则按特定的符号和要求表示在地形图上。

地物在图上除用一定的符号表示外,为了更好地表达地面上的情况,还应配以文字、数字的注记或说明,如河流、湖泊、道路等的地理名称,以及地面点的高程注记等。

依比例尺符号与不依比例尺符号并非是一成不变的,而是应依据测图比例尺与实物轮廓的大小而定。例如,直径为 3 m 的井,在 1∶500 比例尺上可表示为 6 mm 直径的小圆,可按比例描绘,但在 1∶5 000 比例尺图上则表现为 0.6 mm 直径的小圆,这就必须用不依比例尺符号描绘。一般来说,测图比例尺越小,使用不依比例尺符号越多。各种地物表示法可参阅《地

图图式》。

（二）地貌在地形图上的表示方法

在地形图上表示地貌的方法很多。在大比例尺地形图中，通常用等高线来表示地貌。用等高线表示地貌不仅能表示地貌的起伏形态，还能科学地表示地面的坡度和地面的高程。为了正确地掌握这种方法，需要对地貌的形态有所了解。

1. 地貌的基本形态

地貌是地球表面高低起伏形态的总称。地貌的基本形态可归纳为以下四类。

（1）平地：地面倾角在 2°以下的地区。

（2）丘陵地：地面倾角在 2°～6°的地区。

（3）山地：地面倾角在 6°～25°的地区。

（4）高山地：地面倾角在 25°以上的地区。

图 3-1-17(a)为山地的综合透视图，图 3-1-17(b)为其相应的等高线图。山地地貌中，山顶和山峰、山脊和山坡（陡坡、缓坡）、山谷、鞍部、盆地（洼地）等为其基本形态。

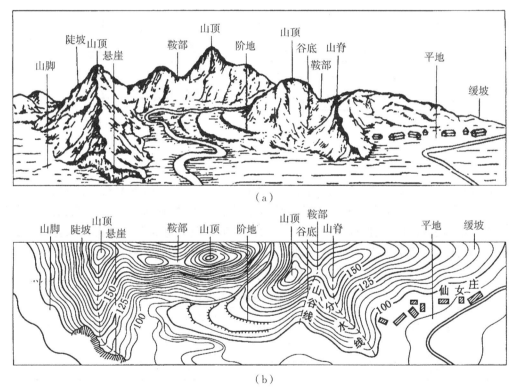

（a）

（b）

图 3-1-17　山地与等高线

（1）山顶和山峰。山的最高部分称山顶，尖峭的山顶称山峰。

（2）山脊和山坡。山的凸棱由山顶延伸至山脚的称山脊，山脊最高点等高线连成的棱线称分水线或山脊线，山脊的两侧以谷底为界称山坡。山坡依其倾斜程度有陡坡、缓坡之分。山坡呈竖直状态的称绝壁，下部凹陷的称悬崖。

（3）山谷。两山脊间的凹陷称山谷，两侧称谷坡，两谷坡相交部分叫谷底，谷底最低点连线称合水线或山谷线，谷底出口的最低点叫谷口。因流水的搬运作用堆积在谷口附近的沉积物形成一种半圆锥形的高地,称冲积扇。

(4)鞍部。两个相邻山顶之间的低洼处形似马鞍,称为鞍部。

(5)盆地(洼地)。低于四周的盆形洼地称为盆地。

2. 等高线表示地貌的方法

地面上高程相等的各相邻点所连成的闭合曲线相当于一定高度的水平面横截地面时的截痕线,这条线称为等高线。

如图 3-1-18(a)所示,设想有一小山,它被 P_1、P_2、P_3 几个高差相等的静止水平面相截,则在每个水平面上各得一条闭合曲线,每一条闭合曲线上所有点的高程必定相等。显然,曲线的形状即小山与水平面交线的形状。若将这些曲线竖直投影到水平面 H 上,得到能表示该小山形状的几条闭合曲线,即等高线。若将这些曲线按测图比例尺缩绘到图纸上,便是地形图上的等高线。地形图上的等高线比较客观地反映了地表高低起伏的形态,而且还具有量度性。

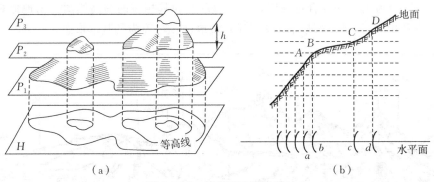

图 3-1-18　等高线表示地貌

3. 等高距

相邻两条等高线间的高差称为等高距。随着地面坡度的变化,等高线平距也在不断地发生变化,如图 3-1-18(b)所示。测绘地形图时,等高距选择得太小,则图上等高线数量过多且密集,这不但增加了测图的工作量,而且影响图面的清晰。但若等高距选择得太大,则表现的地貌就过于概括。在实际工作中应根据地形的类别和测图比例尺等因素,合理选择等高距。表 3-1-3 为大比例尺地形测量规范规定的测图等高距。

表 3-1-3　地形图的基本等高距　　　　　　　　　　　　单位:m

地形类别	比例尺		
	1∶500	1∶1 000	1∶2 000
平地	0.5	0.5	0.5、1
丘陵地	0.5	0.5、1	1
山地	0.5、1	1	2
高山地	1	1、2	2

同一城市或测区的同一种比例尺地形图,应采用同一种等高距。但当测区面积大且地面起伏比较大时,可允许以图幅为单位采用不同的等高距。同时等高线的高程必须是所采用等高距的整倍数,而不能是任意高程的等高线。例如,使用的等高距为 2 m,则等高线的高程必须是 2 m 的整倍数,如 40 m、42 m、44 m,而不能是 41 m、43 m……或 40.5 m、42.5 m 等。

4. 等高线的分类

为了更好地表示地貌,地形图上一般采用下列四种等高线,如图 3-1-19 所示。

（1）基本等高线。按表 3-1-3 选定的等高距称为基本等高距。按基本等高距绘制的等高线称为基本等高线，又叫首曲线，它用细实线描绘。

（2）加粗等高线。为用图时计算高程方便，每隔 4 条等高线加粗描绘的 1 条，也叫计曲线。

（3）半距等高线。为显示首曲线不便显示的地貌，按 1/2 基本等高距绘制的等高线称为半距等高线，又叫间曲线，一般用长虚线描绘。

（4）辅助等高线。若用半距等高线仍无法显示地貌变化，可按 1/4 基本等高距绘制等高线，称为辅助等高线，又叫助曲线，一般用短虚线描绘。

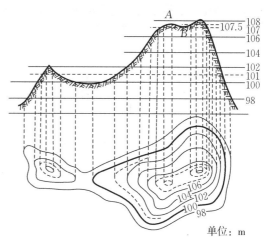

图 3-1-19　等高线的分类

（5）示坡线。表示山头和盆地的等高线为闭合曲线，如图 3-1-20 所示。为便于区别，常在等高线上沿斜坡下降方向绘一条短线垂直于等高线，称为示坡线。

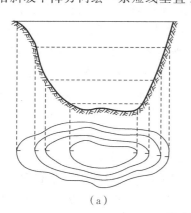 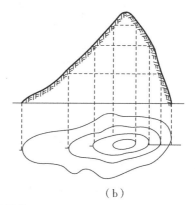

（a）　　　　　　　　　　　　（b）

图 3-1-20　示坡线

5. 等高线的特性

等高线的特性可归纳为以下六点。

（1）在同一条等高线上的各点高程相等，但高程相等的各点却未必在同一条等高线上，图 3-1-21 为两根高程相同的等高线。

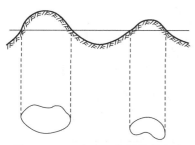

图 3-1-21　两根高程相同的等高线

（2）等高线是闭合的曲线。一个无限伸展的水平面与地表的交线必为一条闭合曲线，而闭合圈的大小取决于实地情况，有的可在同一幅图内闭合，有的则可能穿越若干幅图而闭合。因此，若等高线不能在同一图幅内自行闭合，则应将等高线绘制至图廓，而不能在图内中断。但为了使图纸清晰，当等高线遇到建筑物、数字、注记等时，可暂时中断。另外，为了表示局部地貌而加绘的间曲线、助曲线等，按规定可以只绘出一部分。

（3）等高线不能相交。这是因为不同高程的水平面是不可能相交的。但对于一些特殊地貌，如陡坎、陡壁，其等高线会重叠在一起（图 3-1-22），悬崖处的等高线也可能是相交的（图 3-1-23）。

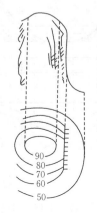

图 3-1-22 陡坎的等高线

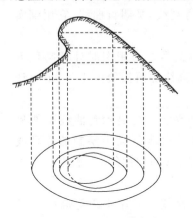

图 3-1-23 悬崖的等高线

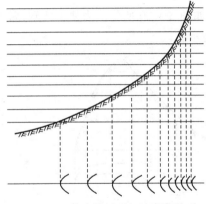

图 3-1-24 等高线平距与坡度的关系

（4）等高线平距的大小与地面坡度的大小成反比。如图 3-1-24 所示，在同一等高距的条件下，若地面坡度越小，等高线的平距就越大；反之，若地面坡度越大，等高线的平距就越小。综上所述，地面坡度缓的地方，等高线就稀，而地面坡度陡的地方，等高线就密。

（5）等高线与山脊线（分水线）、山谷线（合水线）正交。因为实地的流水方向都是垂直于等高线的，故等高线应垂直于山脊线和山谷线。图 3-1-25 中，CD 为山谷线，AB 为山脊线，表示山谷的等高线应凸向高处，表示山脊等高线应凸向低处。

（6）通向河流的等高线不会直接横穿河谷，而应逐渐沿河谷一侧转向上游，交河岸线中断，并保持与河岸线正交，然后从彼岸起折向下游，如图 3-1-26 所示。

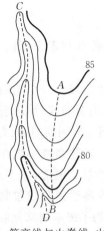

图 3-1-25 等高线与山脊线、山谷线正交

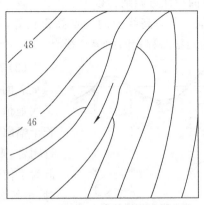

图 3-1-26 河流与等高线

四、地形图符号

由于地物种类繁多,形状各异,因此要求表示地物的图形和符号要简明、形象、清晰,便于记忆和容易描绘,并能区分地物的种类、性质和数量。对于各种比例尺地形图的地貌和地物要素的符号、注记、颜色,原国家测绘局公布的《地图图式》已做了具体规定。

(一)按地图要素分类

按地图要素分类是比较系统和实用的分类方法,可分为测量控制点、居民地、独立地物、管线及垣(yuán)栅、道路、境界、水系、地貌、土质、植被等类。水系、地貌、土质、植被称为地理要素,其他称为社会经济要素。

(二)按符号与实地要素的比例关系分类

按符号与实地要素的比例关系可将符号分为依比例尺符号、不依比例尺符号和半依比例尺符号,以及填充符号。

1. 依比例尺符号

把地物的轮廓按测图比例尺缩绘于图上,轮廓形状与地物的实地平面图形相似,轮廓内用一定符号(填绘符号或说明符号)或色彩表示这一范围内地物的性质,称为依比例尺符号(又称轮廓符号或面积符号),如居民地、湖泊、森林的范围等。依比例尺符号如图 3-1-27 所示。

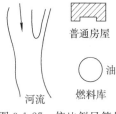

图 3-1-27 依比例尺符号

2. 不依比例尺符号

当地物轮廓很小时,按比例尺无法在地形图上表示,需要采用统一规定的符号将其表示在图上。这类符号属于不依比例符号。不依比例符号只能表示地物的几何中心或其他定位中心的位置,它能表明地物的类别,但不能反映地物的大小。不依比例尺符号如图 3-1-28 所示。

3. 半依比例尺符号

对于延伸性地物,如小路、通信线路、管道等,其长度可按比例尺缩绘,而宽度却不能按比例尺缩绘,这种符号称半依比例尺符号,又称线状符号。线状符号的中心线表示了地物的正确位置。半依比例尺符号如图 3-1-29 所示。

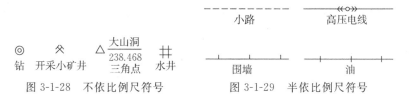

图 3-1-28 不依比例尺符号   图 3-1-29 半依比例尺符号

4. 填充符号

填充符号也叫面积符号,它是用来表示地面某一范围内的土质和植被的。该符号的形状、大小按比例尺描绘,其中的土质或植被类型则按规定间隔用相应的符号表示。例如,表 3-1-4 中的草地(第 60 号)、花圃(第 59 号)、菜地(第 65 号)等,只表示该范围内土质或植被的性质和类别,符号的位置和密度并不表示地物的实际位置和密度。

为了在地形图上更好地表达地物的实际情况,除用符号表示外,有些还需要加文字、数字的注记说明,如居民地、河流、湖泊、道路等的地理名称,桥梁的长、宽和载重量,控制点的点名、高程等。

表 3-1-4 常见地形图符号示例

编号	符号名称	1:500 1:1000 1:2000	编号	符号名称	1:500 1:1000 1:2000
1	三角点 凤凰山—点名 396.486—高程	△ 凤凰山 / 394.468 3.0	12	钻孔	3.0 ⊙ 1.0
			13	燃料库	2.0 ⊖ 煤气
2	小三角点 横山—点名 95.93—高程	3.0 ▽ 横山 / 95.93	14	加油站	2.0 ⊥ 3.5 / 1.0
3	导线点 I 16—等级点号 84.46—高程	2.0 ⊡ I 16 / 84.46	15	气象站	3.0 ⊥ 3.5 / 1.0
4	图根点 a. 埋石的 N 16—等级点号 84.46—高程 b. 不埋石的 25—点号 62.74—高程	a. 1.5 ⊙ N 16 / 84.46 2.5 b. 1.5 ○ 25 / 62.74	16	烟囱	3.5 ⊕ / 1.0
			17	变电室（所） a. 依比例尺的 b. 不依比例尺的	a. 2.5 ⟋60° / 0.5 b. 1.0 ▟ 3.5 / 1.5
5	水准点 II 京石 5—等级点号 32.804—高程	2.0 ⊗ II 京石5 / 32.804	18	路灯	2.0 / 1.5 ○ 4.0 / 1.0
6	一般房屋 砖—建筑材料 3—房屋层数	砖3 1.5 ▨ 2	19	纪念碑	⊓ 1.5 1.5 ⊓ 4.0 / 3.0
7	简单房屋	▱	20	碑、柱、墩	⊓ ⊓ 3.0 / 2.0
8	窑洞 地面上的 a. 住人的 b. 不住人的	a. ∩ 2.5 / 2.0 b. ∩	21	旗杆	1.5 / 4.0 ⊤ 1.0 / 1.0
9	地面下的 a. 依比例尺的 b. 不依比例尺的	a. ⊓ b. ∩	22	宣传橱窗 广告牌	1.0 ⊏⊐ 2.0
10	廊房	砖3 ○○○ 1.0 ▨ ○ 1.0	23	亭	⬡介 3.0 / 1.5 ⌂ 3.0 / 1.5
11	台阶	0.5 ▤ ▤ / 0.5 0.5	24	岗亭、岗楼、岗墩	90° / ⟰ 3.0 / 1.5
			25	庙宇	◼ ▲ 2.5 / 1.2

续表

编号	符号名称	1:500 1:1000	1:2000	编号	符号名称	1:500 1:1000	1:2000
26	独立坟		2.0 2.5	40	砖石及混凝土围墙		10.0 / 10.0 / 0.5
27	坟地 a. 坟群 b. 散坟 5—坟个数	a. ⊥ 5 ⊥	b. ⊥ 2.0 / 2.0	41	土围墙		0.3 10.0 / 0.5
28	水塔		1.0 3.5 / 1.0	42	栅栏、栏杆		10.0 1.0
29	挡土墙 a. 斜面的 b. 垂直的	a. 0.3 / 5.0	b. 0.3 / 5.0	43	篱笆		10.0 1.0
30	公路	0.15 / 0.3 沥 砾		44	活树篱笆		5.0 0.5 1.0
31	简易公路	0.15 / 0.15 碎石		45	沟渠 a. 一般的 b. 有堤岸的 c. 有沟堑的		a. b. c.
32	小路	0.3 4.0 1.0					
33	高压线	4.0					
34	低压线	4.0					
35	电杆	1.0					
36	电线架			46	土堤 a. 堤 b. 埂		a. 1.5 3.0 b. 1.5
37	消火栓	1.5 / 2.0 3.5					
38	阀门	1.5 3.0		47	等高线及其注记 a. 首曲线 b. 计曲线 c. 间曲线		a. 0.15 b. 25 0.3 c. 1.0 6.0 0.15
39	水龙头	2.0 3.5					

续表

编号	符号名称	1∶500 1∶1 000	1∶2 000	编号	符号名称	1∶500 1∶1 000	1∶2 000
48	示坡线		0.8	56	散树	○━1.5	
49	高程点及其注记	0.5 ……163.2　🌲 75.4		57	独立树 a. 阔叶树 b. 针叶树 c. 果树	a. 3.0 b. 3.0 c. 3.0	1.5 0.7 0.7 0.7
50	斜坡 a. 未加固的 b. 加固的	a. 3.0 b.		58	行树	10.0　1.0 ○　○　○	
51	陡坎 a. 未加固的 b. 加固的	a. 1.5 b. 3.0		59	花圃		
52	梯田坎	56.4 1.2		60	草地		
53	滑坡			61	经济作物地		
54	陡岸 a. 土质的 b. 石质的	a.　　b. 		62	水生经济作物地		
55	冲沟 3.5—深度注记	3.5		63	水稻田		
				64	旱地		
				65	菜地		

五、地形图注记

地形图注记指地形图上用的文字、数字或特定的符号,是对地物和地貌的性质、名称、高程等的补充和说明,如图上注明的地名、控制点编号、河流的名称等。注记是地形图的主要内容之一,注记使用得恰当与否,与地形图的易读性和使用价值有着密切关系。

(一)地形图注记的种类

地形图上各种要素除用符号、线划、颜色表示外,还需要用文字和数字来注记。这样既能对图上物体做补充说明,成为判读地形图的依据,又弥补了地形符号的不足,使图面均衡、美观,并能说明各要素的名称、种类、性质和数量。它直接影响着地形图的质量和用图的效果。

注记种类可分为专有名称注记、说明注记和数字注记。专有名称注记表示地面物体的名称,如居民地、河流及森林等的名称;说明注记是对地物符号的补充说明,如车站名、码头名、公路路面所用的材料等;数字注记说明符号的数量特征,如地面点的高程、河流的水位、建筑物的层高等。

地形图上的注记除了具有上述意义外,在某种情况下还起到符号的作用。例如,可用居民地的注记字体表示隶属于城市的镇或村庄。根据字体的大小,了解居民地的大小和行政划分;根据变形字,可领会河流、湖泊的通航情况和山地中的山名,如山顶、山岭或山脉的名称等。这些注记弥补了地形符号表达不全面的不足,丰富了地形图的内涵。

(二)注记字体

地形图上注记有汉字、数字及汉语拼音字母和外文字母等。字体有宋体、等线体、仿宋体、隶体等。字形有正体、扁体、长体、左右斜体和耸肩体等。地形图中采用什么字体,在《地图图式》中有明确的规定。

1. 汉字

汉字的结构是组成每一个字的笔画在字格中的组成关系与组合形式。汉字是将基本笔画组成若干个部首,再由这些部首与另一部首或一些基本笔画组成字。字体结构的基本规律是重心稳定、左右对称、长短适度、布白均匀、分割恰当、充满字格。

2. 数字

地形图上采用的数字有等线体和楷体两种,这两种又各有正体和斜体的区别。等线体数字的笔画粗细相同,楷体则粗细分明。

数字笔画的结构是由直线或曲线组成的。一般分为以下三种。

(1)笔画由直线和近似直线组成的数字,如 1、4、7。

(2)笔画由曲线和直线组成的数字,如 2、5。

(3)笔画由曲线组成的数字,如 0、8、3、6、9。

除等线体和楷体数字外,还有一种快速书写的字体,称为手簿体,广泛应用于野外测量记录和成果计算中。

3. 汉语拼音字母和外文字母

汉语拼音字母和外文字母分大写和小写两种,字体有等线体与楷体。每种字体又分为正体和斜体两种。

笔画结构分为由直线组成的、由曲线组成的和由直线与曲线联合组成的三种。大写字母字格的高、宽比例因字母的宽窄而不同,但高度一致。小写字母字格的高、宽比例也因字母的宽窄而不同,高度也不同。字母的高度有三种情况:不超出字格的、上部超出字格的、下部超出字格的。

(三)注记基本要求与规则

1. 基本要求

(1)主次分明。大的地物或宽阔的轮廓表面应采用较大的字号,而小的地物或狭小的轮廓表面则采用较小的字号,以分清等级主次,使注记发挥其表现力。

(2)互不混淆。图上注记要能正确地起到说明作用。注记稠密时,位置应安排恰当,不可使甲地注记所代表的物体与乙地注记所代表的物体混淆。

(3)不能遮盖重要地物。图上注记要想完全不遮盖一点地物是不容易做到的,但应尽量避免,不得已时可遮盖次要地物的局部,以免影响地形图的清晰度。

(4)整齐美观。文字、数字的书写要笔画清楚、字形端正、排列整齐,使图面清晰易读,整洁美观。

2. 注记规则

地形图上所有注记的字体、字号、字向、字间隔、字列和字位均有统一规定。

(1)字体。大比例尺地形图是以不同字体来区分不同地物、地貌的要素和类别的。例如,在1∶500~1∶2 000比例尺地形图上:镇以上居民地的名称均用粗等线体,镇以下居民地的名称及各种说明注记用细等线体,河流、湖泊等名称用左斜宋体,山名注记用长中等线体,各种数字注记用等线体。注记字体应严格执行《地图图式》的规定。

(2)字号。字的大小在一定程度上反映被注记物体的重要性和数量等级。选择字号时应以字迹清晰和彼此易于区分为原则,尽量不遮盖地物。字的大小是以容纳字的字格大小为标准的,以毫米为单位。正体字格以高或宽计,长体字格以高计,扁体和斜体字格以宽计。同一物体上注记字体的字大小应相等,同一级别各物体注记字体的字大小也应相等,应按《地图图式》的规定注记。

(3)字向。字向指注记文字立于图幅中的方向,或称字顶的朝向。图上注记的字向有直立和斜立两种形式。地形图上的公路说明注记,河宽、水深、流速注记,等高线高程注记是随被注记方向的变化而变化的,其他注记字的字向都是直立的。

(四)注记的布置

地形图上注记所采用的字体、字号要按相应比例尺图式的规定注写,而字向、字隔、字列和字位的配置应根据被注记符号的范围大小、分布形状及周围符号的情况来确定。基本配置原则是:注记指示明确,与被注记物体的位置关系密切,避免遮盖重要地物,如铁路、公路、河流及有方位意义的物体轮廓,居民地的出入口,道路、河流的交叉或转弯点,以及独立符号和特殊地貌符号等。

1. 专有名称注记

(1)居民地注记。镇以上居民地名称用粗等线体,镇以下居民地名称用细等线体(1∶2 000)或中等线体、宋体(1∶500)。注记的大小依居民地的等级、大小确定,如图3-1-30所示。居民地注记的字列一般采用水平字列,注在居民地的右方或上方,也可根据居民地的分布情况,选用垂直或雁行字列。注记的字隔依居民地平面图的形状和面积大小而定,要求注记能表示被注记的整个范围。多使用普通字隔,若使用隔离字隔时,各字间隔应相等。

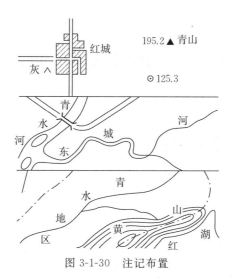

图 3-1-30 注记布置

(2)道路注记。城镇居民地内的街道名称注记用细等线体,字的大小可根据路面宽度而定。字隔为隔离字隔,沿街道走向排列,注记在街道中心。铁路、公路的名称,一般在图内不注记。若用图单位有要求的,可注出。公路符号在图上每隔 15~20 cm 注出路面材料和路面宽。比例尺大于 1∶2 000 时,只注路面材料。

(3)水系注记。水系名称采用左斜宋体注记。河流与运河的名称通常以隔离字隔和雁行字列注记在水系的内部;较窄的双线河注在水涯线的上方或右侧,但不能遮盖水涯线或沿岸的重要地物符号。字隔的大小可视河流长短而定。短的河流应注记在河流的中段,长的河流则每隔 15~20 cm 重复注记。

(4)山名注记。山顶的名称采用长中等线体注记、接近字隔、水平字列,注记在山头的上方,高程注记在右方。有时为避免遮盖山头等高线,也可注记在其右方或右下方,高程则注记在左方或下方。如果同一名称的各山顶不在同一图幅内,可分别注出。山岭、山脉名称用耸肩等线体、隔离字隔和雁行字列,顺着山岭或山脉的延伸方向注记在中心线位置上。在小比例尺图上,较长的山脉与较长的河流同样也要重复注记。注记字向为直立字向。

2. 说明注记

符号旁的说明注记用细等线体接近字隔,以水平字列为主,注记在符号的轮廓内部或符号的适当位置。但必须紧靠符号,使所注的文字能说明其符号。

3. 数字注记

(1)高程注记。注记用直立等线体的阿拉伯数字、接近字隔、水平字列,一般注记在测定点的右侧。有时为避免遮盖其他符号,也可注记在测定点左边或左上方。

(2)等高线注记。等高线注记是用来标注等高线高程的,一般注记在计曲线上。但在等高线稀疏处,也可注记在首曲线上。

等高线的高程注记应沿着等高线斜坡方向注出,字的位置应选在斜坡的凸棱上,数字的中心线应与等高线方向一致,字头朝向山顶,并中断等高线。应避免字头倒立、遮盖主要地貌形态或重要地物。

子任务2　地形图测图的方法

2-1　地形图测图操作步骤

一、经纬仪测绘法

如图 3-2-1 所示,在测站点 B 上安置经纬仪,量取仪器高 i。另外,在测站旁放一块测图板。在施测前,观测员将望远镜瞄准另一已知点 A 作为起始方向,拨动水平度盘使读数为 $0°00'00''$,然后松开照准部照准另一已知点 C,将观测 $\angle ABC$ 与原已知角做比较,其差值不应超过 $2'$。此外,还应对测站高程进行检查,其方法是选定邻近的 1 个已知高程点,用视距法反觇出本站高程,并与图上高程值做比较,其差值不应大于 1/5 等高距。做好上述准备后,即可开始施测碎部点位置。具体施测过程如下。

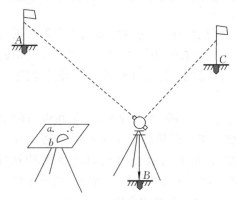

图 3-2-1　经纬仪测绘法

(一)观测

观测员松开经纬仪照准部,使望远镜照准立尺员竖立在碎部点上的标尺,读取尺间隔和中丝读数(最好用中丝在尺上截取仪器高和在仪器高附近的整分划处直接读出尺间隔)。然后,读出水平度盘读数。使竖盘指标水准管气泡居中,读取竖盘读数。

观测员一般每观测 20~30 个碎部点后,应检查起始方向有无变动。对碎部点观测只需要一个镜位。除尺间隔需读至毫米外,仪器高、中丝读数读至厘米,水平角读至分。

(二)记录与计算

记录员认真听取并回报观测员所读观测数据,且记入碎部测量手簿(表 3-2-1)后,按视距法用计算器或用视距计算表,计算出测站至碎部点的水平距离及碎部点的高程。

表 3-2-1　碎部测量手簿

测站:B　后视点:A　仪器高 $i=1.34$ m　测站高程 $H_B=42.120$ m										
点号	尺间距 L/m	中丝读数 V/m	竖盘读数 L/(° ′)	竖直角 δ/(° ′)	初算高差 $\pm h'$/m	$i-V$ /m	高差 $\pm h$/m	水平角 β/(° ′)	水平距离 /m	高程 /m	附注
1	0.356	1.50	90 00	0 00	0	−0.16	−0.16	26 54	35.6	41.96	屋角
2	0.196		90 00	0 00				34 24	19.6		屋角
3	0.238		90 00	0 00				49 54	23.8		屋角
4	0.514	1.34	91 45	−1 45	−1.57	0	−1.57	87 31	51.4	40.55	电杆
5	0.687	1.10	87 49	+2 11	+2.62	+0.24	+2.86	92 20	68.6	44.98	田坎

(三)展出碎部点并绘图

用测量专用量角器展绘碎部点。如图 3-2-2 所示,专用量角器的周围边缘上刻有角度分划,最小分划值一般为 $20'$ 或 $30'$,直径上刻有长度分划,刻至毫米。测量专用量角器既可量角又可量距。

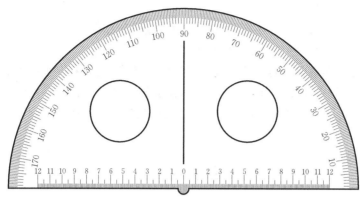

图 3-2-2　专用量角器

展绘碎部点时,绘图人员将量角器的圆心小孔用细针固定在图纸的测站点上。当观测员读出水平度盘读数(如 $50°$)后,绘图员转动量角器,使之等于水平度盘的刻划,对准后视方向线。此时,量角器圆心至 $0°$ 一端(小于 $180°$)或至 $180°$ 的一端(大于 $180°$)的连线即为测站至碎部点的方向线。在此方向线上按测图比例尺量出水平距离,即可标出碎部点的图上位置。若该碎部点还需要标明高程,则在该点右侧注上高程值。利用多个反映地物、地貌的碎部点,绘图员就可在图上测绘出相应的地物和地貌。

经纬仪测绘法的优点是工具简单、操作方便,观测与绘图分别由两人完成,测绘速度较快。运用该方法测图时,要注意估读量角器的分划。若量角器的最小分划值为 $20'$,一般能估读到 $\frac{1}{4}$ 分划(即 $5'$)的精度。另外,量角器圆心小孔用久往往变大,为此应采取适当措施进行修理或更换量角器。随着测绘仪器发展,目前经纬仪测绘法使用较少,但该方法可以很好地理解测图原理。

二、全站仪数据采集

(一)全站仪测图过程

1. 测站设置

如图 3-2-3 所示,将全站仪安置于测站点 A 上。开机后对全站仪进行对中、整平。进一步设置作业,可按日期设置作业名,如 5 月 20 日上午的作业,则作业名可设置为 5201。如果需要区别作业小组,可在前面再加一字母,如第一组为 A,即 A5201。最后设置测站信息,在全站仪弹出的界面中,输入测站点点名、坐标、高程和仪器高,然后确认。

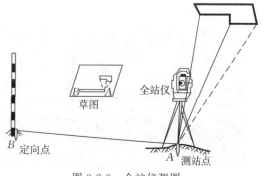

图 3-2-3　全站仪测图

2. 定向

如图 3-2-3 所示,照准定向点 B 进行定向,尽量瞄准目标的底部,固定照准部,输入定向点点名、坐标,然后确认。

3. 碎部点测定

碎部点测定的步骤如下。

(1)进入碎部测量界面后,应根据情况输入测点点号和目标高。

(2)立棱镜者将棱镜竖直地立于选定地形点上。

观测者将望远镜照准测点,按"测量及记录"键或"测存"键,将观测结果存入全站仪内存。观测成功后,测点点号将顺序增加。绘图员要跟随立镜者,把所测的地形点按实地情况绘制成草图,如图 3-2-4 所示。在测量过程中,要对定向点进行检查,或对观测相邻测站测绘的若干个碎部点进行检查。

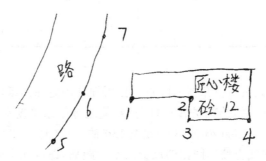

图 3-2-4　草图示意(局部)

(二)索佳 SET 130R 全站仪测图步骤

1. 准备工作

(1)新建文件:开机→ESC→F3 内存→文件操作→文件选取→F1 列表选取文件与坐标文件,如图 3-2-5 所示。

(2)输入已知点到文件。

——键盘输入。可以通过全站仪键盘实现已知点数据输入,操作过程为:ESC→F3 内存→已知坐标→键盘输入→依次输入 N、E、Z 点名后确认。循环输入其他点。

——通信输入。可以把计算机已知数据传输到全站仪,为保证数据正确传输,已知数据文件格式必须为"点名,编码,Y,X,H"。如图 3-2-6 所示,进行全站仪通信参数设置,该参数要与计算机一致。

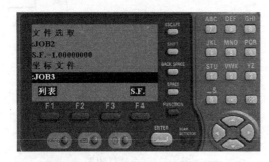

图 3-2-5　全站仪新建文件

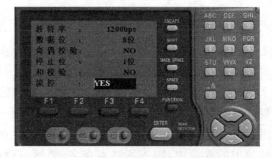

图 3-2-6　全站仪通信参数设置

　　然后在计算机上运行 CASS 软件,或其他全站仪与计算机的通信软件(如新联数据通信软件),进行(COM)通信口、波特率、数据位、停止位等参数设置,与全站仪通信参数一致,如图 3-2-7 所示。

图 3-2-7　CASS 软件全站仪内存数据转换参数设置

　　在 CASS 软件界面,操作顺序为:数据→坐标数据发送→"微机-->索佳 SET 系列"。完成计算机数据发送到全站仪,如图 3-2-8、图 3-2-9 所示。

图 3-2-8　CASS 软件数据坐标发送

```
命令:
命令: r_set500
请选择通信口: 1.串口COM1 2.串口COM2 3.串口COM3 4.串口COM4 <1>:3
请设置SOKKIA全站仪通信参数为:1200(波特率),N(校验),8(数据位),1(停止位)
```

比例 未定义 83.6519, 76.4969, 0.0000　　捕捉 栅格 正交 极轴 对象捕捉 对象追踪 DYN

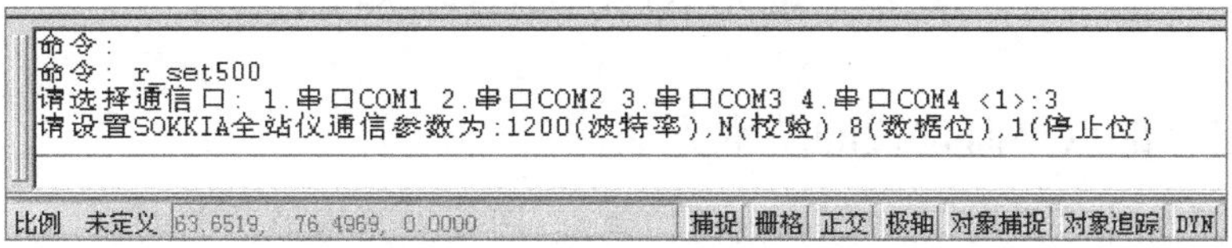

图 3-2-9　CASS 软件数据坐标发送过程

在全站仪中,选择数据文件后,操作顺序为:ESC→F3内存→已知坐标→通信输入操作。完成数据接收,上传结果如图3-2-10所示。

08TP	K7310557.241	479913.476	128.375
08TP	K8310666.403	479936.464	131.038
08TP	K9310699.532	479869.397	130.901
08TP	K10310697.657	479783.473	128.409

比例　未定义 63.6519, 76.4969,　　　　　　捕捉 栅格 正交 极轴 对象捕捉

图3-2-10　索佳全站仪数据上传

2. 全站仪数据采集过程

全站仪数据采集过程如下。

(1)对中整平。

(2)测站定向:坐标测量→测站定向→测站坐标→调取或键入→依次输入 X、Y、H、仪器高、目标高→OK→瞄准后视定向→坐标定向→依次键入(或调入)后视定向点坐标 NBS、EBS、ZBS→OK→盘左精确瞄准后视定向点→YES→ESC。

(3)检查:测量后视定向点坐标,与已知点坐标进行比较。

3. 数据采集

数据采集:输入碎部点点名、目标高(有变化时需输入)→测量→记录→OK。

4. 数据通信

检查计算机与全站仪通信参数是否一致,连接通信电缆后打开全站仪。

(1)计算机操作。运行 CASS 软件或其他数据通信软件,应选择正确的(COM)通信口、波特率、数据位、停止位,如图3-2-7所示。

(2)全站仪操作。全站仪操作步骤为:ESC→F3内存→文件操作→通信输出(通信参数设置)→选择文件→回车→OK→SDR33→归算数据→回车。部分步骤界面如图3-2-11、图3-2-12所示。

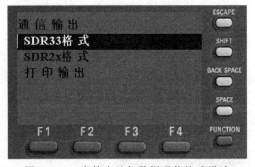

图3-2-11　索佳全站仪数据通信格式设计

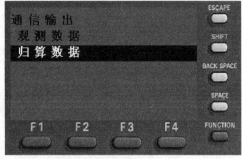

图3-2-12　索佳全站仪数据通信归算数据设置

2-2　地形图测图基础知识

一、测定碎部点平面位置的基本方法

地形测图又称碎部测量,是以图幅内的控制点、图根点为地形测图的测站点,测定其周围地物、地貌碎部点(即特征点)的位置和高程,并根据这些碎部点描绘出地形图。测定碎部点平

面位置的基本方法主要是极坐标法,有时也以交会法和支距法为补充。

(一)极坐标法

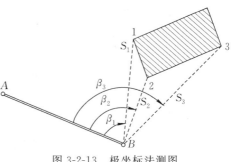

极坐标法是以测站点为极点,将过测站点的某已知方向作为极轴,测定测站点至碎部点的连线方向与已知方向间的夹角,并量出碎部点至测站点的水平距离,从而确定碎部点的平面位置。如图 3-2-13 所示,设 A、B 为两测站点,欲测定 B 点附近的房屋位置,可在测站 B 上安置仪器,以 BA 为起始方向(又称后视方向或零方向),测定房屋角点 1、2、3 的方向值 β_1、β_2、β_3,并量出站

图 3-2-13　极坐标法测图

点 B 至相应屋角点的水平距离 S_1、S_2、S_3,即可按测图比例尺在图上绘出该房屋的平面位置。

(二)交会法

交会法是分别在两个已知点上,对同一碎部点进行方向或距离交会,从而确定该碎部点在图上的平面位置。

1. 方向交会

在通视条件好、测绘目标明显而不便立尺的地物点上,如烟囱、水塔、水田地里的电线杆等,若需要测定其平面位置,可用方向交会法。图 3-2-14 为确定河彼岸的电线杆平面位置,分别在测站 A、B 安置平板仪,在两测站照准同一电杆,绘出方向线的交点,即图上电杆的位置。

进行方向交会时,交会的两方向线所构成的夹角以接近 90° 为最好,一般规定其夹角不小于 30° 或不大于 150°。另外,还必须以第三个方向为交会的检核。

2. 距离交会法

如图 3-2-15 所示,A、B 为已知测站点,若需要测定屋角点 1、2、3 的平面位置,可分别量出 $A1$、$A2$、$A3$ 与 $B1$、$B2$、$B3$ 的水平距离,再按测图比例尺在图上用圆规交会出所测房屋的位置。距离交会适用于测绘荫蔽地区或建筑群中一些通视困难的地物点,但所量距离一般不应超过一尺段长度。

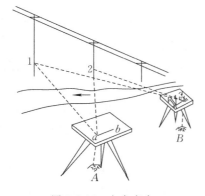

图 3-2-14　方向交会

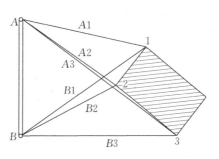

图 3-2-15　距离交会

(三)支距法

支距法是以两已知测站点的连线为基边,测出碎部点至基边的垂直距离和垂足至测站点的距离,从而确定碎部点的图上位置。如图 3-2-16 所示,点 A、B 为两已知测站点,若要测

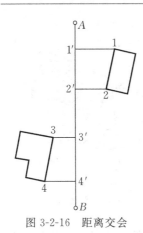

图 3-2-16 距离交会

定房屋的平面位置,可量出屋角点 1、2、3、4 至基边 AB 的垂直距离 $11'、22'、33'、44'$,再量出点 A 至点 $1'、2'$ 的距离 $A1'、A2'$,以及点 B 至点 $3'、4'$ 的距离 $B3'、B4'$,即可按测图比例尺在图上绘出房屋的屋角点 $1、2、3、4$。再量出房屋的宽,便可在图上绘出整个房屋的位置。

用距离交会法和支距法测定碎部点时,须在现场绘出草图。绘制的草图应使几何图形与实际图形相似并注记距离数值。草图上还应标明方向。

二、地形测图的一般要求

(一)地形测图的精度

地形测图的精度是以地物点相对于邻近图根点的位置中误差和等高线相对于邻近图根点的高程中误差来衡量的。这两种中误差不应大于表 3-2-2 中的规定。

表 3-2-2 地形测图的精度要求

测区类别	点位中误差 /mm	临近地物点间距的中误差/mm	等高线的高程中误差(等高距)			
			平地	丘陵地	山地	高山地
城市建筑区和平地、丘陵地	±0.5	±0.4	$\frac{1}{3}$	$\frac{1}{2}$	$\frac{2}{3}$	1
山地、高山地和设站施测困难的旧街坊内部	±0.75	±0.6				

注:对森林隐蔽地区和其他特殊困难地区,表中规定可放宽 0.5 倍。

(二)最大视距

为保证碎部点的测绘精度,在大比例尺地形测图中,要求立尺点至测站点的最大视距在进行 1∶1 000 比例尺测图时不应超过 100 m,1∶2 000 比例尺测图时不应超过 200 m,1∶5 000 比例尺测图时不应超过 300 m。

(三)碎部点的密度

应合理掌握碎部点的密度,其原则是少而精。应以最少的碎部点,全面、准确、真实地确定地物、等高线的位置。通常,在图上平均 1 cm² 内有 1 个立尺点就可以了。在直线段或坡度均匀的地方,碎部点间的最大间距在进行 1∶1 000 测图时不超过 30 m,1∶2 000 测图时不超过 50 m,1∶5 000 测图时不超过 100 m。

在进行地形测图时,碎部点太多,不仅测图效率不高,同时影响图面清晰;而碎部点太少,则不能保证测图质量。一般在地面坡度平缓处,碎部点可酌量减少,而在地面坡度变化大、转折较多的地方,可适量增加立尺点。

对于地物测绘来说,碎部点的数量取决于地物的数量及其形状的繁简程度。对于地貌测绘来说,碎部点的数量取决于地貌的复杂程度、等高距的大小及测图比例尺等因素。

(四)适当的综合取舍

由于地物、地貌千差万别,在进行地形测图时不可能毫无区别地将所有地物、地貌都完整而详尽地表示在图上,否则会因内容太多,造成主次不分,使图面不清晰,影响用图。因此在进行地形测图时,要考虑哪些该取,哪些该舍,哪些该综合表示。

地物、地貌的取舍没有统一的规定,应根据测图的比例尺、地物、地貌的繁简程度和用图的要求而定。

测图的比例尺越大,测绘的内容就越详细,因而综合取舍工作就越少;反之,测图比例尺越小,综合取舍工作就越多。例如,对于1:1000比例尺测图,尤其是1:500比例尺测图,在施测居民地时,由于较小地物也能显示出来,所以应准确、详细地测绘建筑物轮廓及内部街巷、庭院、街区、空地等;但在进行1:5000比例尺测图时,如房屋间距小于图上1 mm即可合并综合表示,建筑物突出与缩进部分在图上小于1 mm则可舍弃不表示。

在道路网稠密地区,一般小路不需要测绘到图上,而在山区或难以通行的森林地区,小路就显得很重要而必须测绘到图上。

矿区大比例尺地形图主要是满足矿区工程建设的规划设计与施工的要求,因此可根据用图需要,拟订取舍原则。

(五)加强测图工作的计划性

地形测图相对于其他测量工作来说,比较复杂、琐碎。若测图工作无计划,就会出现忙乱现象,甚至返工,影响测图效率。

测图最好先从图的一边开始,然后沿着一定的方向顺序推进,使工作有次序地展开。测图作业小组成员对图幅内的主要地物、地貌要有整体的了解,对每天的工作要心中有数。到达测站后,全体成员要共同分析周围地物、地貌情况,研究跑尺范围、顺序和综合取舍内容。观测员、立尺员、绘图员、记录员和计算员相互配合要默契,工作要有秩序。

(六)随时进行测图工作的检查

测图工作中应随时检查仪器的对中、整平和定向情况,使其不超过规定的限差值。检查仪器定向时,经纬仪归零差不应大于2′;检查平板仪定向时,后视方向偏差不应大于图上的0.3 mm。在每个测站施测时,还应检查其他测站已测绘的地物、地貌是否正确,检核本测站与相邻测站所测的地物、地貌是否衔接一致,及时发现错误并做必要的修改与补充。一个测站的工作结束后,不应急于迁站,还应再次检查仪器定向并检视周围地形,检查有无错漏,确认各方面无误后,才允许迁站。

(七)对野外绘图工作的要求

野外绘图所描绘的线条、符号、注记等,要与《地图图式》中的规定相近似。所有文字、数字的注记应字头朝北。勾绘的各类线条不宜过重,以免图纸出现深痕,影响着墨。选用的铅笔硬度应适当:在气温较高的天气测图时,用较硬的铅笔(4H或5H);在天气较冷时,用较软的铅笔(2H或3H)。为保持测图纸清洁,测图板上应覆盖护图纸,测图时,仅需揭开测图所用部分。

三、增设补充测站点的方法

在进行地形测量时,主要是将图幅内的三角点和一、二级图根点作为测站点进行测图。但若地物、地貌比较复杂,通视条件受到限制,仅将上述解析图根点作为测站点,还不能将某些地物、地貌测绘出来,这时就需要在解析点的基础上,根据实际情况采用图解交会点、图解支点或经纬仪视距导线的方法增设必要数量的补充测站点。

(一)图解交会点

若施测1:1000、1:2000比例尺地形图,可以利用前方、侧方图解交会点法增设;若施测1:5000比例尺地形图,还允许采用后方图解交会法增设。无论采用哪一种图解交会法,都必须有一个多余的方向作为检核，且交会角需在 $30°\sim150°$ 范围内。所有交会方向应精确地交于一点。前方、侧方交会出现的示误三角形内切圆直径小于 0.4 mm 时，可按与交会边长成比例的原则配赋，刺出点位；后方交会利用 3 个方向精确交出点位后，第 4 个方向检查误差不得超过 0.3 mm。

图解交会点的高程用三角高程测量的方法测定。其推算高程所用的水平距离，可在图上用比例尺直接量取，竖直角用一测回测定。由两个方向或直、反觇推算的高差较差，在平地不应大于 $\frac{1}{5}$ 等高距，在山地不应大于 $\frac{1}{3}$ 等高距。

(二)图解支点

由图根点上可分支出图解支点，支点边长不宜超过用于图板定向的边长，并应往返测定；视距往返较差不应大于 1/200，图解支点最大边长及测量方法应符合表 3-2-3 的要求。

表 3-2-3　图解支点的要求

比例尺	最大边长/m	测量方法
1∶500	50	实量或测距
1∶1 000	100	实量或测距
	70	视距
1∶2 000	160	实量或测距
	120	视距

支点的高程可用测图仪器的水平视线或三角高程测量的方法测定，往返测高差的较差不得超过 $\frac{1}{7}$ 等高距。

(三)经纬仪视距导线

经纬仪视距导线一般在解析点间布设成附合导线形式。它的测设方法与经纬仪导线方法基本相同，其区别仅在于导线边长用视距法测定。

经纬仪视距导线的水平角用经纬仪一测回测定。导线间的高差也用视距法测定，方法与要求均与图解支点相同，但须待导线高程闭合差按与边长成比例的方法调整后，利用调整后的高差去推算增设导线点的高程。经纬仪视距导线点的坐标计算与经纬仪导线点的计算方法相同。

经纬仪视距导线的限差规定如表 3-2-4 所示。

表 3-2-4　经纬仪视距导线的限差规定

测图比例尺	导线最大长度/m	最大视距/m	往返测距离较差	水平角垂直角测回数	最大相对闭合差	坐标方位角的闭合差	高程闭合差（等高距）
1∶1 000	350	100	1/150	1	1/300	$+1'\sqrt{n}$	1/3
1∶2 000	700	200					
1∶5 000	1 500	250					

四、地物测绘

(一)地物测绘的一般原则

地物测绘的一般原则如下。

(1)凡能依比例尺表示的地物，就应将其水平投影位置的几何形状测绘到地形图上，如房屋、双线河流、球场等；或是将它们的边界位置表示到图上，边界内再充填绘入相应的地物符号,如森林、草地等。对于不能依比例尺表示的地物,则测绘出地物的中心位置,并以相应的地物符号表示,如水塔、烟囱、小路等。

(2)地物测绘必须依测图比例尺,按地形测量规范和《地图图式》的要求,经综合取舍,将各种地物表示在图上。

地物测绘主要是将地物的形状特征点(即其碎部点)准确地测绘到图上。例如,地物的转折点和交叉点、曲线上的弯曲交换点等。连接这些特征点,便得到与实地相似的地物图像。

(二)各类地物的测绘方法

1. 居民地的测绘

居民地中各类建筑物均应进行测绘。城市、工矿区中的房屋排列较为整齐,呈整列式。而乡村的房屋则以不规则的排列居多,呈散列式。散立式或独立式房屋均应分别进行测绘。

如图 3-2-17(a)所示,在测站 A 安置仪器,标尺立在房角点 1、2、3,测定出点 1、2、3 的图上位置,再根据皮尺量出的凸凹部分的尺寸,用三角板推平行线的方法,就可在图上绘出房屋的位置和形状。测绘房屋至少应测绘三个屋角,因为屋角一般呈直角,利用这个关系,可以保证房屋的准确性。对于排列整齐的房屋,如图 3-2-17(b)所示,只要测定房屋的外围轮廓,并配合量取的房屋的宽度与房间的距离,就可以绘出其他的整排的房屋。例如,每幢房屋基高程不相同,则应测出每幢房屋的一个屋角点的高程。居民区的外围轮廓都应准确直接进行测绘。其内部的主要街道及较大空地应分开进行测绘。1∶500、1∶1 000 比例尺测图的房屋、街巷应实测分清。等于或小于 1∶2 000 比例尺的测图,街巷小于 1 m 的可以根据用图需要,适当加以综合。

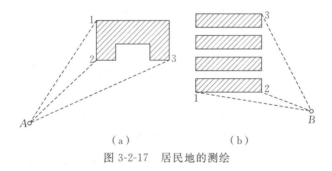

图 3-2-17 居民地的测绘

2. 道路测绘

道路分为铁路、公路、大车路、乡村小路等。道路的附属建筑物,如车站、桥涵、路堑、路堤、里程碑等,均应测绘在图上。

各种道路均属线状地物,一般由直线和曲线两部分组成。道路特征点选在直线与曲线的变换点和曲线本身的变换点。

铁路应实测轨道中心线。在进行 1∶500、1∶1 000 比例尺测图时,应按比例尺描绘轨宽。铁路上的高程应测轨面高程(曲线部分测内轨面),但标高仍注在中心位置。铁路两侧的附属性建筑物应按实际位置,根据现行图式要求进行描绘。

公路也必须按实际进行测绘,特征点可选在路面中心或路的一侧,按实际路面宽度依比例尺描绘,在公路符号上应注明路面材料,如沥青、碎石等。

乡村大车路路面宽度不均匀、变化大,道路边界有时不太明显。测绘时,标尺立于道路中心,按平均路宽绘出。

人行小路可择要测绘,人行小路弯曲较多,要注意取舍,取舍后的位置离其实际位置不应大于图上的 0.4 mm。

　　3. 管线、垣栅的测绘

　　管线包括地上、地下和空中的各种管道、电力线和通信线等。管道应测定其交叉点、转折的中心位置,并分别以依比例符号或不依比例符号表示。架空管线在转折处的支架塔柱应进行实测,而位于直线部分的,可用挡距长度在图上用图解法求出。塔柱上有变压器时,变压器的位置,按其与塔柱的位置关系绘出。

　　垣栅包括城墙、围墙、栅栏、篱笆、铁丝网等,应测定其转折点,并按规定符号表示。临时性的篱笆、铁丝网可以舍去。

　　4. 水系的测绘

　　水系包括河流、湖泊、水库、池塘、沟渠和井、泉等。

　　水系测绘方法与道路测绘方法类似。不同的是河流、湖泊、水库等,除测绘岸边外,还应测定水涯线(测图时的临时水位线),并适当测注其高程。

　　当河流沟渠的宽度在图上不超过 0.5 mm 时,可在其转折点、弯曲特征点、分岔或汇合点、起点或终点竖立标尺测定,并在图上用单线表示。当其宽度大于图上的 0.5 mm 时,可在岸的一侧立尺量其宽度,用双线表示。当其宽度较大时,应在两岸立尺。对岸边线和水涯较小的弯曲,可适当加以综合取舍。

　　泉源、水井应在其中心立尺测定,但在水网地区,当其密度较大时,可按实际需要进行取舍。水井应测井台高程。

　　对水库、水闸、水坝等水利设施,均应按比例进行描绘。

　　土堤的堤高在 0.5 m 以上才表示。堤顶宽度、斜坡、堤基底宽度,应按实际进行测绘,并注明堤顶高程。

　　水系中有名称的应注记名称。无名称的塘,加注"塘"字。

　　5. 独立地物测绘

　　独立地物有水塔、电视塔、烟囱、竖井、斜井、矸石山等。

　　独立地物对于用图时判定方位、确定位置有着重要作用,应着重表示。独立地物应准确测定其位置。凡图上独立地物轮廓大于符号尺寸的,应依比例尺符号进行测绘;小于符号尺寸的,依非比例符号进行测绘。独立地物符号的定位点的位置,在现行图式上均有相应的规定。

　　6. 植被的测绘

　　植被是地面各类植物的总称,如森林、果园、耕地、苗圃等。

　　植被的测绘主要是获得各种植被的边界,以地类界点绘出面积轮廓,并在其范围内配制相应的符号。对耕地的测绘,还应区别是旱田还是水田等。例如,当地类界与道路、河流等重合时,可不绘出地类界,但与高压线、境界重合时,地类界应移位绘出。

　　7. 测量控制点的表示

　　各级测量控制点,在图上必须精确表示。图上几何符号的几何中心就是相应控制点的图上位置。控制点点名和高程以分式表示,分子为点名,分母为高程,分式注在符号的右侧。水准点和经水准点引测的三角点、小三角点的高程一般注至 0.001 m,以三角高程测量测定的控制点的高程一般注至 0.01 m。

　　(三)地物测绘中跑尺的方法

　　立尺员依次在各碎部点立尺的作业通常称为跑尺。立尺员跑尺好坏直接影响着测图速度和质量,在某种意义上说,立尺员起着指挥测图的作用。立尺员除需要正确地选择地物特征点外,还应结合地物分布情况,采用适当的跑尺方法,尽量做到不漏测、不重复。

(1)地物较多时,应分类立尺,以免绘图员绘错,不应单纯为立尺员方便而随意立尺。例如,立尺员可沿道路立尺,测完道路后,再按房屋立尺。

(2)当地物较少时,可从测站开始,由近到远,采用螺旋形跑尺路线跑尺。待迁移测站后,立尺员再由远到近以螺旋形跑尺路线跑回测站。

(3)若有多人跑尺,可以测站为中心,划分几个区,采取分区专人包干的方法跑尺,也可按地物类别跑尺。

五、地貌测绘

地貌千姿百态,但从几何的观点分析,可以认为它是由许多不同形状、不同方向、不同倾角和不同大小的面组合而成。这些面的相交棱线,称为地性线。地性线有两种:一种是由两个不同走向的坡度面相交而成的棱线,称为方向变化线,如山谷线、山脊线;另一种是由两个不同倾斜的坡面相交而成的棱线,称为坡度变化线,如陡坡与缓坡的交界线、山坡与平地交接的坡麓线等。在实际地貌测绘中,确定地性线的空间位置,并不需要确定棱线上的所有点,而只需要测定各棱线交点的空间位置就够了,这些棱线交点称地貌特征点。测定地貌特征点,以地性线构成地貌的骨架,地貌的形态就容易表示了。因此,地貌的测绘主要是测绘这些地貌特征点及其地性线。

(一)地貌的测绘方法

地貌的测绘步骤大体分为测绘地貌特征点、连接地性线、确定等高线的通过点、对照实际地貌勾绘等高线。

1. 测绘地貌特征点

属于地貌特征点的有山的最高点、洼地的最低点、谷口点、鞍部的最低点、地面坡度和方向的变化点等。

测定地貌特征点,首先要恰当地选择地貌特征点。地貌特征点选择不当或漏测了某些重要地貌特征点,将会改变骨架的位置,这样就不能准确真实地反映地表形态。为此,测绘人员应认真观察地貌,区分出主要的点、线和次要的点、线,用地形测图的方法测绘出地貌特征点。地貌特征点旁的高程,注记至分米,如图3-2-18(a)所示。

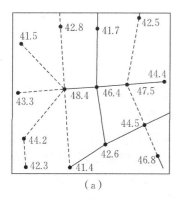 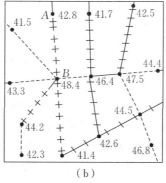 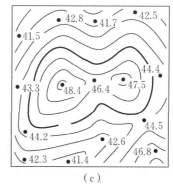

(a) (b) (c)

图 3-2-18 等高线勾绘

2. 连接地性线

当测绘出一定数量的特征点后,测绘员应及时依实际情况,用铅笔连接地性线。图 3-2-18 (a)中虚线表示山脊线,实线表示谷山线。地性线应随地貌特征点陆续测定而随时连接。

3. 确定等高线的通过点

根据图上地性线描绘等高线,需要确定地性线上等高线通过的点位。由于地性线上所有倾斜变化点在测定地貌变化点时已确定,故同一地性线上两相邻特征点间可认为是等倾斜的。在选择了一定等高距的条件下,同一地性线上等高线通过点的间距应是相等的。为此,可按高差与平距成比例来求算等高线在地性线上的通过点。

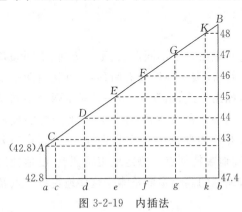

图 3-2-19 内插法

图 3-2-18 (b) 中,A、B 两点高程分别为 42.8 m 和 48.4 m,设等高距为 1 m,则可以判断出该地性线上必有 43 m、44 m、45 m、46 m、47 m、48 m 等高线通过。为说明确定等高线通过点的方法,即将图 3-2-18(b)中的线 AB 表示成图 3-2-19 中的线 ab。图 3-2-19 中,ab 为实际斜坡 AB 的投影。由图 3-2-19 中可看出,确定地性线 ab 上的整米标高的等高线通过点,实际上就是确定图上 ac、cd、de、……、kb 的长度,根据等高线的高差与平距成正比的关系,由图 3-2-19 可看出

$$ac = \frac{ab}{h_{AB}} h_{AC}$$

$$kb = \frac{ab}{h_{AB}} h_{KB}$$

若式中

$$h_{AB} = 48.4 - 42.8 = 5.6(\text{m}), \quad ab = 21 \text{ mm}$$
$$h_{AC} = 43 - 42.8 = 0.2(\text{m}), \quad h_{KB} = 48.4 - 48.0 = 0.4(\text{m})$$

代入,则

$$ac = \frac{21}{5.6} \times 0.2 = 0.8(\text{mm})$$

$$kb = \frac{21}{5.6} \times 0.4 = 1.5(\text{mm})$$

因此在地形图上,由 a 点沿 ab 截取 0.8 mm,即得地性线上 43 m 等高线的通过点 c,再由 b 点沿 ba 截取 1.5 mm,即为地性线上 48 m 等高线的通过点 k;再将线段 ck 5 等分,得 d、e、f、g 4 个点,它们分别就是 44 m、45 m、46 m、47 m 4 根等高线在地性线上的通过点。用同样的方法,也可确定出其他的地性线上相邻地貌特征点间的等高线通过点,如图 3-2-18(b)所示。

上述按比例计算地性线上等高线的通过点的方法,仅用来说明其内插原理。实际上都是采用目估法来内插等高线通过点。当测绘员对目估法不太熟练时,也可采用图解法。

如图 3-2-20 所示,图解法是用一张透明纸,绘出一组等间距的平行线,平行线两端注上 0、1、2、3、……、10 的数字。例如,将透明纸蒙在地形图 A、B 的连线上,使 A 点位于 2 和 3 两线间

的 2.8 处,然后绕 A 点旋转透明纸,使 B 点恰好落在 8 和 9 两线间的 8.4 处,在 A 和 B 连线上,将平行线 3、4、5、6、7、8 与 AB 连线的交点用细针刺在图上,即可得 43 m、44 m、45 m、46 m、47 m、48 m 的等高线在地性线上的通过点。

4. 对照实际地貌勾绘等高线

在地性线上,由内插确定各等高线的通过点后,就可依据实际地貌,用圆滑的曲线依次连接地性线上同高程的各点。这样便得到一条条等高线,如图 3-2-18(c)所示。

实际作业时,不是等到把等高线在地性线上的通过点全部确定下来后再勾绘等高线,而是一边求出相邻地性线上的同高程等高线通过点,一边依实际地貌勾绘出等高线,即等高线应随测随绘。但在时间紧

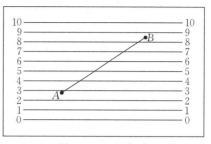

图 3-2-20　图解法

迫、地形又不复杂的情况下可先行插绘计曲线。勾绘等高线是一项比较困难的工作,因为勾绘时依据的图上点只是少量的特征点和地性线上等高线的通过点,对于显示两地性线间的微型地貌来说,还需要一定的判断和描绘的实践技能,否则就不能客观地显示地貌的变化。待等高线勾绘完后,所有地性线应全部擦掉。

(二)几种地貌的测绘

1. 山顶

山顶是山的最高点,是主要的地貌特征点,必须立尺测绘。由于山顶有尖山顶、圆山顶和平山顶之分,故各种山顶用等高线表示的形状也不一样,如图 3-2-21 所示。

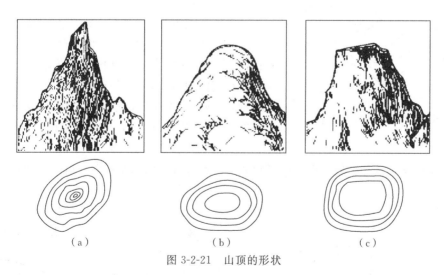

(a)　　　　　　　　(b)　　　　　　　　(c)

图 3-2-21　山顶的形状

(1)尖山顶。尖山顶的特点是整个地貌坡度变化比较一致,即使在顶部,等高线间的平距也大体相等,如图 3-2-21(a)所示。测绘时,除在山顶的最高处立尺外,在其周围适当立一些尺就可以了。

(2)圆山顶。圆山顶的特点是顶部坡度比较缓,然后逐渐变陡,如图 3-2-21(b)所示。测绘时,除在山顶最高点处立尺外,应在山顶附近坡度逐渐变陡的地方立尺。

(3)平山顶。平山顶的特点是顶部平坦,到一定的范围时坡度突然变陡,如图 3-2-21(c)所

示。测绘时,除在山顶立尺外,特别要注意在坡度突然变陡的地方立尺。

2. 山脊

山脊是山体延伸的最高棱线,表示山脊的等高线凸向下坡方向。山脊的坡度变化反映了山脊纵断面的起伏情况,山脊等高线的尖圆程度反映了山脊横断面的形状。测绘山脊要真实地表现出其坡度和走向,要注意在山脊线的方向变化和坡度变化处立尺。

山脊按其脊部的宽窄分为尖山脊、圆山脊和平山脊,如图 3-2-22 所示。

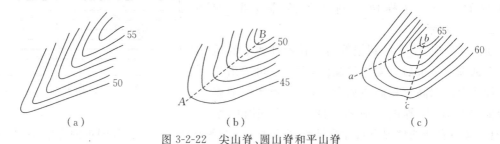

图 3-2-22　尖山脊、圆山脊和平山脊

(1)尖山脊。尖山脊的特点是山脊线比较明显,如图 3-2-22(a)所示。测绘时,在山脊线方向转折处和坡度变化点上立尺,对两侧山坡适当立尺即可。

(2)圆山脊。圆山脊的特点是脊部有一定坡度。山脊线不明显,通过山脊的等高线较为圆滑,如图 3-2-22(b)所示。测绘时,需要判断出主山脊线 AB 并在其上立尺,此外还应在山坡坡度变化处立尺。

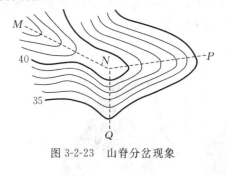

图 3-2-23　山脊分岔现象

(3)平山脊。平山脊的特点是脊部宽度较大,山脊线不明显,如图 3-2-22(c)所示。测绘时,应注意脊部至两侧山坡坡度变化的位置,在其脊线 ab、bc 上立尺。描绘等高线时,不要把平山脊绘成圆山脊的形状,因为平山脊脊部的宽度比圆山脊脊部大。

在实际地貌中,山脊往往有分岔现象,如图 3-2-23 所示,MN 为主脊,N 为分岔点,NP、NQ 为支脊。特别地,要判断好分岔点,并且必须在其上立尺。

3. 山谷

山谷等高线应凸向高处。山谷的形状分为尖底谷、圆底谷、平底谷,如图 3-2-24 所示。

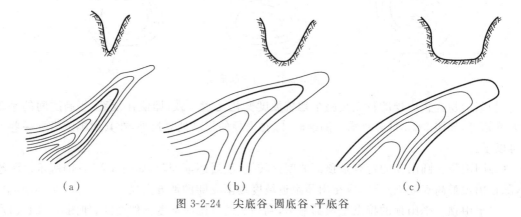

图 3-2-24　尖底谷、圆底谷、平底谷

（1）尖底谷。尖底谷的特点是谷底尖窄,山谷比较明显,等高线在谷底处呈尖角转折形状,如图 3-2-24(a)所示。测绘时,立尺点应选择在山谷线方向和倾斜变化处,两侧也需要立尺。

（2）圆底谷。圆底谷的特点是谷底线不十分明显,谷部有一定宽度,等高线在谷底处呈圆弧状,如图 3-2-24(b)所示。测绘时,应判断出主谷底线并在其上立尺,两侧立尺也应密一些。

（3）平底谷。平底谷的特点是谷底呈梯形,谷底较宽且平缓,等高线通过谷底时呈近似平行的直线状,如图 3-2-24(c)所示,一般常见于河谷的中下游。测绘时,需要在谷底的两侧立尺。

4. 鞍部

鞍部的特点是相邻两山头间的低洼处形似马鞍状。它的相对两侧分别是山脊和山谷,如图 3-2-25 所示。鞍部往往是山区道路通过的地方,在图上有重要的方位作用。测绘时,在鞍部山脊线的最低点,也是山谷线的最高点必须立尺。鞍部附近的立尺点应视坡度变化情况进行选择。

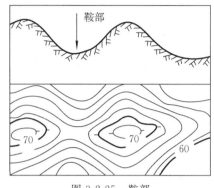

图 3-2-25　鞍部

5. 盆地

盆地等高线的特点是与山顶相似,但盆地高程与山顶高程相反,即外圈等高线的高程大于内圈等高线的高程。测绘时,需要在盆地的最低处、盆底四周及盆壁坡和走向变化处立尺。

6. 山坡

山坡为倾斜的坡面,表示坡面的等高线近似于平行曲线。坡度变化小时,其等高线平距近似相同;坡度变化大时,等高线的疏密不同。测绘时,立尺点应选择在坡度变换的地方。此外,还应适当注意使一些不明显的小山脊、小山谷等小地貌显示出来,为此必须注意在山坡方向变换处立尺。

7. 特殊地貌

不能仅用等高线表示的地貌,如梯田坎、冲沟、崩崖、绝壁、石块地等,称特殊地貌。对特殊地貌,需要使用测绘地物的方法测绘其轮廓位置,再用《地图图式》中规定的符号和注记表示。

（1）梯田坎。梯田坎是依山坡或谷地由人工修成阶梯式农田的徒坎。根据梯田的比高(高度)、等高距大小和测图比例尺,梯田坎可以适当取舍。一般测定梯田坎上边缘的转折点位置,以规定的符号表示,并适当注记高程或比高。在图 3-2-26 中,1 为用石料等材料加固的梯田坎,其他梯田坎为一般土质梯田坎,1.3 是指比高,84.2 表示点的高程。

（2）冲沟。在黄土地区,疏松地面受雨水激流冲蚀而形成的大小沟壑称冲沟。冲沟的沟壑一般较陡,测绘时,应沿其上边缘准确测定其范围。沟壑以规定符号表示。冲沟在图上的宽度大于 5 mm 时,需要在沟底立尺并加绘等高线,如图 3-2-27 所示。

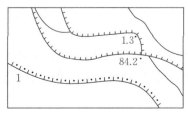

图 3-2-26　梯田坎

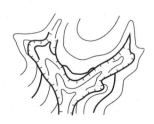

图 3-2-27　冲沟

（3）崩崖。崩崖是沙土或石质的山坡受风化作用,碎屑向山坡下崩落的地段。描绘时根据实测范围按规定的符号表示。图 3-2-28(a)为沙崩崖,图 3-2-28(b)为石崩崖。

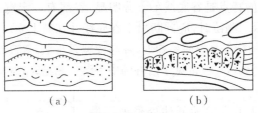

（a）   （b）

图 3-2-28   崩崖

（4）石块地。石块地为岩石受风化作用破坏而形成的碎石块堆积地段。应实测其范围,以规定的符号表示,如图 3-2-29 所示。

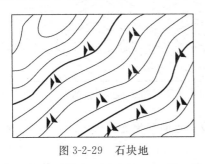

图 3-2-29   石块地

（三）测绘地貌时的跑尺方法

1. 沿山脊线和山谷线跑尺法

沿山脊线往上跑尺,到山顶后,沿相邻的山谷线往下跑尺直至山脚,然后再跑紧邻的第二个山脊线和山谷线,直至跑完。这种跑尺方法使立尺员的体力消耗较大。

2. 沿等高线跑尺法

当地貌不太复杂、坡度平缓且变化均匀时,立尺员按"之"字沿等高线方向一排排立尺。遇到山脊线或山谷线时顺便立尺。这种跑尺方法便于观测和勾绘等高线,又易发现观测、计算中的差错,同时立尺员的体力消耗较少。但勾绘等高线时,容易错判地性线上的点位,故绘图员要特别注意对地性线的连接。

六、地形图的拼接、整饰

目前,地形图绘制采用计算机软件,因此拼接、整饰在软件中进行,本部分内容将说明整饰的基础理论。

（一）地形图的拼接

地形图是分幅测绘的,各相邻图幅必须能互相拼接成为一体。由于测绘误差的存在,在相邻图幅拼接处,地物的轮廓线、等高线不可能完全吻合,若接合误差在允许范围内,可进行调整,否则对超限的地方进行外业检查,在现场改正。

为便于拼接,要求每幅图的四周均测出图廓外 5 mm。对线状地物应测至主要的转折点和交叉点,对地物的轮廓应完整地测出。

为保证图边拼接精度,要在建立图根控制时,在图幅边附近布设足够的解析图根点,相邻图幅均可利用它们来测图。

如图 3-2-30 所示,左右两幅图在相邻边界衔接处的等高线、道路、房屋等都有偏差。根据地形测量相关规范规定,接图误差不应大于地物、地貌相应中误差的 3 倍。例如,主要地物中误差为 ± 0.6 mm,接边时同一地物的位置误差不应大于图上 ± 0.6 mm $\times 3 = \pm 1.8$ mm;又如,6° 以下地面等高线中误差为 $\frac{1}{3}$ 等高距,设测图等高距为 1 m,接边时两图边同一等高线的高程之差不应大于±1 m。

由于薄膜具有透明性,拼接时可直接将相邻图幅边上下准确地叠合起来,仔细观察接图边两边的地物和地貌是否互相衔接,地物有无遗漏,取舍是否一致,各种符号注记是否相同等。接图边误差如符合要求,即可按地物和等高线的平均位置进行改正。具体做法是先将其中一幅图边的地物、地貌按平均位置改正,而另一幅则根据改正后的图边进行改正。改正直线地物时,应按相邻两图幅中直线的转折点或直线两端点进行连接。改正后的地物和地貌应保持合理的走向。

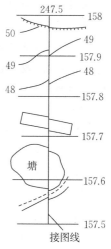

图 3-2-30　地形图拼接

(二)图的整饰

图的整饰要求如下。

(1)用橡皮擦掉一切不必要的点、线,所有地物和地貌都按《地图图式》和有关规定,用铅笔重新画出各种符号和注记。地物轮廓应清晰并与实测线位严格一致,不准任意变动。

(2)等高线应绘制得光滑、匀称,按规定的粗细加粗计曲线。

(3)用工整的字体进行注记,字头尽量朝北。文字注记应适当,应尽量避免遮盖地物。计曲线高程注记尽量在图幅中部排成一列,地貌复杂时,可分注几列。

(4)重新描绘坐标方格网(因经过测图过程,图上方格网已不清晰,故需要依原来绘制方格网时所刺的点重新绘制并注意其精度)。此外,还要在方格网线的位置上注明坐标值。

(5)按规定整饰图廓。在图廓外相应位置注写图名、图号、比例尺、坐标、高程系统、基本等高距、测绘机关名称、测绘者姓名和测绘时间等。

七、地形图的检查与验收

地形图及其有关资料的检查与检收是测绘生产中的一个重要环节,是测绘生产技术管理工作的一项重要内容。

地形图的检查与验收要在测绘人员自己充分检查的基础上,提请上级业务单位派专职检查人员进行总的检查和质量评定。若合乎质量标准,应予以检收。检查验收的主要技术依据是地形测量技术设计、现行地形测量规范和《地图图式》。

(一)自检

在整个测绘过程中,测绘作业人员应将自我检查贯穿于测绘始终。自检的主要内容如下。

(1)使用的仪器工具是否定期进行检校并合乎精度要求,控制测量成果是否完全可靠。

(2)图廓、坐标方格网的展绘是否正确。

(3)控制点平面位置和高程注记是否正确。

在每一测站上,应随时检查本测站所测地物、地貌有无错误或遗漏,并用仪器检查其他测站所测地物、地貌是否正确。即使在迁站过程中,也应沿途做一般性的检查,如发现错误,应随即改正。测绘人员一定要做到当站工作当站清,当天工作当天清,一幅测完一幅清。

(二)提交资料

测图工作结束后,需要将各种有关资料装订成册或整理妥当,以供总的全面检查与验收,上交资料分为控制测量、地形测量及技术总结三部分。

（1）控制测量部分包括测区的分幅及其编号图、控制点展点图（包括水准路线）、各种外业观测手簿、计算手簿、控制点成果表（包括坐标和高程）。

（2）地形测图部分包括地形原图、碎部点记录手簿、野外接边图。

（3）技术总结部分包括一般说明，对已有成果资料的利用情况，首级控制、图根控制、地形测图情况说明，以及对整个测量工作的评价等。

（三）全面检查

1．内业检查

地形图的内业检查就是对图面内容的表示是否合理、有关资料是否齐全和无误的检查。内业检查为外业检查提供线索，确定重点检查区域。内业检查的主要内容如下。

（1）检查图廓及坐标方格网的正确性。

（2）各级控制点的展绘是否正确，高程注记是否与成果表中数字相符。

（3）图上控制点数及埋石点数是否满足要求。

（4）地物、地貌符号是否合理。

（5）各种注记是否正确、清晰，有无遗漏。

（6）图面地貌特征点数量和分布能否保证勾绘等高线的需要，等高线与地貌特征点高程是否适应。

（7）图边是否接好。

（8）各种资料手簿是否齐全无误。

2．外业检查

（1）巡视检查。检查人员携带图板到测区，按预定路线进行实地对照查看。查看地物轮廓是否正确，地貌显示是否真实，综合取舍是否合理，主要地物是否遗漏，符号使用是否恰当，各种注记是否完备和正确等。

（2）仪器检查。对原图上某些有怀疑的地方或重点部分可进行仪器检查。仪器检查的方法有方向法、散点法、断面法。

——方向法，适用于检查主要地物点的平面位置有无偏差。检查时需要在测站上安置平板仪，用照准直尺边缘贴靠在该测站点上，将照准仪瞄准被检查的地物点，检查已测绘在图上的相应地物点方向是否有偏离。

——散点法，与碎部测量一样，即在地物或地貌特征点上立尺，用视距测量的方法测定其平面位置和高程，然后与图板上相应点进行比较，以检查其精度是否合乎要求。

——断面法，是用测图时采用的同类仪器和方法，沿测站某方向线上测定各地物、地貌特征点的平面位置和高程，然后再与地形图上相应的地物点、等高线通过点进行比较。

上述检查方法，当采用与测图时相同的仪器和方法实测时，其较差的限差不应超过测量规范中相关限差规定的 $2\sqrt{2}$ 倍。

检查结束后，若检查中发现错误、缺点，应立即在实地对照改正。如错误较多，上级业务单位可暂不验收，应将上交原图和资料退回作业组进行修测或重测，然后再做检查和验收。

测绘成果、成图，经全面检查符合要求，即可予以验收，并根据质量评定标准，实事求是地做出质量等级的评估。

任务 4　地形图应用

【教学任务设计】

(1)任务分析。根据北京工业职业技术学院国家级示范院校建设工作的要求,为提高学院管理的水平,已经测绘了该院综合地形图。根据实际工作的需要,测绘地形图的比例尺为1∶500。北京工业职业技术学院位于北京市石景山区五里坨地区,占地面积400余亩,建筑面积约20万平方米,大部分地区的自然地貌已经被建筑物和绿化带所覆盖,植被、建筑物相对比较密集,测区内的图根控制点大多数完好可以利用。地形图的图式采用原国家测绘局统一编制的《国家基本比例尺地图图式　第1部分:1∶500、1∶1 000、1∶2 000 地形图图式》(GB/T 20257.1—2017)。根据学院建设和基础设施改造工作的需要,在实际工作中要求根据图纸确定一系列地面几何要素,如坐标、方向、距离、面积、坡度、土石方工程量等。

(2)任务分解。根据实际工作的需要,地形图应用的工作任务可以分解为地形图的识读、一点坐标的确定、两点之间距离的确定、坐标方位角的确定、根据地形图绘制断面图、指定区域面积的量算、根据指定坡度确定最短路线等。

(3)各环节功能。地形图的识读是地形图应用的前提,是地形图应用时必须进行的第一个步骤。在地形图上确定一点的坐标是地形图应用最基本的内容,而应用地形图确定两点之间的距离、坐标方位角、坡度,以及量算面积和根据指定坡度确定最短路线等,则是地形图应用中的常见形式,是测绘工作者必须掌握的基本技能。

(4)作业方案。根据实际工作的需要,确定图纸上设计的水井井筒中心的平面坐标、建筑物之间的间距、建筑物的占地面积、道路的长度及其中心线的方向、基础设施建设时在高差比较大的地区的坡度与最短路线,以及计算场地平整时的土石方工程量等。用到的工具包括直尺、半圆仪、三角尺、计算器、计算机、CASS 软件等。

(5)教学组织。本任务情境的教学为24学时,分为2个相对独立又紧密联系的子任务。教学过程中以作业组为单位,每组1个测区,在测区内分别完成地形图的识读、一点坐标的确定、两点之间距离的确定、坐标方位角的确定、根据地形图绘制断面图、指定区域面积的量算、根据指定坡度确定最短路线等作业任务。作业过程中教师全程参与指导。每组领用的仪器设备包括直尺、半圆仪、三角尺、计算器、计算机等。要求尽量在规定时间内完成外业作业任务,个别作业组在规定时间内没有完成的,可以利用业余时间继续完成任务。在整个作业过程中教师除进行教学指导外,还要实时进行考评并做好记录,这是成绩评定的重要依据。

子任务1   地形图基本应用

1-1   地形图基本应用操作步骤

在本任务中分为两大部分:一部分是纸质地形图的应用,主要用于说明基本原理;另一部分是使用 CASS 软件绘制 .dwg 格式地形图的操作应用。

一、纸质地形图基本应用

(一)确定任一点的平面直角坐标

在地形图上做规划设计时,经常需要用图解的方法量测一些设计点位的坐标。例如,在地形图上设计钻孔、井筒中心位置,就要先在图上求出它们的平面直角坐标。

如图 4-1-1 所示,求图上 M 点的平面直角坐标,先过 M 点分别做平行于直角坐标纵线和横线的两条直线 gh、ef,然后用比例尺分别量出 $ae = 65.4$ m、$ag = 32.1$ m,则

$$X_M = X_a + ae = 3\ 811\ 100 + 65.4 = 3\ 811\ 165.4(m)$$
$$Y_M = Y_a + ag = 20\ 543\ 100 + 32.1 = 20\ 543\ 132.1(m)$$

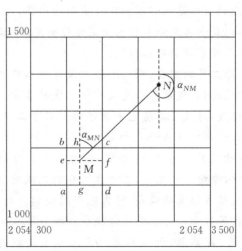

图 4-1-1   点、线、方向的量算

为防止错误,还应量出 eb 和 gd 进行检核。

由于图纸的伸缩,在图纸上量出方格边长(图上长度)不等于 10 cm 时,为提高坐标的量测精度,就必须进行改正。设量得 a、b 两点之间的图上长度为 ab,量得 a、d 两点之间的图上长度为 ad,则 M 点的坐标应为

$$X_M = X_a + (10/ab) \cdot ae$$
$$Y_M = Y_a + (10/ad) \cdot ag$$

(二)纸质地形图上直线的坐标方位角

如图 4-1-1 所示,求直线 MN 的坐标方位角,有两种方法。

1. 图解法

过 M 点做平行于坐标纵线的直线,然后用量角器量出 α_{MN} 的角值,即为直线 MN 的坐标方位角。为了检核,同样还可以量出 α_{NM},用公式 $\alpha_{MN} = \alpha_{NM} \pm 180°$ 进行校核。

2. 解析法

先确定 M、N 点的坐标,再计算坐标方位角,即

$$\tan\alpha_{MN} = \frac{Y_M - Y_N}{X_M - X_N}$$

$$\alpha_{MN} = \arctan\frac{\Delta Y_{NM}}{\Delta X_{NM}}$$

当然,应根据直线 MN 所在的象限来确定坐标方位角的最后值。

(三)两点的水平距离

如图 4-1-1 所示,求图上直线 MN 的水平距离,有两种方法。

1. 图解法

用三棱比例尺直接量取 MN 的距离,或用直尺量取 MN 的距离再乘以比例尺分母。

2. 解析法

先确定 M、N 点的坐标,再计算两点水平距离,即

$$S_{MN} = \sqrt{(X_N - X_M)^2 + (Y_N - Y_M)^2}$$

或

$$S_{MN} = \frac{X_N - X_M}{\cos\alpha_{MN}} = \frac{Y_N - Y_M}{\sin\alpha_{MN}}$$

(四)任一点高程

如图 4-1-2 所示,求 A 点的地面高程,因 A 点恰好在 23 m 的等高线上,故 A 点高程与该等高线的高程相等。欲求地面 E 点的高程,因 E 点在 23 m 和 24 m 两等高线之间,故 E 点高程大于 23 m 而小于 24 m。为求出具体高程值,可用内插法求得。过 B 点做 23 m、24 m 两等高线的近似铅垂线,分别交于 A、B 两点,在图上量得 AE 和 EB 的距离,又已知等高距 h 为 1 m,则可得 E 点相对于 23 m 等高线,即两等高线中高程较低的一条等高线的高差 h_{AE},其计算公式为

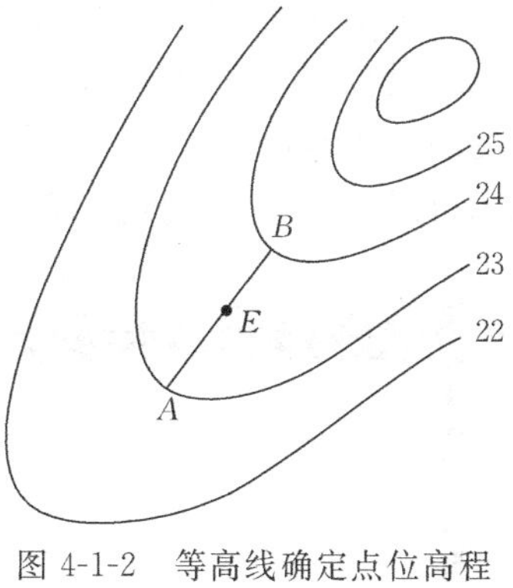

图 4-1-2 等高线确定点位高程

$$h_{AE} = \frac{AE}{AB} \cdot h$$

设 AE 与 AB 的比值为 0.6,则 E 点的高程为

$$H_E = 42 + 0.6 \times 2 = 43.2(\text{m})$$

(五)高线间的平距确定其坡度

已知地形图上的等高距为 h,若需要确定图上两相邻等高线间的倾角 α 或坡度 i,可量出两等高线的实地平距 S,然后计算

$$i = \tan\alpha = \frac{h}{S}$$

式中,i 为坡度,用百分率(%)或千分率(‰)来表示。

二、数字地形图基本应用

(一)查询指定点坐标

图 4-1-3 为工程应用菜单,用鼠标单击"工程应用"菜单中的"查询指定点坐标",然后单击所要查询的点即可。也可以先进入点号定位方式,再输入要查询的点号。系统左下角状态栏显示的坐标是笛卡儿(Cartesian)坐标系中的坐标,与测量坐标系的 X 和 Y 的顺序相反。用此功能查询时,系统在命令行给出的 X、Y 是测量坐标系的值。

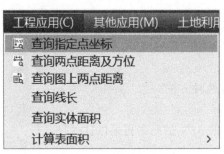

图 4-1-3　工程应用菜单

(二)查询两点距离及方位

如图 4-1-3 所示,用鼠标单击"工程应用"菜单下的"查询两点距离及方位",再用鼠标分别单击所要查询的两点。也可以先进入点号定位方式,再输入两点的点号。CASS 所显示的坐标为实地坐标,所以所显示的两点间的距离为实地距离。

(三)查询线长

如图 4-1-3 所示,用鼠标单击"工程应用"菜单下的"查询线长",再用鼠标单击图上曲线。

(四)查询实体面积

如图 4-1-3 所示,用鼠标单击"工程应用"菜单下的"查询实体面积",再用鼠标单击待查询的实体的边界线即可查看实体面积,要注意实体应该是闭合的。

(五)计算表面积

对于不规则地貌,其表面积很难通过常规方法来计算,因此可以通过建模的方法来计算,系统通过数字地面模型(digital terrain model,DTM)建模,在三维空间内将高程点连接为带坡度的三角形,再通过每个三角形面积累加,得到整个范围内不规则地貌的面积。如图 4-1-4 所示,计算矩形范围内地貌表面积的方法如下。

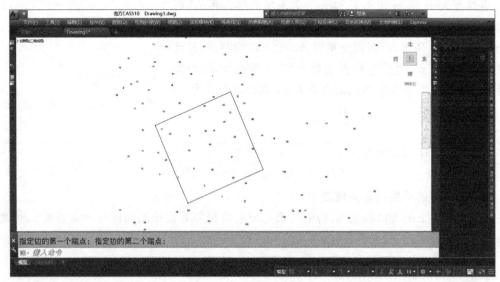

图 4-1-4　选定计算区域

依次单击"工程应用→计算表面积→根据坐标文件",命令区提示如下。

选择:(1)根据坐标数据文件(2)根据图上高程点

选 1 回车后,选择"土方边界线",用拾取框选择图上的复合线边界。此时,命令区提示如下。

请输入边界插值间隔(米):〈20〉

输入在边界上插点的密度,本实验输入值为 5。命令区显示如下。

表面积=3 572.356 平方米,详见 surface.log 文件

其中,surface.log 文件保存在"\CASS70\SYSTEM"目录下面。图 4-1-5 为建模计算表面积的结果。

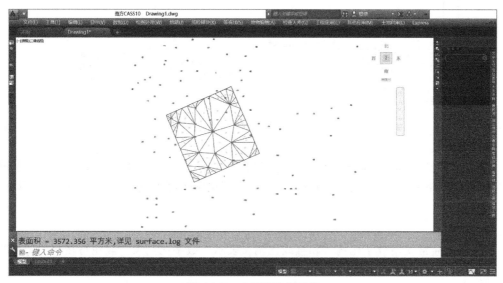

图 4-1-5　表面积计算结果

另外,表面积还可以根据图上高程点计算,操作的步骤相同,但计算的结果会有差异。因为由坐标文件计算时,边界上内插点的高程由全部的高程点参与计算得到。而由图上高程点来计算时,边界上内插点只与被选中的点有关,故边界上点的高程会影响表面积的计算结果。高程变化越大的,在等高线创建时,越趋向于从图面上选择。

1-2　地形图应用基础知识

一、地形图的识读

地形图是全面反映地面上地物、地貌的图纸,任何规模较大的工程建设都需要借助于详细而精确的地形图进行规划与设计。因此,掌握有关地形图应用的一些基本知识,就能充分利用地形图为工程建设服务。要正确使用地形图,必须具备识图的基本知识。

(一)图名和图号

一幅图的图名是用图幅内最著名的地名或企事业单位的名称来命名的。图号则是按统一的分幅序列进行编号的。图名和图号注记在北图廓外上方的中央。如图 4-1-6 所示,其图名

是"热电厂",图号为"10.0-210"。

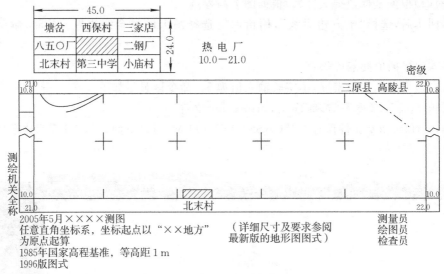

图 4-1-6   地形图的图廓外注记

(二)接图表

如图 4-1-6 所示,北图廓左上角的 9 个小格称为接图表,中间绘有斜线的一格代表本图幅的位置,四周八格分别注明了相邻图幅的图名。利用接图表可迅速找到相邻图幅的地形图,从而进行拼接。

(三)比例尺

地形图上通常使用数字比例尺和直线比例尺表示。数字比例尺一般注写在南图廓外的中央。直线比例尺绘在数字比例尺的下面。也可通过坐标方格网所注的数字判明比例尺的大小。利用比例尺可在图上进行量测作业。

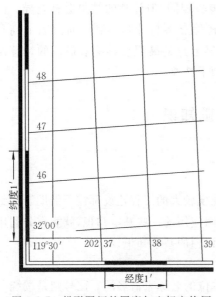

图 4-1-7   梯形图幅的图廓与坐标方格网

(四)图廓

地形图的边框称为图廓,由内图廓和外图廓组成。内图廓是图幅的测图边界线,图幅内的地物、地貌都测至该边边线。正方形分幅的内图廓是由平面直角坐标的纵横坐标线所确定的,如图 4-1-6 所示。梯形分幅的内图廓是由经纬线来确定的,如图 4-1-7 所示(仅绘出图幅的西南角),外图廓位于图幅的最外面,用粗线表示。内外图廓线相互平行。对于通过内图廓的重要地物,如境界线、河流、跨图廓的村庄等,均需要在内外图廓间注明,如图 4-1-6 所示。

(五)坐标方格网

坐标方格网分为平面直角坐标格网和经纬网。

1. 平面直角坐标格网

以选定的平面直角坐标轴系为准,按一定间隔描绘的正方形格网,即为平面直角坐标方格网。采用国家统一平面直角坐标系统的地形图平面直角坐标方格网,通常由边长 10 cm 的正方形组成,格网的纵横线分别平行于中央子午线和赤道。平面直角坐标在内、外图廓间注有以公里为单位的坐标值,故又称公里网。平面直角坐标格网线也可不全部绘出,但必须在格网线交叉处,用"＋"标出。利用平面直角坐标格网,可确定图上任一点的平面直角坐标。

2. 经纬网

当用梯形分幅时(梯形分幅在大比例尺地形图中很少用),地形图上除绘有平面直角坐标格网外,还有经纬网。

图 4-1-7 中,梯形图幅西南角图廓点的经度和纬度分别注为 119°30′ 和 32°00′。在内、外图廓间靠近外图廓处,以双线绘出一条分度带,此带用加粗奇数段来划分经(纬)度数,每段代表 1′。若将上下、左右经纬度的分段处以直线相连,便构成经纬网。利用经纬网可确定点的位置。

(六)平面直角坐标系统和高程系统

在每幅地形图南图廓外左侧注有所采用的平面直角坐标系统和高程系统。

(七)地形图符号

地形图上各种地物、地貌和注记符号是图的重要组成部分。地形图符号所表示的内容在地形图南图廓外左侧所注写的"地图图式"中查寻。用图人员要熟悉常用符号,理解等高线特性,可以正确识读和使用地形图。

子任务 2 地形图在工程建设中的应用

2-1 地形图在工程建设中应用的操作步骤

一、纸质地形图在工程建设中应用的操作步骤

(一)根据地形图绘制图上已知方向的断面图

地形图上一个方向上的铅垂面(断面)与地面相交,铅垂面和地面交线称为断面线。将断面上地表起伏的状况,按比例绘制成图,即为断面图。这种图能真实反映地面起伏情况,在工程设计和施工中经常用到。

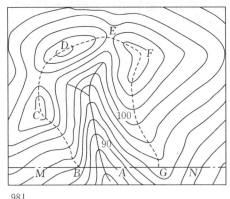

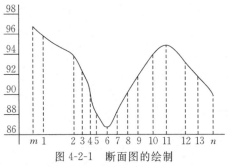

图 4-2-1 断面图的绘制

如图 4-2-1 所示,为修建跨越山谷的公路,需要根据地形图绘制 MN 方向的断面图。首先在图纸上绘制坐标系,横轴表示水平距离,纵轴表示高程。水平距离比例尺与地形图比例尺一致,为明显表示出地面起伏情况,高程比例尺可取水平距离比例尺的 10 倍或更大的倍数。然后,在地形图上从 M 点起,沿 MN 方向依次量取两相邻等高线间的水平距离,并以同一个比例尺绘在横轴上,得 m、1、2、3、……、13、n 各点,再根据各点的高程,沿纵轴标出各点的相应位置,最后用平滑的曲线连接这些点,即绘制成 MN 方向的断面图,如图 4-2-1 所示。

(二)在地形图上确定汇水面积的边界线

在修筑道路的桥涵或修建水库的大坝等工程中,需要了解有多大面积的雨水往这个河流或谷地里汇集,这个面积称为汇水面积。确定汇水面积三边界线,计算出汇水面积的大小,根据有关气象资料就可以算出汇水量。

如图 4-2-1 所示,公路跨越山谷,拟在 A 处建一座桥梁,故需要了解 A 处的汇水量,为此应先确定汇水面积的边界线。

从图 4-2-1 的地形图上可看出,汇水面积的边界线,应沿分隔相邻汇水面积的山脊线,并经过鞍部或山顶,以垂直于等高线的连续不断的曲线绘出。图 4-2-1 中,由山脊线 BC、CD、DE、EF、FG 及公路上 GB 所围成的面积,就是要求的汇水面积。

(三)在地形图上量测面积

在进行工程规划与设计时,经常需要计算某一地区的面积,如地表移动和塌陷面积及汇水

面积等。面积大小通常可在地形图上通过量测而获得。

地形图上待测面积的图形与实地面积的图形是相似的。由几何学可知,相似图形面积之比等于其相应边比的平方,即

$$\frac{P'}{P} = \frac{1}{M^2}$$

或

$$P = P'M^2$$

式中,P 为实地面积,P' 为地形图上面积,M 为地形图比例尺分母。

二、数字地形图在工程建设中应用的操作步骤

(一)三角网法计算土方

由三角网法计算土方量是根据实地测定的地面点坐标(X,Y,Z)和设计高程,通过生成三角网来计算每一个三棱锥的填挖方量,最后累计得到指定范围内填方和挖方的土方量,并绘出填挖方分界线。

三角网法计算土方共有三种方法:第一种是根据坐标数据文件计算,第二种是根据图上高程点计算,第三种是根据图上的三角网计算。下面分述三种方法的操作过程。

1. 根据坐标数据文件计算

展点选择 CASS 安装路径下"demo"文件夹中的"STUDY. dat"文件,用复合线画出所要计算土方的区域,一定要闭合,但是不要拟合。拟合过的曲线在进行土方计算时,系统会用折线迭代,而影响计算结果的精度。

用鼠标依次单击"工程应用→三角网法土方计算→根据坐标文件"。提示"选择边界线",用鼠标单击所画的闭合复合线,弹出如图 4-2-2 所示的土方计算参数设置对话框,其中参数说明如下。

(1)"区域面积"为复合线围成的多边形的水平投影面积。

(2)"平场标高"指设计要达到的目标高程。

(3)"边界采样间距"为边界插值间距的设定,默认值为20 m。

(4)"边坡设置"中,选中"处理边坡"复选框后,坡度设置功能变为可选,选中放坡的方式(向上或向下,即平场高程相对于实际地面高程的高低,平场高程高于地面高程则设置为向下放坡),然后输入坡度值。

设置计算参数后屏幕上显示填挖方的提示框,命令行显示(图 4-2-3)如下。

挖方量＝11 366.9 立方米,填方量＝3 957.5 立方米

同时,图上绘出所分析的三角网、填挖方的分界线(软件中以白色线条表示),如图 4-2-4 所示。计算三角网构成详见 dtmtf. log 文件。

关闭对话框后,系统提示如下。

请指定表格左下角位置:〈直接回车不绘表格〉

图 4-2-2 土方计算参数设置

用鼠标在图上适当位置单击,会在该处绘出一个表格,包含平场面积、最大高程、最小高程、平场标高、填方量、挖方量和图形,如图 4-2-5 所示。

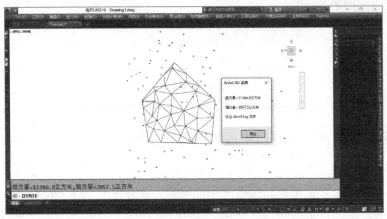

图 4-2-3 填挖方提示框

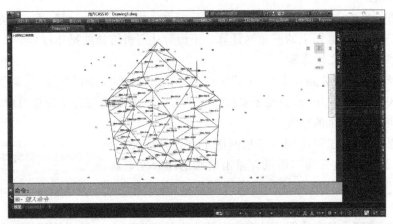

图 4-2-4 填挖方的分界线

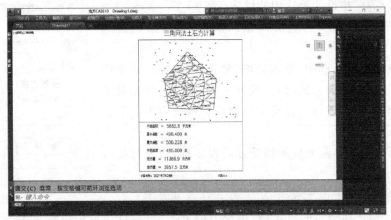

图 4-2-5 填挖方量计算结果表格

2. 根据图上高程点计算

首先要展绘高程点,然后用复合线画出所要计算土方的区域。

　　用鼠标单击"工程应用"菜单下"三角网法土方计算"子菜单中的"根据图上高程点计算",命令行提示"选择边界线"。用鼠标单击所画的闭合复合线后,出现提示"选择高程点或控制点"。此时可逐个选取要参与计算的高程点或控制点,也可拖框选择。如果键入"ALL"回车,将选取图上所有已经绘出的高程点或控制点。弹出土方计算参数设置对话框后,操作与坐标计算法一样。

　　3. 根据图上的三角网计算

　　对已经生成的三角网进行必要的添加和删除,使结果更接近实际地形。

　　用鼠标单击"工程应用"菜单下"三角网法土方计算"子菜单中的"根据图上三角网计算",命令行提示"平场标高(米)"。输入平整的目标高程后,命令行提示"请在图上选取三角网"。用鼠标在图上选取三角形,可以逐个选取也可拉框批量选取。回车后屏幕上显示填挖方的提示框,同时图上绘出所分析的三角网、填挖方的分界线(软件中以白色线条表示)。用此方法计算土方量时不要求给定区域边界,因为系统会分析所有被选取的三角形,所以在选择三角形时一定要注意不要漏选或多选,否则计算结果会有误,且很难检查出哪里出了问题。

　　(二)道路断面法土方计算

　　1. 生成里程文件

　　里程文件用离散的方法描述了实际地形。接下来的所有工作都是在分析里程文件里的数据后才能完成的。

　　CASS 生成里程文件的常用方法有四种。单击菜单"工程应用",在弹出的菜单里选"生成里程文件",如图 4-2-6 所示。

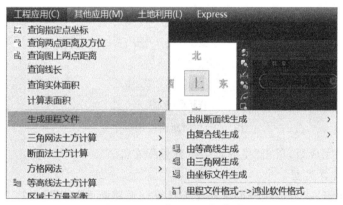

图 4-2-6　生成里程文件菜单

　　本书主要介绍由纵断面生成的方法。纵断面生成前,要事先用复合线绘制出纵断面线。用鼠标依次单击"工程应用→生成里程文件→由纵断面生成→新建"。根据屏幕提示"请选取纵断面线",用鼠标单击所绘纵断面线,弹出如图 4-2-7 所示对话框,其中参数说明如下。

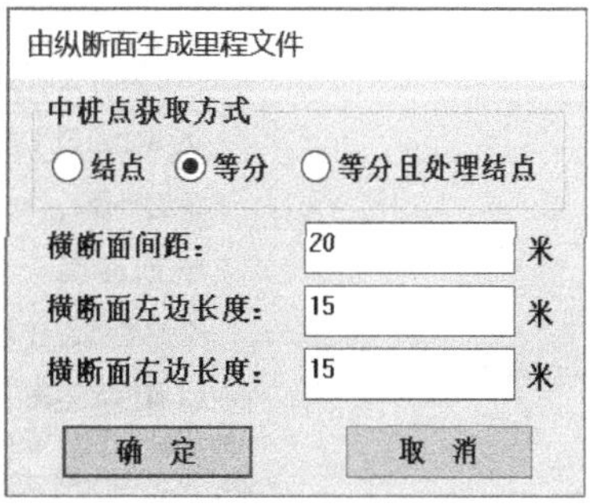

　　(1)"中桩点获取方式"有三种,其中"结点"表示结点上要有断面通过,"等分"表示从起点开始用相同的间距,"等分且处理结点"表示用相同的间距且

图 4-2-7　由纵断面生成里程文件对话框

要考虑不在整数间距上的结点。

(2)“横断面间距”即两个断面之间的距离,此处输入 20。

(3)“横断面左边长度”要求输入大于 0 的任意值,此处输入 15。

(4)“横断面右边长度”要求输入大于 0 的任意值,此处输入 15。

选择其中的一种方式后,软件则自动沿纵断面线生成横断面线,如图 4-2-8 所示。

南方CASS10　Drawing2.dwg
(1)按起始里程累加(2)按起始里程取整累加<1>
键入命令

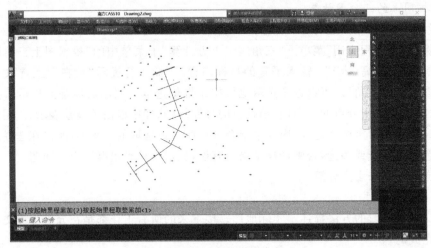

图 4-2-8　由纵断面生成横断面

其他编辑功能用法如图 4-2-9 所示。

新建
添加
变长
剪切
设计
生成
横断面上加点

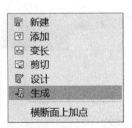

图 4-2-9　横断面线编辑命令

当横断面设计完成后,单击“生成”,会得到里程文件。

2. 选择土方计算类型

用鼠标依次单击“工程应用→断面法土方计算→道路断面”,如图 4-2-10 所示。

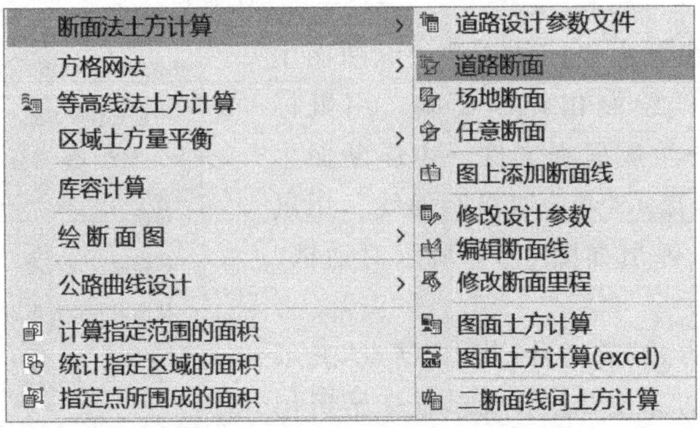

断面法土方计算
方格网法
等高线法土方计算
区域土方量平衡
库容计算
绘断面图
公路曲线设计
计算指定范围的面积
统计指定区域的面积
指定点所围成的面积
道路设计参数文件
道路断面
场地断面
任意断面
图上添加断面线
修改设计参数
编辑断面线
修改断面里程
图面土方计算
图面土方计算(excel)
二断面线间土方计算

图 4-2-10　断面土方计算子菜单

单击后弹出对话框,道路断面的初始参数都可以在这个对话框中进行设置,如图 4-2-11 所示。

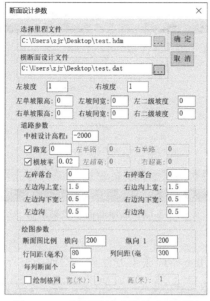

图 4-2-11　断面设计参数输入对话框

3. 给定计算参数

在上一步弹出的对话框中输入道路的各种参数,以达所需。

(1)"选择里程文件":单击确定左边的按钮(上面有三点的),出现"选择里程文件名"的对话框。选定第一步生成的里程文件。

(2)"横断面设计文件":选择横断面设置文件,如果不使用道路设计参数文件,则把实际设计参数填入各相应的位置。单击"确定"后,弹出绘制纵断面图设置对话框,如图 4-2-12 所示。

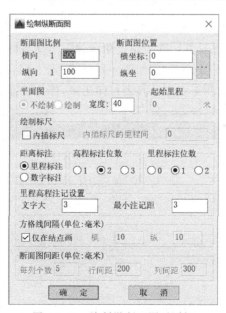

图 4-2-12　绘制纵断面图对话框

　　系统根据上步给定的比例尺,在图上绘出道路的纵断面,在绘出道路的纵断面图的同时还会绘出每一个横断面图,结果如图 4-2-13 所示。

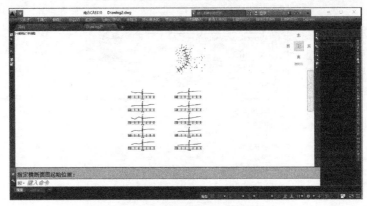

图 4-2-13　纵横断面图成果示意

4. 计算工程量

　　用鼠标依次单击"工程应用→断面法土方计算→图面土方计算",如图 4-2-14 所示。

图 4-2-14　图面土方计算子菜单

　　命令行提示"选择要计算土方的断面图",即拖框选择所有参与计算的道路横断面图。完成操作后,命令行提示"指定土石方计算表左上角位置",需要在屏幕适当位置单击鼠标进行定点。系统自动在图上绘出土石方计算表,如图 4-2-15 所示。该区段的道路填挖方量已经计算完成,可以将道路纵横断面图和土石方计算表打印出来,作为工程量的计算结果。

图 4-2-15　土石方计算表示意

(三)断面图的绘制

绘制断面图的方法有四种:①由坐标文件生成;②根据里程文件绘制;③根据等高线绘制;④根据三角网绘制。

1. 由坐标文件生成

坐标文件指野外观测得的包含高程点的文件,方法如下。

先用复合线生成断面线,依次单击"工程应用→绘断面图→根据已知坐标"。命令行提示"选择断面线",然后用鼠标单击上步所绘断面线。屏幕上弹出"断面线上取值"的对话框,如图 4-2-16 所示,如果在"选择已知坐标获取方式"栏中选择"由数据文件生成",则在"坐标数据文件名"栏中选择高程点数据文件。

如果选"由图面高程点生成",此步则为在图上选取高程点,前提是图面存在高程点,否则此方法无法生成断面图。图 4-2-16 中,其他参数的说明如下。

(1)"采样点间距"的系统默认值为 20 m。"采样点间距"的含义是,复合线上两顶点之间若大于此间距,则每隔此间距内插一个点。

图 4-2-16　断面线上取值对话框图

(2)"起始里程"的系统默认值为 0。

单击"确定"之后,屏幕弹出"绘制纵断面图"对话框,如图 4-2-12 所示。输入相关参数,其中部分参数的说明如下。

(1)"横向"处输入横向比例,系统的默认值为 1∶500。

(2)"纵向"处输入纵向比例,系统的默认值为 1∶100。

(3)"断面图位置"可以手工输入,也可在图面上拾取。

此外,可以选择是否绘制平面图、标尺、标注,以及一些关于注记的设置。

单击"确定"之后,在屏幕上出现所选断面线的纵断面图,如图 4-2-17 所示。

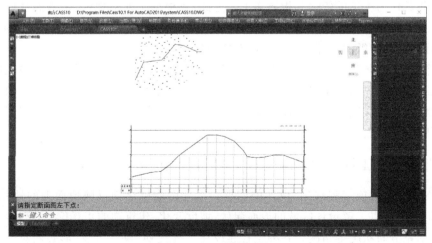

图 4-2-17　纵断面图

2．根据里程文件绘制

一个里程文件可包含多个断面的信息,此时绘断面图就可一次绘出多个断面。里程文件的一个断面信息内允许有该断面不同时期的断面数据,这样绘制这个断面时就可以同时绘出实际断面线和设计断面线。

3．根据等高线绘制

如果图面存在等高线,则可以根据断面线与等高线的交点来绘制纵断面图。

依次单击"工程应用→绘断面图→根据等高线",命令行提示"请选取断面线",然后选择要绘制断面图的断面线。屏幕弹出"绘制纵断面图"对话框(图 4-2-12),操作方法详见"由坐标文件生成"部分。

4．根据三角网绘制

如果图面存在三角网,则可以根据断面线与三角网的交点来绘制纵断面图。

依次单击"工程应用→绘断面图→根据三角网",命令行提示"请选取断面线",然后选择要绘制断面图的断面线。

2-2　地形图在工程建设中的应用基础知识

完整准确的地形图是建设规划、设计,以及企业扩建工程项目的基本技术资料,地形图在改建、扩建和生产管理的过程中起着重要的作用。设计、施工的建设者和工矿企业的生产管理者必须掌握工矿企业范围地面上全部现有建筑物、构筑物、地下和架空的各种管道线路的平面位置和设计元素,以及施工场地中地物与地貌的关系等详细的工业场地现状图和有关数据资料,这些是工业建设、设计及生产管理的重要依据。

在工矿企业建设的设计阶段,地形图是进行工程规划、设计的主要依据之一。从地形图上可以图解平面坐标和高程,进行面积、土方、坡度和距离计算,并结合实地地形提出几种可供选择的设计方案,再比较、筛选出最佳方案,从而保证工程施工的合理性、经济性,克服盲目性。

每项工程的设计经过论证、审查、批准后,就进入施工阶段。根据设计图纸,施工测量人员首先将设计的工程建筑物、构筑物和选用的特征点按施工要求在现场标定出来,也就是所谓的定线放样,将其作为施工的依据并指导施工。为此,要根据工地的地形、工程的性质及施工的组织与计划等,建立不同形式的施工控制网,作为定线放样的基础。然后按照施工的需要采用合适的放样方法将图纸上设计的内容顺序在实地标定出来。

在整个建设工程完成之后,还要进行竣工测量。因为原设计意图不可能在施工中毫无变动地体现出来,竣工测量就是将施工后的实际情况如实反映到图纸上。竣工测量的主要成果是总平面图,各种分类图、断面图,以及细部坐标高程明细表等。竣工总平面图编制者签字后转交给使用单位存档备用。

一、地形图在工程建设勘测规划设计阶段的作用

地形图是进行各项工程规划、设计的依据。地形图能够全面反映地面上的地物、地貌情况。通过地形图可以了解设计区域的地面起伏、坡度变化、建筑物的相互位置、交通状况、土地利用现状、水系分布状况等情况。各种工程建设在工程规划、设计阶段,都必须对拟建设地区的情况做出系统、全面的调查,其中一项主要内容就是地形测量。运用所掌握的地形图基本知

识和测绘技术可从图上获得各项工程规划、设计所需要的各种要素。在地形图上可以确定点的直角坐标、地面点的高程、两点之间的直线长度、两点之间的坡度、汇水面积、填挖土石方量和填挖范围,按预定坡度选定公路或铁路的线路,计算水库容量,绘制某一特定方向的断面图等。地形图的作用可以概括为:地形图是进行工程规划、设计的重要依据之一;在不同的工程建设规划、设计中起着不同的作用;在工程建设规划、设计的不同阶段所起的作用不同,因此不同阶段所用到的地形图比例尺不同。

(一)确定地面点的平面坐标

如图 4-2-18 所示,A 点在地形图的某一方格内,该方格的西南角坐标为(x_0,y_0),在地形图上通过 A 点做坐标网的平行线 mn、oP,再用测图比例尺量取 mA 和 oA 的长度,则 A 点的坐标为

$$x_A = x_0 + mA$$
$$y_A = y_0 + oA$$

为了提高精度,量取 mA 和 oA 的长度,对纸张伸缩变形的影响加以改正。若坐标格网的理论长度为 l,则 A 点的坐标计算公式为

$$x_A = x_0 + \frac{mA}{mn} l$$
$$y_A = y_0 + \frac{oA}{oP} l$$

(二)确定地面点的高程

地形图上任一点的地面高程可根据邻近的等高线及高程注记确定。如图 4-1-2 所示,A 点位于高程为 23 m 的等高线上,故 A 点高程为 23 m。若所求点不在等高线上,如 E 点,可过 E 点做一条大致垂直并相交于相邻等高线的线段 AB。分别量出 AB 的长度 d 和 AE 的长度 d_1,则 B 点的高程可按比例内插求得,即

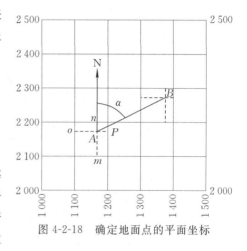

图 4-2-18　确定地面点的平面坐标

$$H_B = H_A + h_{AE} = H_A + \frac{d_1}{d} h$$

式中,h 为等高距。

(三)求图上两点之间的水平距离

如图 4-2-18 所示,用测图比例尺直接量取 AB 两点之间的距离 D_{AB},也可以直接量出 AB 的图上距离 d_{AB},再乘以比例尺分母 M,得

$$D_{AB} = d_{AB} \cdot M$$

(四)求两点连线的坐标方位角

这部分内容在本章 1-1 中已进行了详细介绍,这里不再赘述。

(五)求图上某直线的坡度

直线的坡度是直线两端点的高差 h 与水平距离 D 之比,用 i 表示,即

$$i = \frac{h}{D} = \frac{h}{d \cdot M} = \tan\alpha$$

先确定直线两端点的高程和直线长度,并计算两点之间的高差,然后就可以计算直线的坡度了。坡度有正有负,正号表示上坡,负号表示下坡。

(六)沿已知方向做断面图

如图 4-2-19 所示,先在图纸上绘制直角坐标系。在纵轴上注明高程,并按基本等高距做与横轴平行的高程线。在地形图上沿 MN 方向线量取断面线与等高线的交点 a、b、…… 至 M 点的距离,按各点的距离数值,自 M 点起依次截取于直线 MN 上,则得点 a、b、…… 在 MN 上的位置,在地形图上读取各点的高程。将各点的高程按高程比例尺画垂线,就得到各点在断面图上的位置。将各相邻点用平滑曲线连接起来,即为 MN 方向的断面图。

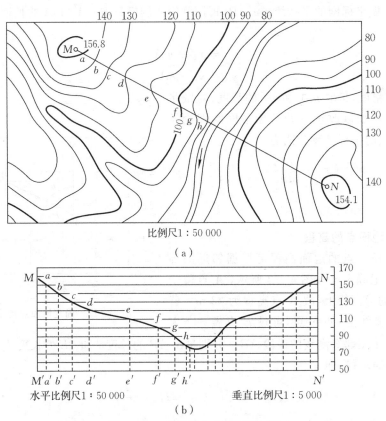

图 4-2-19　沿直线方向绘制断面图

(七)两点之间的通视判断

两点均在平地上,判断通视要考虑的因素有:树木和建筑物的遮挡情况,地球表面曲率的影响。

两点在同一坡面上,判断通视要考虑的因素有:若为等齐斜坡或凹坡,可以通视;若为凸坡,则不能通视。

两点在同一高地上,判断通视要考虑的因素有:两点各在山坡或山顶上,两点之间为谷地,可以通视;两点之间有一高地,其高程大于两点的高程,则不能通视;若高程介于两点之间,则须做断面图来判断。

(八)量算面积

由本章 2-2 可知,相似图形面积之比等于其相应边比的平方,即

$$\frac{P'}{P}=\frac{1}{M^2}$$

或

$$P=P'M^2$$

式中，P 为实地面积，P' 为地形图上面积，M 为地形图比例尺分母。其中，图上面积的计算方法有以下两种。

（1）解析法。解析法是利用多边形顶点的坐标值计算面积的方法。如图 4-2-20 所示，1、2、3、4 为多边形的顶点，多边形的每一边与坐标轴及坐标投影线（图 4-2-20 上垂线）都组成一个梯形。

多边形的面积 S 即为这些梯形面积的和与差。图 4-2-20 中，四边形面积 S_{1234} 为梯形 $1y_1y_22$ 的面积加上梯形 $2y_2y_33$ 的面积再减去梯形 $1y_1y_44$ 和 $4y_4y_33$ 的面积，即

$$S_{1234}=S_{1y_1y_22}+S_{2y_2y_33}-S_{1y_1y_44}-S_{4y_4y_33}$$

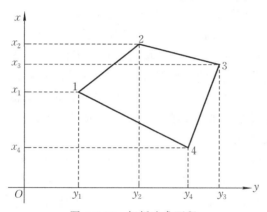

图 4-2-20　解析法求面积

按各点的坐标可写成

$$S=\frac{1}{2}(x_1+x_2)(y_2-y_1)+\frac{1}{2}(x_2+x_3)(y_3-y_2)-\frac{1}{2}(x_3+x_4)(y_3-y_4)-$$

$$\frac{1}{2}(x_4+x_1)(y_4-y_1)$$

$$=\frac{1}{2}[x_1(y_2-y_4)+x_2(y_3-y_1)+x_3(y_4-y_2)+x_4(y_1-y_3)]$$

对于 n 点多边形，其面积公式的一般形式为

$$S=\frac{1}{2}\sum_{i=1}^{n}x_i(y_{i+1}-y_{i-1})$$

同理可推出

$$S=\frac{1}{2}\sum_{i=1}^{n}y_i(x_{i-1}-x_{i+1})$$

式中，当下标 $i-1=0$ 时，$y_0=y_n$，$x_0=x_n$；当下标 $i+1=n+1$ 时，$y_{n+1}=y_1$，$x_{n+1}=x_1$。

（2）几何图形法。当所算的图形范围界线是由直线（或圆弧）与直线构成的集合图形时，可将图形划分为若干个简单的几何图形，如三角形、长方形、梯形、正方形、扇形、圆形等。如图 4-2-21 所示，在图上量取面积所需要的元素的长、宽、高，采用几何学求面积的公式来计算

图形面积。总面积为各个几何图形的面积之和。

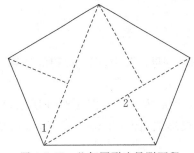

图 4-2-21 几何图形法量测面积

二、建筑工程用地形图的特点

(一)建筑工程用地形图的特点

建筑工程建设一般分为规划设计、施工、运营管理三个阶段。在规划设计阶段,必须有地形、地质等基础资料,其中地形资料主要来源于地形图,没有确实可靠的地形资料是无法进行设计的。地形资料的质量将直接影响设计的质量、建设成本和工程的运营效果。

设计对地形图的要求主要体现在三方面:一是地形图的标示内容必须满足设计的要求,不同的工程项目设计对地形图有不同的要求;二是地形图的比例尺选择应恰当,不同设计阶段要求的地形图比例尺是不一样的;三是测图范围合适,出图时间快,具有较好的实时性,测图范围要满足设计要求。地形图的提交进度要满足设计的进度要求,不能影响设计进度。设计要真实反映测区范围内的地物、地貌,具有良好的现势性,如某工程现场已有五年前的地形图,但是现场已经有了很大变化,地形图表示的地物、地貌多处无法对应,这时就必须重测或修测地形图,以满足工程设计的需要。

在工程施工阶段,一般需要1:500或1:1000比例尺的地形图,除了要有符合要求的大比例尺地形图外,往往还需要局部的大样图(比例尺一般为1:100或1:200),以满足工程施工过程中重要细部施工的需要。

在工程的运行阶段,地形图一般服务于工程的运行管理及工程项目的改扩建设计。这个阶段的地形图往往需要定期修测,以满足工程管理对于地形图现势性的需要。

地形图上所反映的内容繁多,归纳起来可分为地物和地貌两大类。地形测量的任务就是把错综复杂的地物、地貌测绘出来,并用规定的符号表示在地形图上。

地形图上表示的内容可分为三部分:数学要素、地理要素和图廓外要素。数学要素是指地面点位与物体形态在地形图上表示时所必须严格遵守的映射函数关系,包括坐标系统、高程系统、地图投影、分幅及比例尺。地理要素就是统一规范的地物、地貌符号。图廓外要素是指图廓外的说明与注记。地形图一般四周均有图廓,图廓的方向是"上北下南,左西右东",一幅地形图的内容可以分为图廓外内容和图廓内内容两部分。图廓外内容包括图名、图号、比例尺、图廓、接图表、三北方向线、坐标系统、高程系统、所依据的地形图图式、坡度尺、责任人、测绘时间等内容;图廓内内容则为地形图的核心内容,包括经纬线、坐标格网、各种地物符号、等高线、注记等。过去由于技术条件的限制,地形图通常是指线划地图。现在由于数字测绘技术尤其是数字摄影测量技术和三维激光扫描技术的发展,地形图除线划图外,还可以用数字线划图、正射影像图、数字高程模型,以及它们之间的组合来表达地表形态。

(二)中小比例尺地形图的特点

建筑工程上用的中小比例尺地形图主要是指比例尺为1:1万、1:2.5万、1:5万、1:10万及小于1:10万的地形图,它主要应用于地质普查、区域规划等大型项目中。中小比例尺地形图具有以下特点。

(1)对于线状地物来说,在中小比例尺地形图上表达为半依比例尺线状符号。由于比例尺小,多数线状地物的宽度不再依比例尺表示,仅长度按比例尺表示,即在地形图上表达为一个线状符号。

（2）与大比例尺地形图相比，中小比例尺地形图采用不同的分幅方法和图廓绘制。中小比例尺地形图采用梯形分幅法，一般按国际统一分幅，且以 1∶100 万地形图为基础划分，并在其图廓内、图廓外的四角处注记经纬度，在坐标方格网处注记坐标（以千米为单位）。

（3）对于独立地物，如路灯、雨水井盖等，大比例尺地形图均一一表示，但是在中小比例尺地形图上大多不再表达。个别表示在地形图上的独立地物一般也不再用比例尺符号表示。

（4）中小比例尺地形图的测绘范围比较大，一般由国家统一测绘，在国家或省市级测绘主管部门均有现成资料可供查询。使用者可以根据工程需要办理相应使用手续后查询使用。

（三）大比例尺地形图的特点

大比例尺地形图是指比例尺为 1∶5 000、1∶2 000、1∶1 000 和 1∶500 的地形图，主要满足工程建设初步设计和施工设计的需要。大比例尺地形图具有以下特点。

（1）能够精确、翔实地反映地表全部人工地物和自然地貌的主要要素。比例尺越大，表达的地形要素就越全面，如 1∶500 比例尺地形图所表达的内容比同一地区的 1∶5 000 比例尺地形图所表达的内容要详细得多。设计单位关心的地物、地貌在大比例尺地形图上都要表达出来，如水利工程设计单位关心的各种涵闸或涵洞的尺寸、底面高程及建筑材料等要翔实表示，不可取舍。

（2）均采用正方形分幅，根据其测绘的范围一般按纵横坐标自由分幅，在外图廓内注记平面坐标，一般不注记经纬度。

（3）一般都是实地测绘，不同工程设计对用图有不同的要求，即使有现势性比较好的地形图，往往因为设计关心的要素没有表达，而需要重新测量或进行修测。

（4）施测方法也有所不同，测绘精度也比较高。大比例尺地形图的测图方法一般是野外实地测图法和航测法成图，而中小比例尺地形图主要采用遥感法、编绘法成图。由于现代测绘技术的普及应用（如全站仪、GNSS、数字化成图等），野外实地测图具有更高的精度。

三、在工业企业设计中测图比例尺的选择

地形图能够比较全面地反映地面上的地物和地貌，但是不同比例尺的地形图所表达的地物、地貌的详尽程度是有差异的，比例尺越大，详尽程度就越高。工程建设中不同的工程或同一工程的不同建设阶段，对地形图的需求是不同的。工程建设中所用的大部分属于大比例尺地形图，常用的比例尺有 1∶5 000、1∶2 000、1∶1 000 和 1∶500，个别情况下还会用到 1∶200 的地形图。

在工业企业建设工程中，选用地形图时一个重要的工作就是确定选用的地形图的比例尺。由于工业企业厂区建设工程的总平面图的设计是在地形图上进行的，所以地形图除了按一定的要求表示出地面现有的地物、地貌外，还要能在图纸上进行计划工程的设计。一方面，地形图能表示出设计中所要考虑的最小地物、地貌特征；另一方面，地形图还要绘出设计的最小建筑物、构筑物，且保持图面清晰，而又不至于使图面负荷过大。我国在为工业企业厂区规划设计制定测图工作规范时，各勘测单位曾对设计单位的用图情况进行了广泛调查。调查结果显示：在施工设计阶段的测图比例尺是 1∶1 000；在地形复杂或厂区建筑物密集的地区，局部施测 1∶500 比例尺的地形图；在初步设计阶段，基本上采用 1∶2 000 比例尺的地形图。下面简单介绍决定用图比例尺的主要因素。

(一)按平面位置的精度要求选择用图比例尺

由于地形图的比例尺不同,地形图上地物点的位置精度也不同,所以任何一项建设工程都需要根据建设项目本身的实际情况选用适合比例尺的地形图。一般认为,对于平坦地区,在 1∶1 000 比例尺地形图上,重要地物点平面位置的中误差为图上±0.66 mm,次要地物点平面位置的中误差为±0.84 mm。对于 1∶2 000 和 1∶5 000 比例尺地形图,地物点平面位置的中误差为±1 mm。若从点位平面位置的中误差要求出发,选用 1∶1 000 比例尺地形图能够满足用图需要的,就可以选用 1∶1 000 比例尺地形图。若由于设计对象比较小,又比较密集,当使用 1∶1 000 比例尺地形图,且设计对象表达过于密集、不清晰时,则选用 1∶500 比例尺地形图。

(二)按高程精度要求选择用图比例尺

地形图上等高线表示的地貌就是地面的起伏变化,等高线详细程度与等高距的大小密切相关。等高距小,绘出的地貌就细致;相反,等高距大,则绘出的等高线就会比较稀少,对于实际地貌的表达就比较概略。但是如果等高距过小,而实地坡度较大时,绘出的等高线就会过于密集,导致图面不清晰。因此,地形图的等高距代表一定的高程精度,等高距越小,高程的表达就越精确,测图成本就会越高。在选用用图比例尺时,要同时兼顾精度和成本的关系,不能为了追求高精度而导致成本大量增加,更不能为了追求低成本而忽视精度。在工程建设过程中,可以根据等高距选择地形图的比例尺。一般认为,对于平坦地区,在 1∶1 000 比例尺地形图上,等高线高程的中误差为±0.15 m;在 1∶2 000 比例尺地形图上,等高线高程的中误差为±0.27 m;在 1∶5 000 比例尺地形图上,等高线高程的中误差为±0.63 m。

(三)综合考虑点平面位置和高程精度选择用图比例尺

在实际建设工程中,有些建设工程在选用地形图比例尺时,既要考虑点的平面位置的精度,又要考虑点位的高程精度。当考虑横向偏差的要求,选用 1∶1 000 的用图比例尺时,其点位中误差就可以满足不超过±1 m 的要求。在高山地区考虑精度要求时,应采用 0.5 m 等高距,对应这种等高距,应当选用 1∶500 比例尺的地形图。

有些工程项目对高程的要求比较高,一般比例尺的地形图虽然能够满足平面位置的精度要求,却不能满足高程的精度要求,这时需要采取综合取舍的措施来解决。

为了保证在地形图上正确布置建筑物的位置、确定建筑坐标系原地位置和图解距离等工作的精度要求,图上平面点位误差应不超过±1 mm。为了确保地面最小坡度的正确性,要保证主要设计点高程误差在±(0.15~0.18)m;对于 1∶1 000 比例尺地形图而言,其平面点位的误差基本上不超过±1 mm,高程中误差不超过±0.15 m,因此一般工矿企业建设工程项目的设计多采用比例尺为 1∶1 000 的地形图。多数单位认为这种比例尺的地形图是用于设计的"通用地图"。

(四)工程建设规划设计的不同阶段采用不同比例尺的地形图

在工程建设的不同阶段,使用地形图的比例尺也有所不同。在初步设计阶段,需要 1∶1 000 或 1∶2 000 比例尺的陆上地形图和水下地形图,以便于分析布置铁路、仓库、码头、防洪堤及其他的一些附属设施和建筑物,并且进行方案比较;在施工设计阶段,应采用 1∶500 或 1∶1 000 比例尺的地形图,以便于进一步精确确定建筑物的位置和尺寸。对于不同设计阶段的各种工程项目,随着设计的深入,对测图的精度要求越来越高。

（五）场地现状条件与面积大小对测图比例尺选择的影响

按照工程项目设计工作进展情况，场地的现状条件大致可分为两类：第一类是平坦地区新建的工业厂区，第二类是山地或丘陵地区的工业场地及扩建的工业厂区。如果一张地形图的场地面积较大而比例尺较小，则使各等高线遮盖了其他主要的地物要素，从而使地形图面目全非，那么这张地形图在工程中的用途就不大。

对于第一类工业场地，一般可以根据生产工艺流程及运输条件，按照设计规划进行布置，设计中用到的地形图的比例尺可依据设计的内容和建筑物密集程度确定。

第二类工业场地则有所不同，在满足生产工艺流程和运输条件的前提下，其各种工程建筑的布置在很大程度上取决于地形条件。也就是说，总平面图设计受场地现状条件的影响比较大。在这种条件下，选择地形图比例尺时，除了要考虑设计内容与建筑物密度以外，还要保证精度的要求。

对于扩建或改建的工业场地，在地形图上除了用符号表示的内容外，还要求测绘出主要地物点（如现有厂房、车间、地下管线等）的解析坐标和高程，并标注在地形图上。如果地形图的比例尺较小，在使用时，设计的线条往往会遮盖地形图的地形要素，给设计工作带来不便。在这种情况下，往往需要 1∶500 比例尺的地形图。例如，在化工厂的设计中，由于管网多，为使管线和建筑物的位置便于在图上进行表达，要求放大比例尺；有的小型轻工业工程面积较小，用比例尺为 1∶1000 的地形图不方便，也要求施测更大比例尺的地形图。但是这样主要是为了使用方便，其实对地形图的精度要求并不高。在这种情况下，可以按照 1∶1000 比例尺地形图的要求施测 1∶500 比例尺地形图。总之，在一些复杂的密集厂区，之所以提出 1∶500 比例尺测图，主要是为了解决负荷问题，而其精度可以放宽要求，但是不能低于 1∶1000 比例尺地形图的精度。在选择比例尺时，工业用地面积的大小也是需要考虑的因素，在保证图面清晰的前提下，一般尽量选用比较小的比例尺。

由于工业企业性质不同，工程规模大小不同，场地现状条件也有较大差异，故设计中所用地形图的比例尺也就不可能完全一致（表 4-2-1）。选择地形图比例尺还要考虑一些其他因素的影响：①显示要素的清晰度；②成本高低；③地形图数据与有关地形图的相互关系；④图幅大小；⑤其他客观因素，如要素的数量和特征、地形特征及采用的等高距等。

表 4-2-1　工程建设中常用比例尺地形图的典型用途

比例尺	典型用途
1∶1万至1∶5万	区域总体规划、线路工程设计、水利水电工程设计、地质调查等
1∶5000	工程总体设计、工业企业选址、工程方案比较、可行性研究等
1∶2000	工程的初步设计、工业企业和矿山总平面图设计、城镇详细规划等
1∶1000 或 1∶500	工程施工图设计、地下建（构）筑物与管线设计、竣工总图编绘等

任务 5   测量误差分析与数据处理

【教学任务设计】

(1)任务分析。在地形图测绘过程中,获得了大量的外业观测数据,测量观测成果中测量误差的存在,使得测量数据之间存在着诸多矛盾,为了消除这些矛盾获得最终的测量成果,并评定其精度,就必须按照要求进行测量数据的分析与处理。

(2)任务分解。根据实际工作的需要,测量误差分析与数据处理工作任务可以分解为分析和确定衡量精度的指标、采用中误差传播定律进行误差计算、测量成果分析与平差处理。

(3)各环节功能。分析和确定精度的指标是进行精度评定的重要环节,决定了测量成果精度是否满足项目需求。中误差传播定律是分析测量内业计算成果误差的重要手段和基本方法。测量成果分析与平差处理是测量内业工作的核心内容,是测量工作者的重要的专业技能之一。

(4)作业方案。根据实际工作的需要,确定衡量精度的指标,运用中误差传播定律解决测量工作中的数据分析问题。运用误差理论对测量过程中获得的高程测量数据、平面控制测量数据进行综合分析与处理,获得合格的测量内业成果,并进行精度评定。

(5)教学组织:本任务情境的教学为 6 学时,分为 3 个相对独立又紧密联系的子任务。教学过程中以作业组为单位,以各作业组的外业观测成果测量误差分析与数据处理工作任务为载体,开展教学活动。首先通过查阅资料和讨论分析等过程,制定出衡量精度的指标;然后运用中误差传播定律对测量资料进行基础分析;最后利用误差理论对各作业组的所有测量资料进行全面的分析、处理和精度评定。要求尽量在规定时间内完成作业任务,个别作业组在规定时间内没有完成的,可以利用业余时间继续完成。在整个作业过程中,教师除进行教学指导外,还要实时进行考评并做好记录,这是成绩评定的重要依据。

子任务 1　衡量精度的指标

1-1　衡量观测值精度的计算过程

一、中误差

用两种不同的精度分别对某个三角形进行 10 次观测,求得每次观测所得的三角形内角和的真误差为:①$+3''$,$-2''$,$-4''$,$+2''$,$0''$,$-4''$,$+3''$,$+2''$,$-3''$,$-1''$;②$0''$,$-1''$,$-7''$,$+2''$,$+1''$,$+1''$,$-8''$,$0''$,$+3''$,$-1''$。这两组观测值中误差(用三角形内角和的真误差而得的中误差,也称为三角形内角和的中误差)为

$$m_1 = \sqrt{\frac{3^2 + (-2)^2 + (-4)^2 + 2^2 + 0^2 + (-4)^2 + 3^2 + 2^2 + (-3)^2 + (-1)^2}{10}} = \pm 2.7('')$$

$$m_2 = \sqrt{\frac{0^2 + (-1)^2 + (-7)^2 + 2^2 + 1^2 + 1^2 + (-8)^2 + 0^2 + 3^2 + (-1)^2}{10}} = \pm 3.6('')$$

比较 m_1 和 m_2 的值可知,第一组的观测精度较第二组的观测精度高。

二、相对中误差

相对中误差是利用中误差与观测值的比值,即 $\dfrac{m_i}{L_i}$ 来评定精度。相对中误差要求写成分子形式,即 $1/K$。观测 5 000 m 和 1 000 m 两段距离的中误差都是 ± 0.5 m,则其相对中误差分别为

$$\frac{m_1}{L_1} = \frac{0.5}{5\,000} = \frac{1}{10\,000}$$

$$\frac{m_1}{L_1} = \frac{0.5}{1\,000} = \frac{1}{2\,000}$$

可见,前者的精度比后者高,即 $\dfrac{m_1}{L_1} < \dfrac{m_2}{L_2}$。

1-2　衡量精度指标的基础知识

自然界任何客观事物或现象都具有不确定性,测量结果中存在误差总是难免的。例如,对某段距离进行多次重复丈量时,发现每次测量的结果都不相同。由于观测结果中存在着观测误差,本任务主要是了解衡量观测值精度的指标。

一、测量外业观测值

(一)观测值的分类

测量主要是指通过一定的测量仪器获得某些空间几何或物理数据。通过使用特定的仪

器,采用一定的方法对某些量进行量测,称为观测,所获得的数据称为观测量。

1. 等精度观测与不等精度观测

由于任何测量工作都是由观测者使用某种仪器、工具,在一定的外界条件下进行的,所以观测误差来源于三个方面:观测者的视觉鉴别能力和技术水平,仪器、工具的精密程度,观测时外界条件的好坏。通常把这三个方面合称为观测条件。观测条件将影响观测成果的精度,若观测条件好,则测量误差小,测量的精度就高;反之,测量误差大,测量的精度就低。若观测条件相同,则可认为精度相同,在相同观测条件下进行的一系列观测称为等精度观测,在不同观测条件下进行的一系列观测称为不等精度观测。

2. 直接观测和间接观测

按观测量与未知量的关系可分为直接观测和间接观测,相应的观测值称为直接观测值和间接观测值。为确定某未知量而直接进行的观测,即观测量就是所求未知量本身,称为直接观测,观测值称为直接观测值。通过观测量与未知量的函数关系来确定未知量的观测称为间接观测,观测值称为间接观测值。例如,为确定两点间的距离,用钢尺直接丈量属于直接观测,而视距测量则属于间接观测。

3. 独立观测和非独立观测

按各观测值之间相互独立或依存关系可分为独立观测和非独立观测。若各观测量之间无任何依存关系,是相互独立的观测,则称为独立观测,观测值称为独立观测值。若各观测量之间存在一定的几何或物理条件的约束,则称为非独立观测,观测值称为非独立观测值。例如,对某未知量进行重复观测,各次观测是独立的,各观测值属于独立观测值;观测某平面三角形的 3 个内角,因三角形内角之和应满足 180°,这个几何条件则属于非独立观测,3 个内角的观测值属于非独立观测值。

由于测量的结果中含有误差是不可避免的,因此研究误差理论的目的就是要对误差的来源、性质及其产生和传播的规律进行研究,解决测量工作中遇到的实际数据处理问题。例如,在一系列的观测值中,如何确定观测量的最可靠值、如何评定测量的精度,以及如何确定误差的限度等。运用测量误差理论均可得到解决。

(二)观测结果存在观测误差的原因

1. 观测者误差

观测者利用自己的眼睛进行观测,受眼睛鉴别力的限制,在进行仪器的安置、瞄准、读数等工作时,都会产生一定的误差。与此同时,观测者的专业技术水平、工作态度、敬业精神等因素也会对观测结果产生不同的影响。

2. 仪器误差

由于观测时使用的仪器都具有一定的精密度,其观测结果在精度方面也受到相应的影响。例如,使用只有厘米刻划的普通钢尺量距,需要估读厘米以下的尾数。仪器本身也含有一定的误差,如水准仪的视准轴不平行于水准管水准轴、水准尺存在分划误差等。显然,使用测量仪器进行测量也会给观测结果带来一定的误差。

3. 客观环境对观测成果的影响

观测时所处的自然环境,如地形、温度、湿度、风力、大气透明度、大气折射等因素都会给观测结果带来种种影响。这些客观因素随时都有变化,对观测结果产生的影响也随之变化,因此也给观测结果带来误差。

观测者、仪器和客观环境这三方面是引起观测误差的主要因素,总称为观测条件。无论观测条件如何,都会含有误差。但是各种因素引起的误差性质是各不相同的,对观测值有不同的影响,影响量的数学规律也是各不相同的。因此,有必要将各种误差影响根据其性质加以分类,以便采取不同的处理方法。

(三)误差性质及分类

1. 系统误差

在相同观测条件下对某一固定量所进行的一系列观测中,数值和符号固定不变的误差,或按一定规律变化的误差,称为系统误差。例如,用一支实际长度比名义长度 S 长 ΔS 的钢卷尺去量测某两点间的距离,测量结果为 D',而其实际长度应该为 $D=\dfrac{\Delta S}{S}D'$。这种误差的大小与所量直线的长度成正比,而正负号始终一致,属于系统误差。系统误差对观测结果的危害性很大,但它有规律性可以采取有效措施将它消除或减弱,如对距离观测结果进行尺长改正。在水准测量中,可以用前后视距相等的办法来减少视准轴与水准管轴不平行而造成的误差。

系统误差具有累积性,而且有些是不能够用几何或物理性质来消除其影响的,所以要尽量采用合适的仪器、合理的观测方法来消除或减弱其影响。

2. 偶然误差

在相同的观测条件下对某一量进行重复观测时,如果单个误差的出现没有一定的规律性,即单个误差的大小和符号都不确定,表现出偶然性,这种误差称为偶然误差,或称为随机误差。在观测过程中,系统误差和偶然误差总是同时产生的。当观测结果中有显著的系统误差时,偶然误差就处于次要地位,观测误差就呈现出"系统"的性质。反之,当观测结果中系统误差处于次要地位时,观测结果就呈现出"偶然"的性质。

由于系统误差在观测结果中具有积累的性质,对观测结果的影响尤为显著,所以在测量工作中总是采取各种办法削弱其影响,使它处于次要地位。研究偶然误差占主导地位的观测数据的科学处理方法,是测量学科的重要课题之一。

在测量工作中,除不可避免的误差之外,还可能发人为生错误。例如,由于观测者的疏忽大意,在观测时读错、记错读数引起观测数据错误。在观测结果中是不允许存在错误的,一旦发现错误,必须及时更正。

二、偶然误差的特性

在观测结果中,系统误差可以通过查找规律和采取有效的观测措施来消除或削弱其影响,使它在观测成果误差中处于次要地位。若粗差作为错误删除掉,那么测量数据处理的主要的问题就是偶然误差的处理方法了。因此为了提高观测结果的质量,以及根据观测结果求出未知量的最大或然值,就必须进一步研究偶然误差的性质。

例如,在相同的观测条件下,独立地观测了 n 个三角形的全部内角。由于观测结果中存在着偶然误差,三角形的三个内角观测值之和不等于三角形内角和的理论值(真值,即 $180°$)。设三角形内角和的真值为 X,三角形内角和的观测值为 L_i,则三角形内角和的真误差(简称误差,在这里这个误差就是三角形的闭合差)为

$$\Delta_i=L_i-X \quad (i=1,2,\cdots,n) \tag{5-1-1}$$

对于每个三角形来说,Δ_i 是每个三角形内角和的真误差,L_i 是每个三角形三个内角观测

值之和，X 为 $180°$。

如表 5-1-1 所示，小误差出现的百分比较大误差出现的百分比大，绝对值相等的正负误差出现的百分比基本相等，绝对值最大的误差不超过某一个定值（此处为 $2.7''$）。在其他测量结果中也显示出上述同样的规律。大量工程实践观测成果统计的结果表明，特别是当观测次数较多时，可以总结出偶然误差所具有的特性。

（1）在一定的观测条件下，偶然误差有界，即绝对值不会超过一定的限度。

（2）绝对值小的误差比绝对值大的误差出现的机会要大。

（3）绝对值相等的正误差与负误差出现的机会基本相等。

（4）当观测次数无限增多时，偶然误差的算术平均值趋近于零。

其中，特性（4）是由特性（3）导出的。从特性（3）可知，在大量的偶然误差中，正误差与负误差出现的可能性相等，因此在求误差总和时，正的误差与负的误差就有互相抵消的可能。这个重要的特性对处理偶然误差有很重要的意义。实践表明，对于在相同条件下独立进行的一组观测来说，不论其观测条件如何，也不论是对一个量还是对多个量进行观测，这组观测误差必然具有上述四个特性。当观测的个数 n 越大时，这种特性就表现得越明显。

表 5-1-1　实测结果统计

误差区间 /(")	负误差		正误差	
	个数	相对个数	个数	相对个数
0.0～0.3	47	0.126	46	0.128
0.3～0.6	41	0.112	41	0.115
0.6～0.9	32	0.092	33	0.092
0.9～1.2	22	0.064	21	0.059
1.2～1.5	17	0.047	16	0.045
1.5～1.8	12	0.036	13	0.036
2.1～2.4	7	0.017	5	0.014
2.4～2.7	4	0.011	2	0.006
2.7 以上	0	0.000	0	0.000
总和	182	0.505	177	0.495

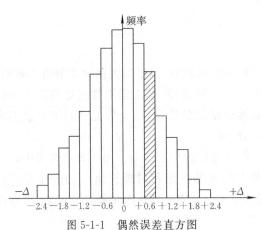

图 5-1-1　偶然误差直方图

为了充分反映误差分布的情况，用直方图表示上述误差的分布情况。图 5-1-1 中，以横坐标表示误差的大小，纵坐标表示各区间误差出现的个数除以总个数。这样，每个区间上方的长方形面积就代表误差出现在该区间的相对个数。例如，图中有斜线的长方形面积就代表误差出现在 $+0.6''\sim+0.9''$ 的相对个数为 0.092。这种图称为直方图，其特点是能形象地反映出误差的分布情况。

当观测次数很多时，误差出现在各个区间的相对个数（百分比）的变动幅度就越来越小。当 n 足够大时，误差在各个区间出现的相对个数就趋于稳定。这就是说,一定的观测条件对应着一定的误差分布。可以想象,当观测次数足够多时,如果把误差的区间间隔无限缩小,则图 5-1-1 中各长方形顶边所形成的折线将变成一条光滑曲线(图 5-1-2),这条曲线称为误差分布曲线。在概率论中,把这种误差分布称为正态分布。

三、衡量精度的指标

分析和确定衡量精度的指标是误差理论的重要内容之一。

(一)精度的含义

在一定条件下进行的一组观测,对应着一种确定不变的误差分布。如果分布比较密集,则表示该组观测质量比较好,观测精度较高;反之,则表示该组观测质量比较差,观测精度比较低。

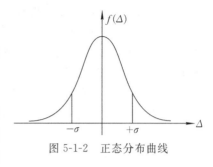

图 5-1-2　正态分布曲线

因此,精度就是指误差分布的密集程度或离散程度。若两组观测成果的误差分布相同,便是两组观测成果的精度相同;反之,则精度也就不同。以表 5-1-1 中 359 个三角形闭合差为例,359 个观测结果是在相同观测条件下得到的,各个结果的真误差并不相同,有的甚至相差很大,但是它们所对应的误差分布相同,因此这些结果彼此都是等精度的。

(二)衡量精度的指标

评定观测结果的精度高低是用它的误差大小来衡量的。绝对值比较小的误差所占的比例较大时,该组误差的绝对值的平均值就一定比较小,精度较高。精度虽然不代表个别误差的大小,但是它与这一组误差绝对值的平均值有着直接的关系,因此采用一组误差的平均大小来衡量精度是完全合理的。

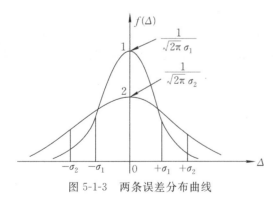

图 5-1-3　两条误差分布曲线

1. 中误差

在一定的观测条件下进行一组观测,它对应着一定的误差分布。一组观测误差所对应的正态分布反映了该组观测结果的精度。图 5-1-3 为两条误差分布曲线,显然服从第一条曲线的一组误差分布得比较密集,精度比较高。

用一组误差的平均大小来衡量精度,在实用上有几种不同的定义,其中常用的一种就是取这组误差的平方和的平均值的平方根,来作为评定这一组观测值的精度指标,即

$$m = \pm\sqrt{\dfrac{[\Delta_i\Delta_i]}{n}} \tag{5-1-2}$$

式中,m 为中误差,方括号表示总和,$\Delta_i(i=1,2,\cdots,n)$ 为一组同精度真误差。

在相同的观测条件下进行一组观测,得出的每一个观测值都称为同精度观测值,即对应着同样分布的一组观测都是同精度的观测,也可以说是同精度观测值具有相同的中误差。

在应用式(5-1-2)求一组同精度观测值的中误差 m 时,Δ_i 可以是同一个量的同精度观测

值的真误差,也可以是不同量的同精度观测值的真误差。

对多个三角形进行同精度观测(即相同的观测条件),可求得每个三角形内角和的真误差,也可按此办法求得观测值(三角形内角和)的中误差。

2. 相对中误差

有时中误差不能很好地体现观测结果的精度。若观测 5 000 m 和 1 000 m 的两段距离的中误差都是 ±0.5 m,从总的距离来看精度是相同的,但这两段距离单位长度的精度实际上是不相同的。为了更好地体现类似的测量成果在精度上的差异,在测量中经常采用相对中误差来表示观测结果的精度。

有时,求得真误差和容许误差后,也用相对中误差来表示。在学习过的导线测量中,假设起算数据没有误差,求出的导线全长相对闭合差也就是相对真误差。而规范中规定,全长相对闭合差不能超过 1/2 000 或 1/15 000,即相对容许误差。

与相对中误差对应,真误差、中误差、容许误差、平均误差都称为绝对误差。

3. 容许误差

由偶然误差的特性(1)可知,在一定的观测条件下,偶然误差的绝对值不会超过一定的限值。这个限值就称为容许误差(极限误差)。

通过分析知道,绝对值大于 1 倍、2 倍、3 倍中误差的偶然误差的概率分别为 31.7%、4.6%、0.3%,即大于 2 倍中误差的偶然误差出现的概率很小,大于 3 倍中误差的偶然误差出现的概率近乎零,属于小概率事件。由于实际测量工作中观测次数是很有限的,绝对值大于 3 倍中误差的偶然误差出现的次数会很少,所以通常取 2 倍或 3 倍中误差作为偶然误差的极限误差。

在实际测量工作中,以 3 倍中误差为偶然误差的容许值,即

$$|\Delta_{容}| = 3|m| \tag{5-1-3}$$

在精度要求较高时,以 2 倍中误差为偶然误差的容许值,即

$$|\Delta_{容}| = 2|m| \tag{5-1-4}$$

需要说明的是,在测量上将小概率的偶然误差(即大于 2 倍或 3 倍中误差的偶然误差)作为粗差,即错误,来看待。

子任务 2　中误差传播定律

2-1　中误差传播定律应用过程

一、倍数函数的中误差

用比例尺在 1∶1 000 的图上量得长度 $L = 168$ mm，并已知其中误差 $m_i = \pm 0.2$ mm，求相应地面上的水平距离 S 及中误差 m_S。

相应地面上的水平距离为

$$S = 1\,000L = 168 \text{ m}$$

中误差为

$$m_S = 1\,000m_i = \pm 0.2 \text{ m}$$

最后写成

$$S = (168 \pm 0.2)\text{m}$$

二、和、差函数的中误差

在 $\triangle ABC$ 中，直接观测 $\angle A$ 和 $\angle B$，其中误差分别为 $\pm 6''$ 和 $\pm 15''$，求三角形另一个角的中误差。

因为

$$\angle C = 180° - \angle A - \angle B$$

且 $m_C^2 = m_A^2 + m_B^2$，则有

$$m_C = \pm\sqrt{m_A^2 + m_B^2} = \pm\sqrt{6^2 + 15^2} = \pm 16('')$$

三、线性函数的中误差

对某一直线进行等精度观测。往测距离为 L_1，返测距离为 L_2，其中误差均为 m。求该直线的最后结果及其中误差。

最终结果为

$$L = \frac{L_1 - L_2}{2}$$

$$m_L^2 = \frac{1}{4}m^2 + \frac{1}{4}m^2 = \frac{1}{2}m^2$$

因此中误差为

$$m_L = \frac{m}{\sqrt{2}}$$

四、一般函数的中误差

沿倾斜地面丈量 A、B 两点，得倾斜距离 $L = 29.992$ m，测得 A、B 两点间高差 $h = 2.05$ m，若测量的 L、h 的中误差分别为 ± 0.003 m 和 ± 0.05 m，求水平距离 S 及其中误差 m_S。

水平距离为

$$S = \sqrt{L^2 - h^2} = \sqrt{29.992^2 - 2.05^2} = 29.922 \text{(m)}$$

$$m_S^2 = \left(\frac{\partial S}{\partial L}\right)^2 m^2 L + \left(\frac{\partial S}{\partial h}\right)^2 m_h^2$$

$$\frac{\partial S}{\partial L} = \frac{1}{2} \cdot \frac{1}{\sqrt{L^2 - h^2}} \cdot 2L = \frac{L}{\sqrt{L^2 - h^2}} = \frac{L}{S}$$

$$\frac{\partial S}{\partial h} = \frac{1}{2} \cdot \frac{1}{\sqrt{L^2 - h^2}} \cdot (-2h) = -\frac{h}{\sqrt{L^2 - h^2}} = -\frac{h}{S}$$

将 L、H 和 S 值代入，得

$$\frac{\partial S}{\partial h} = \frac{2.05}{29.922} = -0.068\,5$$

$$\frac{\partial S}{\partial L} = \frac{29.992}{29.922} = 1.002\,3$$

$$m_S^2 = 1.002\,3^2 \times 0.003^2 + 0.068\,5^2 \times 0.05^2$$

则

$$m_S = \pm\sqrt{(1.002\,3 \times 0.00\,3)^2 + (0.068\,5 \times 0.05)^2} = \pm 0.005 \text{(m)}$$

最后写成

$$S = 29.922 \text{ m} \pm 0.005 \text{ m}$$

五、若干独立误差综合影响的中误差

已知使用某一经纬仪观测一个方向的读数中误差为 $\pm 10''$，照准中误差为 $\pm 3''$，对中中误差为 $\pm 5''$，目标偏心中误差为 $\pm 15''$，求这些独立中误差对观测一个方向的综合影响 m_F。

上述独立中误差对观测方向的影响为

$$m_F = \pm\sqrt{10^2 + 3^2 + 5^2 + 15^2} = \pm 19('')$$

2-2　中误差传播定律基础知识

根据衡量精度的指标可以用同精度观测值的真误差来评定观测值精度。但是，在实际工作中有许多未知量不能直接观测得到，需要由观测值间接计算出来。例如，某未知点 B 的高程 H_B 是由起始点 A 的高程 H_A 加上从 A 点到 B 点间进行了若干站水准测量而得来的观测高差 h_1、h_2、……、h_n 的和得出的。这时未知点 B 的高程 H_B 是各独立观测值（观测高差 h_1、h_2、……、h_n）的函数。那么如何根据观测值的中误差求观测值函数的中误差呢？

由于直接观测值有误差，故它的函数也必然有误差。研究观测值函数的精度评定问题，实质上就是研究观测值函数的中误差与观测值中误差关系的问题。这种关系又称误差传播定律。

一、倍数函数的中误差

设有函数

$$Z = KX \tag{5-2-1}$$

式中，X 为观测值，K 为常数（无误差）。

用 Δ_X 与 Δ_Z 分别表示 X 和 Z 的真误差，则

$$Z + \Delta_Z = K(X + \Delta_X) \tag{5-2-2}$$

式(5-2-2)减式(5-2-1)得

$$\Delta_Z = K\Delta_X$$

这就是函数真误差与观测值真误差的关系式。

设对 X 进行了 n 次观测，则有

$$\left.\begin{aligned} \Delta_{Z_1} &= K\Delta_{X_1} \\ \Delta_{Z_2} &= K\Delta_{X_2} \\ &\vdots \\ \Delta_{Z_n} &= K\Delta_{X_n} \end{aligned}\right\} \tag{5-2-3}$$

将式(5-2-3)求平方，并求其总和，两边同除以 n，得

$$\frac{[\Delta_Z^2]}{n} = K^2 \frac{[\Delta_X^2]}{n} \tag{5-2-4}$$

按中误差定义，式(5-2-4)可表示为

$$m_Z = Km_X \tag{5-2-5}$$

可知，倍数函数的中误差等于倍数（常数）与观测值中误差的乘积。

二、和、差函数的中误差

设有函数 $Z = X + Y$ 和 $Z = Z - Y$，为简单起见，合并写成

$$Z = X \pm Y \tag{5-2-6}$$

式中，X、Y 为独立观测值。所谓"独立"是指观测值之间相互无影响，即任何一个观测值产生的误差，都不影响其他观测值误差的大小。一般来说，直接观测的值就是独立观测值。

令函数 Z 及 X、Y 的真误差分别为 Δ_Z、Δ_X、Δ_Y。显然

$$Z + \Delta_Z = (X + \Delta_X) \pm (Y + \Delta_Y) \tag{5-2-7}$$

将式(5-2-7)减去式(5-2-6)，得

$$\Delta_Z = \Delta_X \pm \Delta_Y$$

若观测 n 次，则有

$$\left.\begin{aligned} \Delta_{Z_1} &= \Delta_{X_1} + \Delta_{Y_1} \\ \Delta_{Z_2} &= \Delta_{X_2} + \Delta_{Y_2} \\ &\vdots \\ \Delta_{Z_n} &= \Delta_{X_n} + \Delta_{Y_n} \end{aligned}\right\} \tag{5-2-8}$$

将式(5-2-8)两边平方并求和，得

$$[\Delta_Z^2] = [\Delta_X^2] + [\Delta_Y^2] \pm 2[\Delta_X\Delta_Y]$$

两边同除以 n，得

$$\frac{[\Delta_Z^2]}{n} = \frac{[\Delta_X^2]}{n} + \frac{[\Delta_Y^2]}{n} \pm \frac{[\Delta_X \Delta_Y]}{n} \qquad (5\text{-}2\text{-}9)$$

式中，Δ_X 与 Δ_Y 均为偶然误差，其正、负误差出现的机会相等。因为 X、Y 两者独立，故 X 的误差 Δ_X 为正或为负，与 Y 的误差 Δ_Y 为正或为负无关（这种误差关系又称误差独立），即 Δ_X 为负时，Δ_Y 也可能为正或为负。这样，Δ_X 与 Δ_Y 随机组合的结果，即其乘积 $\Delta_X \Delta_Y$ 有正也有负，根据偶然误差特性（4），则

$$\lim_{n \to \infty} \frac{[\Delta_X \Delta_Y]}{n} = 0$$

故式（5-2-9）可写成

$$\frac{[\Delta_Z^2]}{n} = \frac{[\Delta_X^2]}{n} + \frac{[\Delta_Y^2]}{n}$$

根据中误差定义，得

$$m_Z^2 = m_X^2 + m_Y^2$$

或

$$m_Z = \pm \sqrt{m_X^2 + m_Y^2} \qquad (5\text{-}2\text{-}10)$$

式中，m_Z、m_X、m_Y 分别为函数 Z 和观测值 X、Y 的中误差。当函数 Z 为

$$Z = X_1 \pm X_2 \pm \cdots \pm X_n$$

函数 Z 的中误差为

$$m_Z = \pm \sqrt{m_{X_1}^2 + m_{X_2}^2 + \cdots + m_{X_n}^2} \qquad (5\text{-}2\text{-}11)$$

可见，n 个观测值代数和的中误差的平方等于 n 个观测值中误差的平方和。当 n 个独立观测值中，各个观测值的中误差均等于 m 时，则

$$m_Z = \sqrt{n} \cdot m$$

即 n 个同精度观测值代数和的中误差等于观测值中误差的 $\sqrt{n}$ 倍。

三、线性函数的中误差

设有函数

$$Z = K_1 x_1 \pm K_2 x_2 \pm \cdots \pm K_n x_n \qquad (5\text{-}2\text{-}12)$$

式中，K_1、K_2、$\cdots\cdots$、K_n 为常数，x_1、x_2、$\cdots\cdots$、x_n 均为独立观测值，它们的中误差分别为 m_1、m_2、$\cdots\cdots$、m_n。

函数 Z 与各观测值 x_1、x_2、$\cdots\cdots$、x_n 的真误差关系式为

$$\Delta_Z = K_1 \Delta_{x_1} \pm K_2 \Delta_{x_2} \pm \cdots \pm K_n \Delta_{x_n}$$

根据式（5-2-5）、式（5-2-11），得

$$m_Z^2 = K_1^2 m_1^2 + K_2^2 m_2^2 + \cdots + K_n^2 m_n^2 \qquad (5\text{-}2\text{-}13)$$

可见常数与独立观测值乘积的代数和的中误差平方，等于各常数与相应的独立观测值中误差乘积的平方和。

四、一般函数的中误差

设有一般函数

$$Z = f(X_1, X_2, \cdots, X_n) \tag{5-2-14}$$

式中，X_1、X_2、$\cdots\cdots$、X_n 为具有中误差 m_{X_1}，m_{X_2}，$\cdots\cdots$、m_{X_n} 的独立观测值。

各观测值的真误差分别为 m_{X_1}、m_{X_2}、$\cdots\cdots$、m_{X_n}，其函数 Z 也将产生真误差 Δ_Z。对式(5-2-14)求全微分，得

$$dZ = \frac{\partial f}{\partial X_1} dX_1 + \frac{\partial f}{\partial X_2} dX_2 + \cdots + \frac{\partial f}{\partial X_n} dX_n \tag{5-2-15}$$

一般说来，测量中的真误差很小，故可用真误差代替式(5-2-15)中的微分，即

$$\Delta = \frac{\partial f}{\partial X_1} \Delta_1 + \frac{\partial f}{\partial X_2} \Delta_2 + \cdots + \frac{\partial f}{\partial X_n} \Delta_n \tag{5-2-16}$$

式中，$\frac{\partial f}{\partial X_1}$、$\frac{\partial f}{\partial X_2}$、$\cdots\cdots$、$\frac{\partial f}{\partial X_n}$ 为函数对各个变量所求的偏导数，将其中的变量以观测值代入，所算出的值即相当于线性函数式(5-2-12)中的常数 K_1、K_2、$\cdots\cdots$、K_n，而式(5-2-16)就相当于线性函数式(5-2-12)的真误差的关系式。按线性函数中误差与真误差的关系式，可直接写出函数中误差的关系式，即

$$m_Z^2 = \left(\frac{\partial f}{\partial X_1}\right)^2 m_{X_1}^2 + \left(\frac{\partial f}{\partial X_2}\right)^2 m_{X_2}^2 + \cdots + \left(\frac{\partial f}{\partial X_n}\right)^2 m_{X_n}^2$$

或

$$m_Z = \sqrt{\left(\frac{\partial f}{\partial X_1}\right)^2 m_{X_1}^2 + \left(\frac{\partial f}{\partial X_2}\right)^2 m_{X_2}^2 + \cdots + \left(\frac{\partial f}{\partial X_n}\right)^2 m_{X_n}^2} \tag{5-2-17}$$

由式(5-2-17)可知，一般函数的中误差的平方，等于该函数对每个独立观测值所求的偏导数与相应的独立观测值中误差乘积的平方和。

式(5-2-17)表达了一般函数的误差传播定律，它概括了前述倍数函数、和差函数和线性函数三种函数的中误差公式。对于和、差函数而言，$\frac{\partial f}{\partial x_i} = 1 (i = 1, 2, \cdots, n)$，此时式(5-2-17)就写成式(5-2-11)；对于倍数函数、线性函数，$\frac{\partial f}{\partial x_i} = K_i$，此式(5-2-17)就可写成式(5-2-5)或式(5-2-13)。

必须着重指出，应用误差传播定律时，函数中作为自变量的各观测值必须是独立观测值，即各自变量之间不存在依赖关系，否则将导致错误。

五、若干独立误差综合影响的中误差

一个观测值的中误差往往受许多独立误差的综合影响。例如，经纬仪观测一个方向时，会产生目标偏心、仪器偏心(仪器未真正对中)、照准、读数等误差的综合影响。这些独立误差都属于偶然误差。可以认为各独立真误差 Δ_1、Δ_2、$\cdots\cdots$、Δ_n 的代数和就是综合影响的真误差 Δ_F，即

$$\Delta_F = \Delta_1 + \Delta_2 + \cdots + \Delta_n$$

这相当于和、差函数真误差的关系式，故可得

$$m_F^2 = m_1^2 + m_2^2 + \cdots + m_n^2 \tag{5-2-18}$$

即观测值受各独立误差综合影响所产生的中误差的平方等于各独立误差的中误差的平方和。

子任务 3 测量误差分析与处理

3-1 测量误差分析与处理计算过程

一、算术平均值及其中误差

设用经纬仪观测某角 6 个测回,观测值列入表 5-3-1 中,求观测值中误差 m 及算术平均值的中误差 M。全部计算结果见表 5-3-1。

表 5-3-1 观测值和算术平均值中误差计算

次序	观测值/(° ′ ″)	V/(″)	VV
1	41 24 30	−4	16
2	41 24 26	0	0
3	41 24 28	−2	4
4	41 24 24	+2	4
5	41 24 25	+1	1
6	41 24 23	+3	9
	$x = 41\ 24\ 26$	$[V] = 0$	$[VV] = 34$

观测值的中误差为

$$m = \pm\sqrt{\frac{[VV]}{n-1}} = \pm\sqrt{\frac{34}{6-1}} = \pm 2.6(^{\prime\prime})$$

平均值的中误差为

$$m = \pm\sqrt{\frac{[VV]}{n(n-1)}} = \pm 1.1(^{\prime\prime})$$

二、观测值的权

(一)中误差求权公式

已知 L_1 的中误差 $m_1 = \pm 3 \text{ mm}$,L_2 的中误差 $m_2 = \pm 4 \text{ mm}$,L_3 的中误差 $m_3 = \pm 5 \text{ mm}$,求各观测值的权。

设 $\mu = 3 \text{ mm}$,则

$$p_1 = \frac{\mu^2}{m_1^2} = \frac{(\pm 3)^2}{(\pm 3)^2} = 1$$

$$p_2 = \frac{\mu^2}{m_2^2} = \frac{(\pm 3)^2}{(\pm 4)^2} = \frac{9}{16}$$

$$p_3 = \frac{\mu^2}{m_3^2} = \frac{(\pm 3)^2}{(\pm 5)^2} = \frac{9}{25}$$

式中，μ 可任意选定，因此定权时，也可以令 $\mu=\pm 1\ \text{mm}$，则

$$p'_i=\frac{\mu^2}{m_1^2}=\frac{(\pm 1)^2}{(\pm 3)^2}=\frac{1}{9}$$

$$p'_i=\frac{\mu^2}{m_1^2}=\frac{(\pm 1)^2}{(\pm 4)^2}=\frac{1}{16}$$

$$p'_i=\frac{\mu^2}{m_1^2}=\frac{(\pm 1)^2}{(\pm 5)^2}=\frac{1}{25}$$

上述两组权 p_1、p_2、p_3 和 p'_1、p'_2、p'_3 都同样地反映了观测值之间的精度关系。在第一组进行定权计算时，令 $\mu=\pm 3\ \text{mm}$，此时 $p_1=1$，第一个观测值 L_1 的权为单位权，则 L_1 的中误差就是单位权中误差，即 $\mu=m_1\pm 3\ \text{mm}$。在第二组进行定权计算时，令 $\mu=\pm 1\ \text{mm}$，即令中误差为 $\pm 1\ \text{mm}$ 的观测值的权为单位权，这个观测值不是真实的观测值，是个"设想的观测值"，而在所用观测值中，没有一个观测值的中误差等于 $\pm 1\ \text{mm}$。

（二）按观测路线长度定权

同精度进行 3 条水准路线的观测，3 条路线的长度分别为 S_1、S_2、S_3。试确定这 3 条水准路线测得的高差结果的权。

因为是同精度水准测量，所以每千米水准路线测得的高差精度是相同的，设为 m_0，则 3 条边长观测结果的中误差为

$$m_1=\sqrt{S_1}\,m_0,\ m_2=\sqrt{S_2}\,m_0,\ m_3=\sqrt{S_3}\,m_0$$

通常令 $\left(\dfrac{\mu}{m_0}\right)^2=C$，即令 $\mu^2=Cm_0^2$，则有 $p_i=\dfrac{C}{S_i}$。

（三）最或然值和精度评定

由已知水准点 A、B、C、D 施测了 4 条水准路线，如图 5-3-1 所示。求得 E 点的观测高程 H_i 及路线长度列于表 5-3-2 中，令 10 km 长的水准路线观测高差为单位权观测值，试求 E 点的高程最或然值及其中误差，并求出单位权中误差。全部计算结果见表 5-3-2。

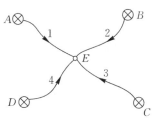

图 5-3-1　水准路线示意

表 5-3-2　水准路线计算过程

路线	E 点观测高程/m	距离/km	$p=\dfrac{10}{S}$	δL /mm	$p\delta L$	V /mm	pV	pVV	精度评定
1	124.814	2.5	4.0	+4	+16.0	−2	−8	16	$\mu=\pm\sqrt{\dfrac{401}{4-1}}$
2	124.807	4.0	2.5	−3	−7.5	+5	+12	60	$=\pm 11.6(\text{mm})$
3	124.802	5.0	2.0	−8	−16.0	+10	+20	200	
4	124.817	2.0	5.0	+7	+35.0	−5	−25	125	$m_x=\dfrac{\mu}{\sqrt{[p]}}=\pm\dfrac{11.6}{\sqrt{13.5}}$
$\sum$	$x_0=124.810$ $x=x_0+\delta x$ $=124.812$	13.5			$+27.5$ $\delta x=\dfrac{[p\delta L]}{[p]}$ $=+2.0$		−1	401	$=\pm 3.2(\text{mm})$ $m_1=\dfrac{\mu}{\sqrt{10}}$ $=\pm 3.7(\text{mm})$

理论上，$[pV]$ 应满足 $[pV]=0$，可作为实际工作中的检核计算，而实际上它往往又不等于零，这是因为计算过程中的取位（截断）误差造成的。

3-2 测量误差分析与处理基础知识

一、算术平均值及其中误差

(一)算术平均值原理

设对某未知量进行 n 次等精度观测,得到 n 个观测值 l_1、l_2、……、l_n,这些观测值的算术平均值(又称中数)是未知量的最或然值,即

$$x = \frac{l_1 + l_2 + \cdots + l_n}{n} = \frac{[l]}{n} \tag{5-3-1}$$

若该量的真值为 L,各观测值 l_i 的真误差为 Δ_i,有

$$\Delta_1 = l_1 - L$$
$$\Delta_2 = l_2 - L$$
$$\vdots$$
$$\Delta_n = l_n - L$$

以上各等式两边分别求和并除以 n,得

$$\frac{[\Delta]}{n} = \frac{[l]}{n} - L$$

则有

$$L = x - \frac{[\Delta]}{n}$$

根据偶然误差特性(4),得

$$\lim_{n \to \infty} \frac{[\Delta]}{n} = 0$$

则

$$\lim_{n \to \infty} x = L$$

即当观测次数无限增多时,同一量等精度观测的算术平均值无限接近于该量的真值。

在实际测量工作中,观测次数不可能无限增多,于是当 n 为有限量时,其观测值的算术平均值可认为是最接近真值的可靠值,称为最或然值。

(二)算术平均值的中误差

将式(5-3-1)写成

$$x = \frac{1}{n}l_1 + \frac{1}{n}l_2 + \cdots + \frac{1}{n}l_n$$

式中,$\frac{1}{n}$ 为常数,故上式相当于线性函数。又因各观测值为等精度的,设其中误差均为 m,按一般函数的中误差传播定律,可得算术平均值的中误差 M 为

$$M^2 = \frac{1}{n^2}m^2 + \frac{1}{n^2}m^2 + \cdots + \frac{1}{n^2}m^2 = n\frac{m^2}{n^2} = \frac{m^2}{n}$$

则

$$M = \frac{m}{\sqrt{n}} \tag{5-3-2}$$

可见,算术平均值的中误差是观测值中误差 m 的 $\dfrac{1}{\sqrt{n}}$ 倍。由此表明,增加观测次数,就能提高算术平均值的精度。

但是在实际工作中,决不能单纯依靠增加观测次数来提高精度。由于 M 的缩小与 n 的平方根成比例,当 n 增加到一定程度后,M 的缩小量相当小。设 $m = \pm 1$,由式(5-3-2)可得表 5-3-3。

表 5-3-3　算术平均值中误差与观测次数的关系

n	1	2	3	4	5	6	8	10	12	20	30	50	100
M	±1.00	±0.71	±0.58	±0.50	±0.45	±0.41	±0.35	±0.32	±0.29	±0.22	±0.18	±0.14	±0.10

从表 5-3-3 所列数值可看出:当次数 n 由 1 增至 4 时,M 减小 50%;而 n 从 50 增至 100 时,M 仅减小了 4%。因此,用多次观测同一量来提高精度的方法,只有在观测次数适当多时,才是有效的。如果还要提高算术平均值的精度,就应该减小观测值中误差 m,即需要改进测量仪器和工具,提高测量人员技术水平,掌握有利观测时机等。

二、根据改正数确定观测值中误差

等精度观测值的中误差公式为

$$m = \pm \sqrt{\dfrac{[\Delta\Delta]}{n}}$$

式中,真误差 Δ 在一般情况下是难以知道的。在实际工作中,通常是根据改正数进行观测值的精度评定的。

设对真值为 X 的某一量进行了 n 次同精度的观测,观测值为 l_1、l_2、……、l_n,相应的真误差为 Δ_1、Δ_2、……、Δ_n,按式(5-1-1)有

$$\left.\begin{aligned}\Delta_1 &= l_1 - X\\ \Delta_2 &= l_2 - X\\ &\vdots\\ \Delta_n &= l_n - X\end{aligned}\right\} \tag{5-3-3}$$

若将每个观测值加上一改正数,使之等于最或然值,即改正数为算术平均值与观测值之差,于是有

$$\left.\begin{aligned}V_1 &= x - l_1\\ V_2 &= x - l_2\\ &\vdots\\ V_n &= x - l_n\end{aligned}\right\} \tag{5-3-4}$$

将式(5-3-3)与式(5-3-4)相加,得

$$\left.\begin{aligned}\Delta_1 &= (x - X) - V_1\\ \Delta_2 &= (x - X) - V_2\\ &\vdots\\ \Delta_n &= (x - X) - V_n\end{aligned}\right\} \tag{5-3-5}$$

将式(5-3-5)中各项分别自乘相加,得

$$[\Delta\Delta] = n(x-X)^2 + [VV] - 2(x-X)[V] \tag{5-3-6}$$

若将式(5-3-4)中各式相加，有

$$[V] = nx - [l] \tag{5-3-7}$$

根据算术平均值定义 $x = \dfrac{[l]}{n}$，式(5-3-7)可写成

$$[V] = n \cdot \frac{[l]}{n} - [l] = 0$$

上式中 $[V] = 0$ 是算术平均值所特有的性质，可用于算术平均值计算的检验。这样式(5-3-6)可写成

$$[\Delta\Delta] = [VV] + n(x-X)^2$$

两边除以 n，得

$$\frac{[\Delta\Delta]}{n} = \frac{[VV]}{n} + (x-X)^2 \tag{5-3-8}$$

式中，$x-X$ 为算术平均值的真误差，也无法求得，通常近似地用算术平均值的中误差 $M = \dfrac{m}{\sqrt{n}}$ 来代替。顾及中误差定义，式(5-3-8) 可写成

$$m^2 = \frac{[VV]}{n} + \frac{m^2}{n}$$

移项得

$$m^2 - \frac{m^2}{n} = \frac{[VV]}{n}$$

即

$$\frac{nm^2 - m^2}{n} = \frac{[VV]}{n}$$

两端同乘以 n，得

$$m^2(n-1) = [VV]$$

则

$$m^2 = \frac{[VV]}{n-1}$$

故

$$m = \pm\sqrt{\frac{[VV]}{n-1}} \tag{5-3-9}$$

式(5-3-9)就是以改正数求观测值中误差的公式，称贝塞尔(Bessel)公式。

将式(5-3-9)代入式(5-3-2)中，得出用改正数求取算术平均值中误差的公式，即

$$M = \pm\sqrt{\frac{[VV]}{n(n-1)}} \tag{5-3-10}$$

三、观测值的权

前面所讨论的问题是如何从 n 次同精度观测值中求算出未知量的最或然值，并评定其精度。但是，在测量工作中经常遇到的是对未知量进行了 n 次不同精度观测，这就需要解决如何

由这些不同精度的观测值求出未知量的最或然值,以及评定它们的精度的问题。

例如,对未知量 x 进行了 n 次不同精度的观测,得 n 次观测值 $L_i(i=1,2,3,\cdots,n)$,它们的中误差是 $m_i(i=1,2,3,\cdots,n)$。 这时就不能取观测值的算术平均值作为未知量的最或然值了,这个问题可以这样解决:在计算不同精度的观测值的最或然值时,精度高的观测值在其中占的比重大一些,而精度低的观测值在其中占的比重小一些。这里所指的比重反映了观测的质量,表示对观测值的信任程度。它可以用一个具体的数值来表示,在测量工作中,这个数值称为观测值的权。显然,观测值精度越高,中误差越大,其权越大;反之,中误差越大,其权越小。

在测量计算中,给出了用中误差求权的定义式。设 p_i 表示观测值 L_i 的权,则权的定义式为

$$p_i=\frac{\mu^2}{m_i^2}\quad(i=1,2,3,\cdots,n) \tag{5-3-11}$$

式中,μ 是可以任意选定的常数,但是在同一组观测值中求权 p_i 时,μ 必须是同一数值。由此可知,权 p_i 是与中误差平方成反比的一组比例数值,它是用来衡量观测值之间的相对精度的,或者说权 p_i 是用来权衡观测值 L_i 在计算最或然值中所占分量轻重的数值。

通常还把数值等于 1 的权称为单位权,把权为 1 的观测值称为单位权观测值,对应于权等于 1 的中误差称为单位权中误差。μ 可以看作单位权中误差,它可以是一个真实的观测值中误差,也可以是假定的某一数值。

当知道一组观测值的中误差时,如 $m_1=\sqrt{S_1}\,m_0$、$m_2=\sqrt{S_2}\,m_0$、$\cdots\cdots$、$m_i=\sqrt{S_i}\,m_0$,就可以根据式(5-3-11)来确定它们的权,即

$$p_i=\frac{\mu^2}{\left(\sqrt{S_i}\,m_0\right)^2}=\frac{\left(\dfrac{\mu}{m_0}\right)^2}{S_i} \tag{5-3-12}$$

在选定 μ 值时,通常令 $\left(\dfrac{\mu}{m_0}\right)^2=C$,即令 $\mu^2=Cm_0^2$,则式(5-3-12)可写为

$$p_i=\frac{C}{S_i}$$

由上式可知,在进行同精度的水准测量时,不同路线上测得的高差的权与水准路线长度成反比。如果设 $C=4$,则

$$p_1=\frac{C}{S_1}=\frac{4}{3}$$

$$p_2=\frac{C}{S_2}=\frac{4}{4}=1$$

$$p_3=\frac{C}{S_3}=\frac{4}{5}=\frac{2}{3}$$

式中,因为 $C=4=S_2$,即当 $\mu=\sqrt{C}\,m_0=\sqrt{S_2}\,m_0$ 时,$p_2=1$,所以是以 S_2 每千米水准路线上测得的权为单位权,其相应的中误差为单位权中误差。

这里不加证明地给出常见测量工作中的定权方法。

(1)同精度测量边长时,边长的权与边长成反比。

(2)每千米水准测量精度相同时,水准路线观测高差的权与路线长度成反比。

（3）各测站观测高差的精度相同时，水准路线观测高差的权与测站数成反比。

（4）由不同个数的同精度观测值求得的算术平均值的权与观测值个数成正比。

四、观测值函数的权

前述的定权公式可以计算各观测值的权，然而在测量工作中经常有很多量是观测值的函数。那么，在已知观测值的权时如何确定观测值函数的权呢？求观测值函数的权可以先按误差传播定律求出观测函数的中误差，然后按式(5-3-11)定其权。

设有独立观测值 L_1、L_2、……、L_n，它们的中误差及权分别为 m_1、m_2、……、m_n 和 p_1、p_2、……、p_n。令观测值函数为

$$x = f(L_1, L_2, \cdots, L_n)$$

按误差传播定律有

$$m_x^2 = \left(\frac{\partial f}{\partial L_1}\right)^2 m_1^2 + \left(\frac{\partial f}{\partial L_2}\right)^2 m_2^2 + \cdots + \left(\frac{\partial f}{\partial L_n}\right)^2 m_n^2$$

按式(5-3-11)得

$$\frac{\mu^2}{p_x} = \left(\frac{\partial f}{\partial L_1}\right)^2 \frac{\mu^2}{p_1} + \left(\frac{\partial f}{\partial L_2}\right)^2 \frac{\mu^2}{p_2} + \cdots + \left(\frac{\partial f}{\partial L_n}\right)^2 \frac{\mu^2}{p_n}$$

式中，$\frac{\partial f}{\partial L_i}$ 是常量，用 f_i 表示，即 $\frac{\partial f}{\partial L_i} = f_i$。上式约去 μ^2 后得

$$\frac{1}{p_x} = f_1^2 \frac{1}{p_1} + f_2^2 \frac{1}{p_2} + \cdots + f_n^2 \frac{1}{p_n} = \left[\frac{ff}{p}\right]$$

上式就是独立观测值权倒数与其函数权倒数之间关系的表达式。这个表达式称为权倒数传播律。从上面推导过程可以看出，它是在误差传播定律的基础上，与式(5-3-11)组合而成的。因此，在应用这个公式时，既要遵照误差传播定律应用时的注意事项，还要特别注意在应用这个公式定权时每一个观测量都必须是独立的。

五、带权算术平均值及其中误差

设在相同的观测条件下，对某一角度进行了 3 次观测，第 1 次 8 个测回，第 2 次 6 个测回，第 3 次 4 个测回，结果如表 5-3-4 所示。

表 5-3-4 3 次观测结果及平差结果

顺序	测回数	观测结果 /(° ′ ″)	权	改正数	pV	pVV
1	8	75 49 18	8	+0.5	+4	2
2	6	75 49 17	6	+1.5	+9	13.5
3	4	75 49 22	4	−3.5	−14	49
加权平均值		75 49 18.5	18	$\sum$	−1	64.5

如何从这些不同精度的观测值中求出该角的最或然值并评定其精度呢？下面分别讨论这两个问题。

（一）带权算术平均值

如表 5-3-4 所示，设对未知量进行了 18 次同精度观测，得 l_1、l_2、……、l_8、l_9、l_{10}、……、l_{14}、l_{15}、l_{16}、……、l_{18} 现将 18 个观测值分成 3 组，其中第 1 组有 8 个观测值，第 2 组有 6 个观测值，第 3 组有 4 个观测值，共计 18 个观测值。将 3 组观测值分别计算算术平均值，即

$$L_1 = \frac{1}{n}(l_1 + l_2 + \cdots + l_8) = 75°49'18''$$

$$L_2 = \frac{1}{n}(l_9 + l_{10} + \cdots + l_{14}) = 75°49'17''$$

$$L_3 = \frac{1}{n}(l_{15} + l_{16} + \cdots + l_{18}) = 75°49'25''$$

显然

$$l_1 + l_2 + \cdots + l_8 = L_1 \cdot 8 = 75°49'18'' \times 8$$

$$l_9 + l_{10} + \cdots + l_{14} = L_2 \cdot 6 = 75°49'17'' \times 6$$

$$l_{15} + l_{16} + \cdots + l_{18} = L_3 \cdot 4 = 75°49'22'' \times 4$$

实际上这 18 个同精度的观测值的平均值就是该角度的最或然值,所以

$$L_0 = \frac{1}{18}\left[(l_1 + l_2 + \cdots + l_8) + (l_9 + l_{10} + \cdots + l_{14}) + (l_{15} + l_{16} + \cdots + l_{18})\right]$$

$$= \frac{1}{18}(L_1 \cdot 8 + L_2 \cdot 6 + L_3 \cdot 4) = \frac{1}{n_1 + n_2 + n_3}(L_1 \cdot n_1 + L_2 \cdot n_2 + L_3 \cdot n_3)$$

$$= 75°49'18.5''$$

显然,如果取各组中观测值的个数作为本组观测值平均值的权,即 $p_i = n_i$,则有

$$x = \frac{p_1 l_1 + p_2 l_2 + \cdots + p_n l_n}{p_1 + p_2 + \cdots + p_n} = \frac{[pl]}{[p]} \tag{5-3-13}$$

称式(5-3-13)为广义算术平均值,或带权平均值。

当 l_i 的精度相同,即 $m_1 = m_2 = \cdots = m_n = m$ 时,按式(5-3-11)可知,这些观测值的权也相等,即 $p_1 = p_2 = \cdots = p_n = p$,则有

$$x = \frac{pl_1 + pl_2 + \cdots + pl_n}{p + p + p \cdots + p} = \frac{[l]}{n} \tag{5-3-14}$$

式(5-3-14)即为算术平均值。可见同精度观测值的情况是不同精度观测的一种特例。

(二)精度评定

根据权的定义可知,若已知加权平均值的权为 p_x,则有

$$m_x = \frac{\mu}{\sqrt{p_x}} = \mu\sqrt{\frac{1}{p_x}}$$

而加权平均值的权等于各观测值的权之和,即

$$p_x = [p] \tag{5-3-15}$$

从式(5-3-15)可以看出,要评定加权平均值的精度,还要计算出单位权中误差 μ。这里不加说明地给出单位权中误差的计算公式,即

$$\mu = \pm\sqrt{\frac{[pVV]}{n-1}} \tag{5-3-16}$$

显然,代入表 5-3-4 中数据,单位权中误差为

$$\mu = \pm\sqrt{\frac{[pVV]}{n-1}} = \pm\sqrt{\frac{64.5}{3-1}} = \pm 5.7('')$$

加权平均值的中误差为

$$m_x = \frac{\mu}{\sqrt{p_x}} = \mu\sqrt{\frac{1}{p_x}} = \pm 5.7 \times \sqrt{\frac{1}{18}} = \pm 1.3('')$$

任务6　地球上点位表示方法

【教学任务设计】

(1)项目分析。在地形图测绘过程中,获得了大量的外业观测数据,这些点位坐标与工程中点位坐标有什么区别？点位坐标是固定的吗？为了解决该问题,须进行本任务。

(2)任务分解。根据实际工作的需要,包括地球形状大小确定、小比例尺地图点位确定、大比例尺地图点位确定。

(3)各环节功能。确定一个参考体代表不规则地球,该参考体的外表面是地理坐标系的基准面,也是测量内业计算的基准面。采用投影方法,在投影坐标系中进行点的定位。

(4)作业方案。根据实际工作的需要,确定地形图使用坐标系。运用坐标系理论进行外业数据采集,确定点位坐标,内业绘图时要填写坐标系。

(5)教学组织。本任务情境的教学为4学时,1个任务。教学过程中以作业组为单位,以各作业组的外业观测成果数据分析与处理工作任务为载体,开展教学活动。首先通过查阅资料和讨论分析等过程,总结坐标分类及应用;然后确定北京工业职业技术学院地形图采用的坐标系。要求尽量在规定时间内完成作业任务,个别作业组在规定时间内没有完成的,可以利用业余时间继续完成任务。在整个作业过程中,教师除进行教学指导外,还要实时进行考评并做好记录,这是成绩评定的重要依据。

子任务1　地球上点位表示过程

1-1　确定地球形状与大小

确定地球大小形状的思路如图6-1-1所示。静止的水面称为水准面,是受地球表面重力场影响而形成的、特别的、一个处处与重力方向垂直的连续曲面,也是一个重力场的等位面。大地水准面是指与平均海水面重合并延伸到大陆内部的水准面。测量工作均以大地水准面为依据。该面包围的形体近似于一个旋转椭球,称为大地体,常用来表示地球的物理形状。地面点沿铅垂线方向到大地水准面的距离称为绝对高程或海拔,简称高程。

因为地球表面起伏不平和地球内部质量分布不匀,所以大地水准面是一个略有起伏的不规则曲面,无法用数学公式表达,故需要寻找一个理想的几何体代表地球的形状和大小,如图6-1-2所示。该几何体必须满足两个条件:
①形状接近地球自然形体(大地体);②可以用简单的数学公式表示。

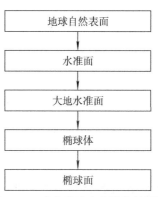

图6-1-1　确定地球大小形状的思路

这个几何体称为参考椭球体,其外表面(简称椭球面)是球面坐标系的基准面,也是测量内业计算的基准面。

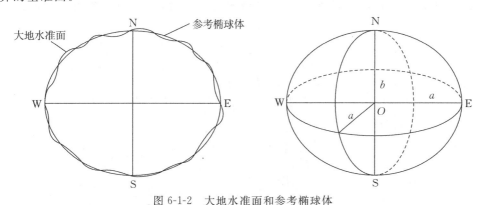

图6-1-2　大地水准面和参考椭球体

1-2　地理坐标系

以参考椭球面为基准面、以椭球面法线为基准线建立的坐标系称为地理坐标系。地球表面任意一点的经度和纬度称为该点的地理坐标。大地水准面是高程的基准面。任意一点的坐标可以表示为 $A(L,B,H)$,其中,L 为大地经度,是参考椭球面上某点的大地子午面与本初子午面间的二面角；B 为大地纬度，是参考椭球面上某点的法线与赤道平面的夹角，北纬为正，南纬为负；H 为大地高，是从观测点沿椭球法线方向到椭球面的距离。例如，某点大地坐标为 $(116°28'36'', 39°54'20'', 110.241 \text{ m})$，如图 6-1-3 所示。

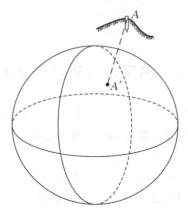

图 6-1-3　A 点的地理坐标

1-3　高斯平面坐标系

高斯-克吕格投影是假想有一个椭圆柱面与参考椭球体上某一经线相切，其椭圆柱的中心轴与赤道平面重合，将参考椭球面有条件地投影到椭圆柱面上，如图 6-1-4 所示。高斯-克吕格投影的条件为：①中央经线和赤道投影为互相垂直的直线，且为投影的对称轴；②具有等角投影的性质；③中央经线投影后保持长度不变。

如图 6-1-4 所示，可以按照经度的 6° 或者 3° 进行投影，高斯投影 3° 带的中央子午线一部分与 6° 带的中央子午线重合，一部分与 6° 带的分界子午线重合，N 和 n 分别表示 6° 带和 3° 带的带号。

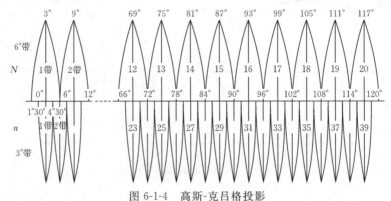

图 6-1-4　高斯-克吕格投影

高斯平面坐标系的构成如下。

(1)中央子午线的投影为该坐标系的纵轴 x，向北为正。

(2)赤道的投影为横轴 y，向东为正。

(3)两轴的交点为坐标原点 O。x 轴向右移动 500 km，B 点高斯平面坐标为 $B(636\,780, 227\,560, H)$，其中 H 是高程。图 6-1-5 中，"20"表示带号。

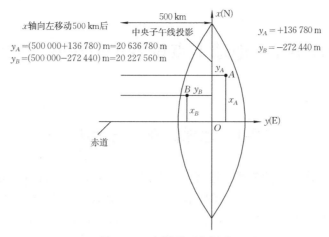

图 6-1-5　高斯平面坐标系

1-4　笛卡儿直角坐标系

笛卡儿直角坐标系是二维的直角坐标系，是由两条相互垂直、零点重合的数轴构成的。在平面内，任何一点的坐标是根据数轴上对应的点的坐标设定的。A 点的直角坐标是 $A(3,2)$，如图 6-1-6 所示。

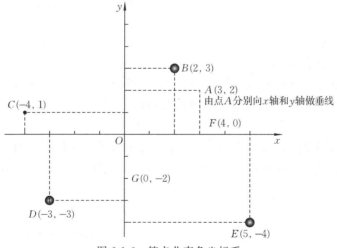

图 6-1-6　笛卡儿直角坐标系

子任务2 地球上点位表示方法基础知识

2-1 地球的形状与大小

测量工作是在地球的自然表面上进行的,而地球的自然表面是极不平坦和不规则的,其面积约有71%为海洋,约29%为陆地,有高达8 848.86 m(2020年最新测量成果)的珠穆朗玛峰,也有深达11 034 m的马里亚纳海沟。这样的高低起伏,相对于地球庞大的体积来说,还是很小的。人们把地球总的形状看作被海水包围的球体,也就是设想一个静止的海水面,向陆地延伸而形成一个封闭的曲面,这个静止的海水面称为水准面。水准面有无数个,而其中通过平均海水面的水准面称为大地水准面。

水准面的特性是它处处与铅垂线垂直。由于地球在不停地旋转着,地球上每个点都受离心力和地心引力的作用,所以所谓的地球上物体的重力就是这两个力的合力,如图6-2-1所示,重力的作用线就是铅垂线。

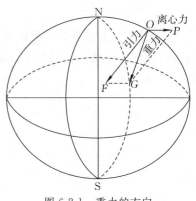

图 6-2-1 重力的方向

测量工作的基准线就是铅垂线,即地面上一点的重力方向线。在地面上任意一点悬挂一个垂球,其静止时垂球线所指的方向就是重力方向。测量工作的基准面就是大地水准面,当测量仪器的水准器气泡居中时,水准管圆弧顶点的法线与重力方向一致,因此利用水准器所测结果就是以过地面点的大地水准面为基准而获得的,如图6-2-2所示。

图6-2-3为代替大地水准面、可进行数学计算的椭球面。根据1975年国际大地测量学与地球物理学联合会决议,推荐使用椭球的元素为:长半轴 $a = 6\ 378\ 140$ m,短半轴 $b = 6\ 356\ 755$ m,扁率 $\alpha = \dfrac{1}{298.257}$。

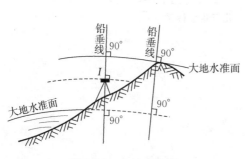

图 6-2-2 大地水准面

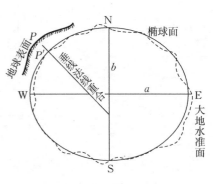

图 6-2-3 椭球面

我国的 1980 西安坐标系选用的就是上述推荐的椭球元素。由于参考椭球体的扁率很小，所以在地形测量的范围内可将大地体视为圆球体，其半径可以近似地取为 6 371 km。

2000 国家大地坐标系(China Geodetic Coordinate System 2000, CGCS 2000)是全球地心坐标系在我国的具体体现，其原点为包括海洋和大气的整个地球的质量中心，z 轴指向国际时间局 1984.0(Bureau International de l'Heure, BIH)定义的协议极地方向，x 轴指向 BIH1984.0 定义的零子午面与协议赤道的交点，y 轴按右手坐标系确定。2000 国家大地坐标系采用的地球椭球参数为：长半轴 $a = 6\ 378\ 137$ m，短半轴 $b = 6\ 356\ 752.314\ 14$ m，扁率 $\alpha = 1/298.257\ 222\ 101$，地心引力常数 $GM = 3.986\ 004\ 418 \times 1\ 014$ m³/s²，自转角速度 $\omega = 7.292\ 115 \times 10^{-5}$ rad/s。

2-2　地面上点位的表示方法

测量工作的具体任务就是确定地面点的空间位置，即地面上的点在球面或平面上的位置(地理坐标或平面坐标)，以及该点到大地水准面的垂直距离(高程)。

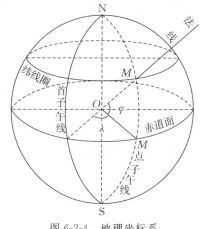

图 6-2-4　地理坐标系

一、地理坐标系

研究大范围的地面形状和大小时要将投影面作为球面。在图 6-2-4 中，地球近似为一球体，N 和 S 是地球的北极和南极，连接两极且通过地心 O 的线称为地轴。过地轴的平面称为子午面，过地心 O 且垂直于地轴的平面称为赤道面，它与球面的交线称为赤道。通过英国格林尼治天文台的子午线称为初始子午线，即首子午线，而包括该子午线的子午面称首子午面。

地面上任一点 M 的地理坐标可用该点的经度和纬度来表示。M 点的经度是从过该点的子午线所在的子午面与首子午面的夹角，以 L 表示。从首子午线起向东 180°称东经，向西 180°称西经。M 点的纬度就是该点的法线与赤道面的交角，以 B 表示。从赤道向北 0°～90°称为北纬，向南 0°～90°称为南纬。

二、独立平面直角坐标

地面点在椭圆体上的投影位置可用地理坐标的经纬度来表示。但要测量和计算点的经纬度，其工作是相当繁杂的。为了实用，在一定的范围内，把球面当作平面看待，用平面直角坐标来表示地面点的位置，无论是测量、计算或绘图都是很方便的。

测区较小时(如半径不大于 10 km 的范围)，可用测区水平面代替水准面。既然把投影面看作平面，地面点在平面上的位置就可以用平面直角坐标来表示。这种平面直角坐标如图 6-2-5 所示，规定：南北方向为纵

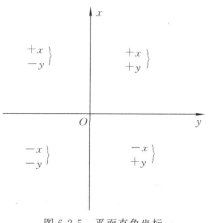

图 6-2-5　平面直角坐标

轴,记为 x 轴,x 轴向北为正,向南为负;东西方向为横轴,记为 y 轴,y 轴向东为正,向西为负。为了避免使坐标值出现负号,建立这种坐标系统时,可将其坐标原点选择在测区的西南角。

三、高斯平面坐标系

椭球面是一个曲面,在几何上是不可展曲面。因此,要将椭球面上的图形绘于平面上,只有采用某种地图投影的方法来解决。用一个投影平面与椭球面相切,然后从球心向投影面发出光线,将球面上的图形影射在投影面上,这样将不可避免地使图形发生变形(角度、长度、面积变形)。对于这些变形,任何投影方法都不能使它们全部消除,但是可以根据用图需要进行限制。控制相应变形的投影方法有等角投影、等距离投影和等面积投影。

(一)高斯-克吕格投影

对于地形测量来说,保持角度不变是很重要的,因为投影前后角度相等,在一定范围内,可使投影前后的两种图形相似。这种保持角度不变的投影称为正形投影。目前,我国规定在大地测量和地形测量中采用高斯投影,这种投影方法是由数学家、天文学家高斯建立的,后来由大地测量学家克吕格推导出了计算公式,因此又称高斯-克吕格投影,以下简称高斯投影。

高斯投影是按照一定的投影公式进行计算,把椭球面上点的坐标(经度和纬度)换算为投影平面上的平面坐标 (x,y)。

如图 6-2-6(a)所示,设想有一个空心的椭圆柱面横切于椭球面上的某一条子午线 NHS,此时柱体的轴线 Z_1Z_2 垂直于 NHS 所在的子午面,并通过球心与赤道面重合。椭球面与椭圆柱面相切的子午线称中央子午线,若将中央子午线附近的椭球面上的图形元素,先按等角条件投影到横椭圆柱面上,再沿着过北极、南极的母线 K_1K_2 和 L_1L_2 剪开、展平,则椭球面上的经纬网就转换为平面的经纬网,如图 6-2-6(b)所示。这种投影又称横圆柱正形投影。展开后的投影区域是一个以子午线为边界的带状长条,称为投影带,而该投影平面则称为高斯投影平面,简称高斯平面。

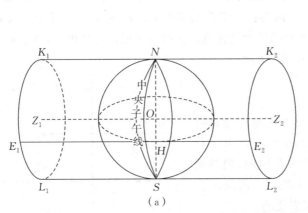
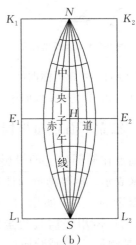

图 6-2-6　高斯投影与分带

(二)投影带的划分

从图 6-2-6(b)上可以看出,中央子午线投影后为一条直线,且其长度不变,其余子午线均为凹向中央子午线的曲线,其长度大于投影前的长度,离中央子午线越远,其长度变形就越大。

为了将长度变形限制在测图精度的允许范围内,对于测绘中小比例尺地图,一般限制在中央子午线两侧各 3°,即经差为 6° 的带状范围内,称为 6° 投影带,简称 6° 带。如图 6-1-4 所示,从首子午线起,每隔 6° 为 1 带,将椭球体由西向东,等分为 60 个投影带,并依次用阿拉伯数字编号:0°～6° 为 1 带,3° 子午线为第 1 带的中央子午线;6°～12° 为第 2 带,9° 子午线为第 2 带的中央子午线,以此类推。这样每 1 带单独进行投影。6° 带中,2 条边界子午线离中央子午线在赤道线上最远,但各自不超过 334 km。计算结果表明,在离中央子午线两侧经度各 3° 的范围内,长度投影的变形不超过 1/1 000。这样的误差对于测绘中小比例尺的地形图不会产生实际影响,但是对于大比例尺的地形图测绘来说,这样的误差是不容许的。而采用 3° 带就可以更有效地控制这种投影变形误差,满足大比例尺地形测图的要求。

3° 带是从经度 1.5° 的子午线开始,自西向东每隔 3° 为 1 带,将整个椭球体面划分成 120 个 3° 投影带,并依次用阿拉伯数字进行编号。它与 6° 带的关系如图 6-1-4 所示。从图中可以看出,3° 带的奇数带的中央子午线与 6° 带的中央子午线重合,而其偶数带的中央子午线与 6° 带的边界子午线重合。3° 带、6° 带的带号与相应的中央子午线的经度关系为

$$L_3 = 3° \cdot N_3 \tag{6-2-1}$$

$$L_6 = 6° \cdot N_6 - 3° \tag{6-2-2}$$

式中,L_3 为 3° 带的中央子午线经度,L_6 为 6° 带的中央子午线经度,N_3 为 3° 带的带号数,N_6 为 6° 带的带号数。

(三)高斯平面坐标系的建立

经投影后,每 1 个投影带的中央子午线和赤道在高斯平面上成为互相垂直的两条直线。在测量工作中,可将每个投影带的中央子午线作为坐标纵轴 x,将赤道的投影作为坐标横轴 y,两轴交点 O 为坐标原点,从而建立起高斯平面坐标系。每 1 个投影带,无论是 3° 带还是 6° 带,都有各自的平面直角坐标系。

在高斯平面坐标系中,纵坐标自赤道向北为正,向南为负;横坐标自中央子午线向东为正,向西为负。我国领土位于北半球,纵坐标均为正值,而横坐标有正、有负。为便于计算和表示,避免 y 坐标出现负值,在实际的测量工作中,考虑 6° 带每带的边界子午线离中央子午线最远大于 300 km,因此做出统一规定,将 6° 带及 3° 带中点的横坐标加上 500 km,即将坐标原点西移 500 km,这样每带中点的横坐标值都变成了正值,如图 6-2-7 所示。

为了明确表示相同坐标值的点位于哪一个投影带内,测量工作中规定在加上 500 km 后的横坐标值前,再冠以该点所在投影带的带号。通常,对于未加 500 km 和带号的横坐标值称为自然坐标值,加上 500 km 后并加带号的横坐标值称为国际统一坐标通用值。

在图 6-2-7 中,设 A、B 两点位于投影带的第 40 带内,其横坐标的自然值为 $y_A = +4 270.586$ m(位于中央子午线以东),$y_B = -41 524.070$ m(位于中央子午线以西)。将 A、B 两点横坐标的自然值加上 500 km,再加上带号,则其通用值为 $y_A = 40 504 270.586$ m,$y_B = 40 458 475.930$ m。

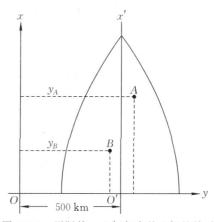

图 6-2-7　国际统一坐标与自然坐标的关系

四、高程与高程系统

地面点的坐标只是表示地面点在投影面上的位置,要表示地面点的空间位置,还需要确定地面点的高程。大地水准面是高程的基准面。地面点沿铅垂线方向到大地水准面的距离称为绝对高程或海拔,简称高程,如图 6-2-8 中的 H_A、H_B。 我国过去采用青岛验潮站 1950—1956 年观测成果推算的黄海平均海水面作为高程零点,由此建立起来的高程系统称为"1956 黄海高程系统",为中国第一个国家高程系统。由于该系统中采用的验潮资料时间过短,该高程基准存在一定的缺陷,所以在建立新的国家大地坐标系时,重新建立了新的高程基准,新的大地水准面命名为"1985 国家高程基准",水准原点位于青岛,新的基准起算的高程为 72.260 m。在以前所用的 1956 黄海高程系统中,青岛水准原点的高程为 72.289 m。全国范围内的国家高程控制点都以新的水准原点为准。利用旧的水准测量成果时要注意高程基准的统一和换算;若远离国家高程控制点或为施工方便,也可以采用假设(任意)水准面为基准,则该工地所得各点高程是以同一假设水准面为基准的相对高程。地面上两点高程之差为高差。

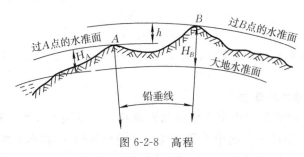

图 6-2-8 高程

水准测量的目的是根据水准测量的外业观测数据,通过测量内业计算推算出地面上一系列点的高程。

2-3 确定地面点位的三个要素

如图 6-2-9 所示,A'、B' 为地面点 A、B 在水平面上的投影,Ⅰ、Ⅱ 为两个已知坐标的地面点。在实际工作中,一般并不是直接测量它们的坐标和高程,而是通过外业观测得到水平角观测值 β_1、β_2,水平距离 D_1、D_2,以及 Ⅰ、Ⅱ 两点之间与 A、B 两点之间的高差。再根据 Ⅰ、Ⅱ 两点的坐标、两点连线的坐标方位角和高程,推算出 A、B 两点的坐标和高程,从而确定它们在地球表面上的位置。

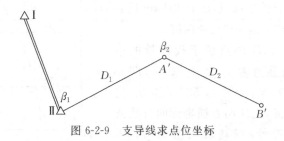

图 6-2-9 支导线求点位坐标

由此可见,地面点之间的位置关系是由水平距离、水平角和高程(或高差)三个要素确定的。高程测量、水平角测量和距离测量是地形测量的基本工作内容。

下篇　地形图测绘项目组织实施

任务 1　某测区 1：500 地形图测绘组织实施

子任务 1　项目实施过程

项目实施过程如图 1-1-1 所示,每个步骤的具体内容如下。

一、接受任务

明确任务的来源、性质、工期、测区位置及范围、平面坐标系和高程系统、比例尺、等高距和其他提交成果的内容及要求。

二、资料收集

收集已有地形图相关的资料,包括测区已有的控制网成果和地形图成果。

三、技术设计

根据任务要求、测区条件和本单位设备技术力量等,确定主要技术依据、作业方案和人员安排。

四、基本控制测量

在已有控制点的基础上,加密控制点,以满足图根控制测量对密度和精度的要求。一般平面控制采用 GNSS 测量或导线测量的方法,高程控制采用水准测量或三角高程测量的方法。

五、图根控制测量

在基本控制点的基础上,测设直接供野外数据采集所需要的控制点,即图根控制测量。一般采用导线测量或 GNSS 实时动态定位(real-time kimematic,RTK)方法。

六、碎部点数据采集

采用 GNSS 实时动态定位或全站仪的方法,全野外采集碎部点(地物、地貌特征点)坐标,并现场绘制草图。

七、地形图绘图与编辑

根据野外采集的数据和现场绘制的草图,利用数字测图软件进行数字地形图的绘制与编辑。

八、资料的检查与验收

对全部控制资料和地形资料的正确性、准确性、合理性等进行概查、详查和抽查。检查验收的主要依据为技术设计书和国家规范。

九、技术总结

技术总结主要是对任务的完成情况、设计书的执行情况等做总结,对测图中遇到的问题及处理办法等加以说明。

十、提交成果

地形图测绘提交成果如下:

(1)技术设计书(有项目设计书的也应包括项目设计书)。

(2)仪器检定证书(复印件)。

(3)测图控制点展点图、水准路线图、埋石点点之记、控制测量外业资料、控制点平差计算成果表。

(4)地形图测绘各种数据文件。

(5)输出的地形图。

(6)技术总结报告。

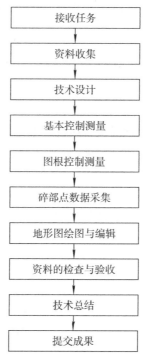

图 1-1-1　地形图测绘项目流程

子任务 2 项目认知与技术文件准备

一、项目来源与甲方意图理解

××区隶属××市辖区,位于××市中心城区东南,地处××部位。东临××,与××县相望,南接××,西北与××区、××区交插相连。地理坐标为北纬 41°55′～42°25′,东经 119°3′～119°30′。全区总面积 887.14 平方千米,辖 3 街道、5 镇、1 新城区,总人口约×× 万人。

本次测绘范围总面积约××平方千米,共分为 3 个区域,测绘 1∶500 比例尺地形图。

二、已知数据和资料收集

(一)控制资料

(1)将××市××区已有 D 级以上 GNSS 控制点作为本项目平面控制网的起算点。×× 区在 2007 年建成了 D 级 GNSS 控制网并通过省级验收,坐标系统是 2000 国家大地坐标系, 点位保存完好,可作为本项目控制网的起算点使用。

(2)将××市××区已有各级水准点作为本项目高程控制网的起算点。

(二)图件资料

搜集测区 1∶1 万地形图资料,下载相关影像数据和××市交通路线图等,深入了解当地地形地貌,踏勘控制点埋设位置和保存情况。

三、技术设计书编制

一个项目的文档主要包括项目初期的《×项目技术设计书》及项目完成后的《×项目技术总结报告》。技术设计书主要是根据项目需求,制定作业方案,具有相对固定框架,主要内容参看技术设计书框架部分。

子任务 3 项目组织与技术方法

一、主要人员岗位安排及职责

(一)岗位安排

(1)项目经理:×××。

(2)技术负责人:×××。

(3)测量组长:×××。

(4)测量人员:×××。

(二)岗位职责

1. 项目经理职责

(1)认真贯彻执行《中华人民共和国测绘法》,并做好宣传工作。

(2)认真贯彻执行国家、省、市有关测绘管理规定和技术规定,并检查执行情况。

(3)负责对测绘设计报告的审查工作。

(4)及时对各类测绘成果进行检查验收。

(5)负责施工现场的技术监督和检查指导。

(6)负责测绘行业管理的联系、接洽和报告工作。

(7)负责组织落实新技术、新方法的交流与推广工作。

(8)及时向上级汇报有关测绘工作的新形势、新情况和做有关总结报告。

(9)负责测绘成果的归档、汇交、保存和保密工作。

2. 技术负责人职责

(1)全面负责 ISO9001 质量体系的贯彻执行情况。

(2)全面负责工程项目的技术管理工作。

(3)负责工程项目的技术设计书的编制与技术交底工作。

(4)负责对有关施工人员的技术培训,保证施工人员的技术水平能满足生产需要。

(5)负责处理施工过程中出现的技术问题,并及时与建设单位进行联系。

(6)负责工程项目中各种记录与成果成图的检查工作。

(7)负责各类技术资料的收集和最终成果资料的整理工作。

(8)认真组织成果资料的自检自查工作。

(9)工程项目施工结束后,认真编写技术总结。

(10)积极配合建设单位搞好项目的验收工作,对检查出的问题及时进行处理。

(11)负责工程项目的技术咨询和技术服务工作。

3. 测量组长职责

(1)认真贯彻执行有关测量规程和规范。

(2)严格按照技术设计书实施。

(3)负责测区测绘资料的收集、整理、利用与保存。

　　(4)负责出工前的仪器设备、生产工具、生产材料的准备工作。

　　(5)做好测绘仪器的安全保护工作,保证仪器设备的正常运转。

　　(6)负责做好本组测绘记录,以及成果资料的整理、装订和保管工作。

　　(7)负责做好本组测绘记录,以及成果资料的首级检查工作,并积极配合上级验收。

　　(8)努力学习专业知识,提高业务技能,积极学习新知识,掌握有关规程规范的基本限差和基本要求。

　　4.测量人员安全职责

　　(1)严格遵守安全规程和制订的安全管理制度。

　　(2)严禁在无人员照管下,将仪器随便放入车内,任其颠簸。

　　(3)仪器用人背运时,禁止跑跳或其他较大的震动动作。

　　(4)必须保护仪器使之不受暴晒、雨淋。

　　(5)禁止将测距仪、全站仪的收发镜头直接对准太阳或强光源。

　　(6)在进行山区和水上等复杂地形测量时,要有安全防护设施。

　　(7)禁止用普通纸、布等材料或酒精擦拭透镜或棱镜。

　　(8)不得将仪器放在热源附近或潮湿有腐蚀的地方。

　　(9)禁止把仪器箱和标尺当板凳坐。

　　(10)经常检查仪器箱是否牢固,搭扣和背带及提环等是否牢固,箱锁是否良好,有不完善之处及时修理,不得勉强凑合。

　　(11)仪器干燥剂应经常进行脱水或更换,保持其吸潮功能。

　　(12)仪器损坏和使用中出现故障,要及时上报,并写出书面材料说明情况。

　　5.测量人员职责

　　(1)全面了解测绘仪器的基本性能,掌握仪器的操作方法。

　　(2)负责仪器的装卸和运输安全。

　　(3)严格按照仪器操作规程和操作程序进行操作。

　　(4)不得将仪器随便放置,不得将仪器箱当凳子坐。

　　(5)观测时,操作员不得远离仪器,防止仪器摔倒。

　　(6)不得让仪器遭到太阳暴晒或雨淋。

　　(7)禁止将测距仪、全站仪的收发镜头直接对准太阳或强光源。

　　(8)经常检查仪器箱是否牢固,搭扣和背带及提环等是否牢固,箱锁是否良好,有不完善之处及时修理。

　　(9)使用过程中发现仪器有故障不得随意自行调试。

　　(10)当仪器有问题时要及时汇报上级部门听候指示。

二、仪器设备的投入

(一)外业准备

仪器名称、相关参数等信息如表 1-3-1 所示。

表 1-3-1　外业设备

仪器名称	类型	生产厂家	标称精度	数量	检定情况	用途
GNSS 接收机	Tobo	华测	$5+1\times10^{-6}D$	2	良好	平面控制测量、数据采集
水准仪	DiNi 03	天宝	0.3 mm	1	良好	高程控制测量
全站仪	GTS-102N	拓普康(TOPCON)	2″	3	良好	测距、测角、数据采集
数码相机	FINEX	富士康		1	良好	
对讲机	HF750	鸿峰		4	良好	联络通信
汽车	长安之星	长安公司		1	年审	交通运输

(二)内业准备

设备名称及相关参数等信息如表 1-3-2 所示。

表 1-3-2　内业设备

设备类别	设备名称	单位	数量	用途
办公设备	计算机	台	20	内业绘图
测量系统	CASS	套	4	1∶500 地形图编辑
打印、图形输出	打印机	套	1	各类表格、报告打印
其他设备	移动硬盘	个	1	数据存取及传输

三、项目组织实施过程

(一)准备工作

合同签订之后,按合同对项目的工期和工作内容的要求,组织技术人员和设备,开展前期资料收集工作,并对实施人员进行技术交底。

(二)技术方法

(1)控制测量:建立 D 级 GNSS 控制网。

(2)在 D 级 GNSS 控制点的基础上,利用 GNSS 实时动态定位技术布设图根控制,必要地方做图根导线测量。

(3)在首级控制和图根控制的基础上,使用 GNSS 实时动态定位技术或全站仪等开展全野外 1∶500 数字化地形要素测绘。

(4)资料整理及成果报告编制:对测绘成果进行汇总、统计,分析数据情况,编写各类报告。

(6)作业流程如图 1-3-1 所示。

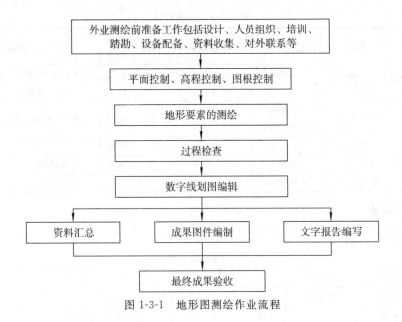

图 1-3-1 地形图测绘作业流程

子任务4 项目作业实施与监控

一、项目的进度管理

制定切实可行的工作计划。项目小组给项目经理每周上报完成的工作量,并上报下周的工作计划及工作量预计,将工作量的实际完成情况与工作计划进行比较,对没有按预定时间完成的情况进行分析,找出原因。及时合理地调配人员,加快项目开展进度,同时每周向公司汇报工作进度。

详细的工作计划如表1-4-1所示。

表 1-4-1 某区地形图测绘工作计划

工作内容	计划时间(第 i 天)	组数	具体事项
前期准备	1~2	4	测图资料及其材料准备、技术交底
控制测量	2~10	4	D 级 GNSS 控制点的选点、埋石、观测、解算及平差等工作
图根控制	10~30	4	测区图根控制点的观测、解算、平差
地形测绘	30~120	4	地形要素测量
外业检查	120~123	4	界址点、边长检查,检查表的填写
地形图整饰、分幅	123~129	4	地形图整饰、分幅图制作

二、项目的质量管理

为保证产品质量,实行自检、互检、专职检和一级验收制度,成果资料的检查验收严格按照国家相关的规程、规范、图式及标准,对所提交的作业成果按优、良、合格三个等级进行评定,杜绝不合格产品。必须做到三级检查,最终提交公司质量技术部做最终数据检查。

(一)自查、互查和专查

自查、互查和专查由本队完成。自查采用独立元素校对、相关元素建立条件实施系统检验的方法;互查采用分项、分层流水检查方法;专查需要由专职技术人员做好事先指导、中间辅导和产品检查三阶段工作。

1. 自查

自查由各作业组在作业中自行完成,它是取得优质成果的关键。自查阶段将对独立元素进行 100%校对,相关元素建立条件进行系统检查。

2. 互查

互查由技术检查员组织作业组完成。通过分项、分层流水检查方法,将检查内容做到细化,再加上设计检查记录表格,使互查工作全面进入了一个有效实施的新阶段。

3. 专查

专查的主要内容:审查作业方案和方法,全面检查资料,提出具体修改意见,指导普遍性问题和解决特殊性问题,尽力提高成果质量,最终对成果进行综合质量评定。

其中,一级检查是日常技术方法检查和资料随即检查,要求对资料、成果的检查量达到100%;二级检查是在宏观上进行事先指导和对总体方案进行审查,要求在全部产品形成后抽查 20%～30%,做出关于质量的结论。

(二)预检

预检分为内、外业两部分,内业预检率为 100%,外业随机抽查 20%,对明显不合理的要进行 100%核查。错误低于抽查内容的 20%时,资料和成果退回作业组进行全面检查;超过抽查内容的 20%时,则要求全面返工。

(三)控制测量检查

首先审阅布网方案,要求已知点分布合理均匀,控制点布设均匀、密度适当。埋石规范,满足规范要求。其次了解仪器检校情况,检查手簿记录、计算,分析观测方法。最后审阅平差计算资料,主要是校对起算数据和观测数据是否正确,分析各项精度指标是否满足设计要求。

(四)地形图的检查

对必要的地物要素是否一致,图式符号应用是否正确,各种注记、图幅整饰等是否符合技术要求,地形图的内容是否表示齐全,等高线的走向是否合理进行检查。重点检查两类距离,即地物点间距和地物点到图根点的距离。

子任务 5　项目成果验收与交付

一、质量检查

在作业小组自查的基础上，实行二级检查。过程检查由各作业队负责，内、外业应保证 100％检查；最终检查由质检部门负责，内业 100％检查，外业 10％抽查。作业队检查后填写过程检查质量评分表，质检部门检查后填写最终检查质量评分表。

（一）质量检查的基本要求

（1）检查的内容主要为控制点测量检查、地形外业检查、内业编辑检查和地形图检查。

（2）保证使用先进的、性能优良的仪器设备，所使用的各类测绘仪器均需要在省法定单位检定的使用期内，逾期的需要重新检定。作业人员应选用本单位合格的上岗人员进行作业。

（3）质检工作应贯穿生产全过程，各级检查员应认真履行自己的职责，有计划、有组织地进行检查。各级检查应认真填写检查记录。

（4）本测区作业严格执行二级检查制度，作业中队在作业小组自查互检的基础上对成果进行过程检查，质量管理科在作业中队过程检查的基础上对成果进行最终检查。

（5）作业中队对地形图要进行 100％的过程检查，对每幅图做出质量评定，写出测区技术总结，保存过程检查记录（以幅为单位）。分批或一次性上交院质检部门进行最终检查，院级最终检查不少于产品总数的 10％。对测区的成果、成图质量进行综合评价，写出最终检查报告。

（6）检查参照原国家测绘地理信息局制定的《测绘产品检查验收规定》（CH 1002—1995）及《数字测绘成果质量检查与验收》（GB/T 18316—2008）执行。生产作业单位过程检查必须对测绘产品进行三项精度（平面精度检测量为 5％，地物间距检测量为 20％，高程精度检测量为 5％，单位产品检验的抽样数为 20～30 个）的检测，并提交检测成果。

（7）作业单位提供资料的规格、形式、内容、表示方法等应一致，并对提供的资料进行全面的检查、复核，确保资料的统一、美观和完整。

（二）控制测量检查

（1）控制点测量的检查主要有：控制点实地位置是否满足要求，点位埋设是否规范，野外观测程序、观测手段、观测精度及记录是否满足规范要求。

（2）控制点测量平差计算检查包括：控制点平差软件是否符合设计要求，平差精度是否符合规范要求。

（3）采用连续运行基准站（continuously operation reference station，CORS）观测图根点平均值取值是否符合要求，高程值是否经过高程值精化处理。

（4）控制点测量成果资料的整理是否完整规范，是否满足设计要求等。

（三）外业检查

（1）对地形外业工作的检查内容主要有定向点资料应用情况的检查、使用仪器的检查、工作流程的检查等。对每批次地形图应根据地形图的困难程度抽取 10％的图幅进行实地检查，主要检查地形图地物点的绝对精度和相对精度，以及外业测绘的高程精度。

（2）检查控制资料及碎部点计算是否正确。

（3）外业采集数据是否有错、漏，对于错、漏采的地物和地貌应当进行重测或补测。

（4）采用全站仪设站，在野外实测地物点坐标，主要实测实地无遮挡且较明显的地物，居民区一般每批图实测地物点坐标不应少于 30 处。实地量取明显地物点间距，居民区一般每幅图量距不得少于 20 处，并应均匀分布，以便准确衡量图幅的测量精度。

（5）高程精度检查主要对象为铺装路面和管道检修井井口、桥面、广场、较大的庭院或空地等地物。

（6）检测时注意抽取不同作业员的图幅进行检测。

（7）对需要向下一工序说明的事项，要另加作业说明。

（四）图形编辑检查

图形编辑检查主要采用软件字典数据检查功能进行，主要检查作业员在计算机图形编辑过程中是否按照五大原则进行作业，即完整性、捕捉到位、避让、公共边重合、面状地物封闭。具体检查内容如下。

（1）各种要素的表示方法是否合理、准确。

（2）分层是否合理、标准。

（3）线型库、符号库、字库是否标准。

（4）图幅的接边是否合理、规范。

（5）所有数据是否满足国家基本比例尺地图图式标准。

二、项目成果资料

（一）控制资料

（1）仪器检定证书（复印件）1 套。

（2）GNSS 观测记录、平差计算成果 1 套。

（3）水准联测观测记录、平差计算 1 套。

（4）图根导线平差成果 1 套。

（5）图根点观测数据记录文件。

（6）各级控制点成果表分级装订各 1 套。

（7）各级控制点成果光盘 1 式 3 份。

（二）地形测量资料

（1）1∶500 地形图数据文件。

（2）标准分幅（50 cm×50 cm）的全要素 1∶500 地形图数据（1 套）。

（3）全部实测点的流动站和全站仪下载的原始数据。

（4）符合入库格式的地形图电子数据 1 套。

（5）测区内各级检验数据及资料。

（6）1∶500 图幅分幅接合表 1 套。

（7）其他需要提供的资料。

（三）文档资料

（1）技术设计书及审批意见 1 份。

（2）检查报告 1 份。

（3）技术总结 1 份。

（4）其他文件、资料等（纸质成果、电子数据各 1 份）。

任务 2 地形图测绘项目技术资料

子任务 1 大比例尺地形图测绘技术设计书

一、技术设计书框架

大比例尺地形图测绘技术设计书框架如下。

1. 项目基本情况
    1.1 项目概况
    1.2 测区概况
    1.3 主要工作内容
    1.4 工期要求
    1.5 技术人员及设备要求
        1.5.1 技术人员
        1.5.2 软硬件设备配置
2. 已有资料分析
3. 作业依据
4. 主要技术要求
    4.1 平面坐标及高程系统
    4.2 成图规格
    4.3 精度要求
5. 生产实施方案
    5.1 成图方法概述
    5.2 作业流程
6. 控制测量
    6.1 仪器检定
    6.2 平面控制测量
    6.3 图根控制测量
7. 地形图测量具体要求
    7.1 测区范围
    7.2 作业组织
    7.3 地形要素的分层
    7.4 仪器设置及碎部点测量
    7.5 要素补测要求
    7.6 图外整饰
    7.7 图边拼接
    7.8 地形图数据的编辑
8. 成果成图的检查验收
    8.1 质量检查的基本要求

二、技术设计书样例

技术设计书样例见 207～216 页。

××区 1∶500 地形图测绘技术设计书

项目承担单位(盖章)：　　　　　　　设计负责人：×××

审核意见：　　　　　　　　　　　　主要设计人：×××

审 核 人：

××年××月××日　　　　　　　　××年××月××日

批准单位(盖章)：

审批意见：

审 批 人：

年　　月　　日

1. 项目基本情况

1.1 项目概况

为满足××县城镇建设、信息化管理的需要,××县将对城区各种要素用全野外采集的方法测绘地形图。

1.2 测区概况

××县隶属××省××市,东经××至××,北纬××至××。位于××省中北部,东接××,西临××,南依××,北靠××。东西长57.55千米,南北宽50.15千米,全县辖13镇,3个街道办事处,858个行政村,人口72万,总面积1 249.93平方千米。

1.3 主要工作内容

在约33.5平方千米的城区范围内,用全野外采集的方法测绘1:500地形图。

1.4 工期要求

自签订合同之日起,最长至××年××月××日。

1.5 技术人员及设备要求

1.5.1 技术人员

参与本工程的技术人员都从事过多年的地形测量、地籍测量工作,熟悉本专业技术,能够解决本专业的各种技术问题。

1.5.2 软硬件设备配置

(1)操作系统:Windows操作系统平台。

(2)软件:图数一体化软件。

(3)硬件:数字化全站仪、计算机、GNSS接收机等。

2. 已有资料分析

(1)由××县提供的C、D级2000国家大地坐标系控制点及××县连续运行基准站(CORS)有关数据、××各级水准点,可以作为测区内控制测量的起算数据和计算转换数据的参数。

(2)测区1:1万影像图可作为生产指挥用图。

(3)2010年测量的城区控制点成果表、点之记(1980西安坐标系)。

3. 作业依据

(1)GB/T 14912—2017《1:500 1:1 000 1:2 000外业数字测图规程》,以下简称《规程》。

(2)GB/T 12898—2009《国家三、四等水准测量规范》。

(3)GB/T 20257.1—2017《国家基本比例尺地图图式 第1部分:1:500 1:1 000 1:2 000地形图图式》,以下简称《图式》。

(4)GB/T 17278—2009《数字地形图产品基本要求》。

(5)GB/T 17941—2008《数字测绘成果质量要求》。

(6)GB/T 13923—2006《基础地理信息要素分类与代码》。

(7)GB/T 18316—2008《数字测绘成果质量检查与验收》。

(8)CH 1002—1995《测绘产品检查验收规定》。

(9)GB/T 18314—2009《全球定位系统(GPS)测量规范》。

(10)GB/T 24356—2009《测绘成果质量检查与验收》。

4. 主要技术要求

4.1 平面坐标及高程系统

(1)平面坐标系:2000国家大地坐标系。

(2)高程坐标系:1985国家高程基准。基本等高距为0.5 m。

4.2 成图规格

(1)采用50 cm×50 cm规格正方形分幅。

（2）分幅图编号。按图幅西南角图廓点坐标千米数编号，X 坐标在前，Y 坐标在后，小数点前取三位数字，小数点后取两位数字，如 070.50-990.25。

（3）图名选择。图名应选用所在图幅内主要居民地名称或主要企事业及行政单位名称，全测区内不得重名。若图内无名可取时，应以相邻图幅的东、南、西、北四个方位命名，方位加全角括号，如赵庄（东）。对于无法选取出图名的图幅，以图号代替图名。

（4）高程注记点密度。一般地区高程注记点为图上每平方分米内 8～10 个，乡镇和居民地密集区及水稻田平坦地区为每平方分米 6～8 个。高程点注记至 0.01 m。

4.3　精度要求

4.3.1　控制点的精度

由于××县建有自己的连续运行基准站，所以外业控制点测量直接在××县连续运行基准站获取平面坐标和大地高，然后利用××县连续运行基准站的似大地水准面模型来获取正常高。

4.3.2　地形图的精度

一般地物点的平面位置中误差见表 1。

表 1　平面位置中误差

地区分类	点位中误差	邻近地物点间距中误差
城镇、工业建筑区、平地、丘陵地	±0.15 m	±0.12 m
困难地区、隐蔽地区	±0.23 m	±0.18 m

其中，高程注记点相对于邻近图根点的高程中误差不应大于 1/3 等高距，困难地区放宽 0.5 倍。以中误差作为衡量精度标准，2 倍中误差作为容许误差。

5. 生产实施方案

5.1　成图方法概述

利用××已有的 C、D 级点的 2000 国家大地坐标和 1980 西安坐标，求出转换参数。在接收信号良好的地区，使用××县连续运行基准站系统直接进行图根点测量；在无法使用连续运行基准站系统进行测量的地区，布测图根导线。利用全站仪直接进行全要素数据采集，将外业数据导入计算机，按照甲方提供的数据分层要求，在软件中进行图形编辑。

5.2　作业流程

生产作业流程如下篇图 1-3-1 所示。

6. 控制测量

6.1　仪器检定

（1）对将投入测区使用的各等级全站仪、水准仪、GNSS 接收机进行检定和检验，其检定结果须符合相应规范的要求。对仪器检验、检定资料（复印件）进行整理装订，作为资料上交。

（2）其他作业工具需要进行检查、调试和测试，满足作业要求后投入使用。对进行了检视、调试和测试的作业工具进行标识，其检视、调试和测试的内容及结果须进行保存与记录，以供审查。

6.2　平面控制测量

本次作业所需要图根点主要利用××县连续运行基准站网络 RTK 系统进行观测，获取坐标。在部分地物密集或信号干扰严重导致无法使用连续运行基准站系统进行观测的地区，需要布测一、二级卫星定位控制网，在一、二级控制点基础上布测图根导线。

6.2.1　一、二级控制点选点、埋石及编号

一、二级控制点应选在视野开阔、便于保存和使用的地方。一、二级控制点需要设置永久性标志，在水泥铺装路面上冲击钻钻孔，注水泥沙浆，嵌入 10 cm（长）×18 mm（直径）的螺杆作为标志（螺杆顶面切割"＋"作为标志中心），点四周地表刻边长为 20 cm 的方框。一、二级控制点编号以整个测区流水编号法编定，在编号前冠以罗马字"Ⅰ""Ⅱ"，即以Ⅰ1、Ⅰ2、Ⅰ3、……Ⅰn 和Ⅱ1、Ⅱ2、Ⅱ3、……Ⅱn 进行编号。编号时应尽量避免漏号，且

不允许重号。点位设定后,应在实地点位附近用红色油漆书写点号。标石埋设后应现场绘制点之记。

6.2.2　一、二级卫星定位控制网观测

二级卫星定位控制网使用 GNSS 快速静态观测方法,以测区内不低于 D 级的 GPS 点为已知点组建卫星定位控制网,采用单频或双频 GNSS 接收机进行观测,具体观测要求如下:GNSS 接收机不少于 3 台,卫星截止高度角不小于 15°,有效观测卫星总数不少于 5 颗,观测时段数为 1,时段长度不低于 15 分钟,采样间隔为 15 s,点位位置精度衰减因子(PDOP)小于 6。

6.3　图根控制测量

(1)采用连续运行基准站网络 RTK 进行图根点测量时,要对同一图根点分两时段进行测量,时段间隔 20 分钟以上,两时段观测坐标值互差必需小于表 2 中的规定。

表 2　连续运行基准站网络 RTK 测量技术要求

等级	时段数	观测历元数	时段间平面互差	时段间高程互差
图根	2	≥10	≤3 cm	≤6 cm

对于符合要求的图根点,取两时段坐标观测值平均值作为图根点坐标值,其高程值需要通过××县区域大地水准面精化模型计算程序进行高程处理,来取得图根点的正常高。

在利用连续运行基准站测量图根点时,每天应该在测量之前进行检查,在测区附近找到原有的 C、D 级 GPS 点进行检核测量,与已知成果进行比较,检核精度是否在误差允许范围内(精度分别为不超过 3 cm 及 6 cm),方可进行图根测量。每天测量完毕后,再次对已知点进行检核,以保证测量成果的正确性。

对于图根点高程的获取及检查,根据测区难易程度和需求,采用两个(或两个以上)已知的 C 级或 D 级 GPS 点/水准共用点,进行四等水准测量。该成果可用于图根水准测量和 RTK 高程检核。其中,联测部分的 RTK 图根点,采用同名点抽样对比方法对其他图根点的高程进行精度评定,联测图根点比例应在 5%～10%。

(2)在一、二级控制点的基础上布设光电测距图根导线,图根导线的测量技术要求如表 3 所示。

表 3　图根导线测量技术要求

附合导线长度 /(m)	平均边长 /m	测角中误差 /(")	测回数 DJ6	方位角闭合差 /(")	导线相对闭合差
1 200	100	≤±15	2	≤±30$\sqrt{n}$	≤1/5 000

注:n 为测站数。

(3)图根高程控制。使用光电测距方法施测的图根点,其高程采用图根水准测量方法测定,可沿图根点布设为附合路线或节点网。图根水准测量应起讫于不低于四等精度的高程控制点上(使用水准检核联测的一、二级控制点及 RTK 点)。附合路线长度不得大于 5 km,支线长度不应大于 2.5 km。

7．地形图测量具体要求

7.1　测区范围

××县城区开发区,面积约为 33.5 平方千米。

7.2　作业组织

将图形按照 16 幅为 1 个单元进行划分,每个小组领取 16 幅,进行外业相对精度和绝对精度检测,并形成表格,还要进行外业核查和最后的要素补测,小组之间在数据采集和处理时要做到不重不漏,以保证地形要素的完整表示。

7.3　地形要素的分层

各地形要素的编码和分层按照甲方提供的标准分层模板执行。

7.4　仪器设置及碎部点测量

仪器对中偏差不大于 5 mm。

用较远一测站点标定方向,将另一测站点作为检核,算得检核点平面位置误差不大于 5 cm,高程较差不大于 8 cm。

每站数据采集时均需要检测邻近测站的不少于两个碎部点。

碎部点观测记录应包括测站点号、仪器号、观测点号、编码、觇标高、斜距、垂直角、水平角等信息。为了简化外业采集,要素编码可以自行规定以简码表示,但在数据处理完成后,以简码记录的要素数据均应转换为符合标准要素模版的代码。

每天采集的外业数据应做好统一格式标签,作业结束后随成果同时上交。

7.5　要素补测要求

地形图的地物、地貌的各项要素的表示方法和取舍原则,按现行国家标准《规程》和《图式》执行。

7.5.1　测量控制点

测区内的国家等级三角点,水准点,A(CORS)、C、D 级 GPS 点,一、二级控制点,图根点,一律按点位坐标展绘在图上,按《图式》规定表示符号。

7.5.2　水系及附属设施

(1)河流、水库、池塘、沟渠、泉、井等,以及其他水利设施,均应准确测绘表示,有流向的标注流向,有名称的加注名称。

(2)河流、水库、池塘、沟渠等水涯线按测图时的水位测定,当水涯线与陡坎线在图上投影距离小于 1 mm 时以陡坎线符号表示。沟渠在图上宽度小于 1 mm 的用单线表示,否则用双线表示。水系附属设施(如码头、浮码头、水闸等)均依比例测绘表示。

(3)水渠应测注渠顶边和渠底高程;堤坝应测注顶边及坡脚高程;池塘应测注池顶边及塘底高程;泉、井应测注泉的出水口与井台高程,不注记井台至水面的深度。各种干出滩用相应的符号或采用注记的方式在图上表示,并均匀测注高程。

7.5.3　居民地及设施

(1)居民地的各类建筑物、构筑物及主要附属设施应准确测绘实地外围轮廓,并如实反映建筑结构特征。

(2)房屋的轮廓应以墙基外角为准,逐个表示,并按建筑材料和性质分类(测区彩钢夹心板结构厂房较多,统一注"混"),注记层数。

要精确测定房屋、围墙、栅栏等建筑物的特征点,使其点位中误差不超过 ±5 cm,以满足后续地籍图测量的要求。

房屋按实际层数注记,不同层次、不同高度(差值大于 2.2 m)的房屋需要分别独立表示。地下室、车库、人字形房顶、水箱,以及单幢房屋中底层和顶层层高在 2.2 m 以下的房屋均不计层数。有些楼房上部的前后部分层数不一致,当前面部分(或后面部分)的长度均大于 3 m 时应分别注记层数,若其中有小于 3 m 的,则可合并到主楼。

临时性房屋不表示,街道两侧不正规的石棉瓦小雨棚、临时建筑物、售货亭等不表示。机关、企事业单位内正规的停车棚在图上大于 6 mm² 的,用棚房符号表示。

(3)房屋内部天井宜区分表示。

(4)图上宽度大于 1 mm 的室外楼梯应表示。除较大单位房屋入口处的台阶应表示外,居民住宅房基前的台阶不要表示。正规的垃圾楼、垃圾台应表示。

(5)居民地内图上大于 4 cm² 的水泥地要表示,并注"水泥地",小于 4 cm² 的一律不表示。企事业单位内水泥地按内部道路表示。

(6)图上应准确表示工矿建筑物及其他工业设施的位置、形状和性质特征。工矿建筑物及其他工业设施依比例尺表示的,应实测其外部轮廓,并配置符号或按图式规定用依比例尺符号表示。不依比例尺表示的,应准确测定其定位点或定位线,用不依比例尺符号表示。

(7)凡依比例尺表示的烟囱、水塔、纪念碑、塑像、宝塔、微波传递塔等独立地物,将其落地位置范围的几何图形中心,作为此地物的中心点,在其中标注的符号仅起说明作用。不依比例尺表示时,地物中心点与符号定位点在图上必须一致。

(8)当抽水泵站的房屋图上尺寸小于符号时,房屋不绘,只绘符号,其他类推。

(9)散坟应表示。公墓或大面积的墓地用地类界表示范围,中间配置符号,不注坟数。有名称的墓地要加注名称。独立坟符号慎用。

(10)固定的宣传橱窗与大型宣传、广告牌需要表示,注意此符号按真方向表示。高度在4 m以上的、有方位意义的独杆广告牌需要表示,符号的定位点为广告牌支柱的几何中心。

(11)景观路段突出的杆柱装饰性路灯应视图面负载情况择要表示,其他地区一般不表示。单位内沿街起亮化作用的照射灯不表示。

(12)邮筒不表示。季节性谷场不表示。

(13)文物古迹应注意调查,挂牌名木古树应表示。

(14)公安机关布设的监视摄像头必须表示。

7.5.4　交通

(1)图上应准确反映陆地道路的类别和等级、附属设施的结构和关系。正确处理道路的相交关系及与其他要素的关系。正确表示河流的通航情况及各级道路的关系。

(2)铁路轨顶(曲线段取内轨顶)、公路路中、道路交叉处、桥面等应测注高程,隧道、涵洞应测注底面高程。

(3)公路与其他双线道路在图上均应按实宽依比例尺表示。

国道、省道应注出路线编号,如S246,S321等,不注公路技术等级代码。高速公路、城区内的主次干道注出道路名称,如济青高速公路、明发路等。

公路、街道按其铺面材料分为水泥、沥青、砾石、条石或石板、硬砖、碎石和土路等,应分别以砼、沥、砾、石、砖、渣、土等注记于图中路面上,铺面材料改变处应用点线分开。

(4)铁路与公路或其他道路平面相交时,铁路符号不中断。而将另一道路符号中断。城市道路为立体交叉或高架道路时,应测绘桥位、匝道与绿地等,多层交叉重叠,下层被上层遮住的部分不绘,桥墩或立柱应表示,垂直的挡土墙可绘实线而不绘挡土墙符号。

(5)路堤、路堑应按实地宽度绘出边界,并在其坡顶、坡脚适当测注高程。

(6)道路通过居民地不宜中断,应按真实位置绘出。

高速公路应绘出两侧围建的栅栏(或墙)和出入口,中央分隔带应表示。

市区街道应将车行道、过街天桥、过街地道的出入口、分隔带、环岛、街心花园、人行道与绿化带等绘出。

(7)内部道路只表示公园、工矿、机关、学校、居民小区内部的主要道路,通向各栋楼的一般舍弃。

(8)跨河或谷地等的桥梁,应实测桥头、桥身和桥墩位置,加注建筑结构。

7.5.5　管线

管线只绘地面露出部分。永久性的电力管线、电信线均应准确表示,电杆、铁塔位置均应实测。当多种线路在同一线杆上时,只表示主要的。城市建筑区内电力线、电信线可不连线,但应在杆架处绘出线路方向,少于三根杆子的支线不表示。各种线路应做到类类分明,走向连贯。

架空的、地面上的、有管堤的管道均应实测,分别用相应符号表示,并注记传输物质的名称。当架空管道直线部分的支架密集时,可适当取舍。

地下管道检修井只表示街道上的及较大工矿单位内铺装道路上的检修井,按相应符号表示。

7.5.6　境界

境界的测绘应正确表示出境界的类别、等级、位置,以及与其他要素的相互关系,当两级以上的境界重合时,图上只表示高一级的境界符号。

7.5.7　地貌

(1)地貌的测绘,图上应正确表示其形态、类别和分布特征。

(2)自然形态的地貌宜用等高线表示,崩塌残蚀地貌、坡、坎和其他特殊地貌应用相应符号或用等高线配合符号表示。

(3)各种天然形成和人工修筑的坡、坎,其坡度在70°以上时表示为陡坎,70°以下时表示为斜坡。斜坡在图上投影宽度小于 2 mm,以陡坎符号表示。当坡、坎比高小于 $\frac{1}{2}$ 基本等高距或在图上长度小于 5 mm 时,可不表示,坡、坎密集时,可适当取舍。

(4)坡度在70°以下的石山和天然斜坡,可用等高线或用等高线配合符号表示。独立石、土堆、坑穴、陡坎、斜坡、梯田坎、露岩地等应在上下方分别测注高程,不采用注记比高的方式表示相对高差。

(5)坡面较宽时用范围线(点线)表示出坡脚线。

(6)居民地及稻田地不绘等高线。

7.5.8　植被与土质

(1)地形图上应正确表示出植被的类别特征和范围分布。对园地、耕地应实测范围,并配置相应的符号表示。大面积的植被在能表达清楚的情况下,可采用注记说明(一般旱地符号不注,在右下角的附注中以文字说明)。同一地段生长有多种植物时,可按经济价值和数量适当取舍,符号配置不能超过三种(连同土质符号)。对于其他耕地,园地等,则配置相应的符号。

(2)旱地包括种植小麦、杂粮、棉花、烟草、大豆、花生和油菜等的田地,经济作物、油料作物应加注品种名称。一年分几季种植不同作物的耕地,应以夏季主要作物为准配置符号。

(3)田块内应测注有代表性的高程。

7.5.9　各类注记

各类注记包括各种地理名称、说明注记和数字注记。所有的街道、村庄、江河、山名及能注记下名称的企事业单位、公园、学校、医院、居民小区的名称均须调查核实并正确注记。桥梁、隧道有名称的也应调注名称。

单位名称以挂牌名称(法定名称)为准,若一门多牌,应注意选其中不超过两个主要单位名称注记(注意租房单位)。高程注记的数字应字头朝北。一层的房屋只注记房屋结构。

注记的字体应清晰易读,指向明确,当图面无法负载时,可移位标注,但应注意表示清楚、正确,以防止用户使用时误读、误判。

7.6　图外整饰

地形图的图外整饰统一按图1所示格式进行。

7.7　图边拼接

(1)要素几何图形的接边误差不应大于本设计书 4.3 中平面、高程中误差的 $2\sqrt{2}$ 倍。在进行数据接边时,不仅要对要素几何关系进行拼接,还要保证要素属性和拓扑关系的一致性。

(2)不同作业单位或同一作业单位不同作业员、作业队之间的接边工作,原则上各负责接东、南图边,接边时双方均参加,一人负责接边,一人负责检查。

(3)各类地物的拼接,不得改变其真实形状和相关位置,直线地物在接边处不得产生明显转折。

7.8　地形图数据的编辑

7.8.1　一般要求

地形图的数据编辑在软件中进行,有自动生成数据库文件的特点,应按外业测绘的内容,用人工操作的方式,逐个对地形图上表示的内容做编辑修改。要以统一的要素代码分层标准,对图形数据及其属性数据等进行确认、补充、修改、增加和删除。

7.8.2　编辑原则

(1)完整性原则:考虑地理信息系统(GIS)在对地理数据分析、决策时的准确性,线状和面状地物不得因注记、符号等而间断;要保持房屋、水系、道路、植被面状地物边界等的完整封闭,符号块不能打碎,满足建库要求。

(2)捕捉到位原则:相邻地物要素的交点要捕捉到位,如与房屋连接的围墙线与房屋边线捕捉到位。

(3)公共边重合原则:当地物有公共边时,先确定一边,另一边用复制方式生成,保证完全重合。

(4)面状地物封闭原则:编辑中,凡面状地物均应各自封闭,并由唯一实体构成;靠内图廓边的地物即使不完整,也应以内图廓边为界进行封闭,如房屋、水体等。

国家2000大地坐标系，中央子午线为117°45′。
1985国家高程基准，基本等高距0.5 m。　　　　　1∶500
GB/T 20257.1—2017国家基本比例尺地图图式　第1部分：
1∶500 1∶1000 1∶2000地形图图式

附注：本图植被为旱地。

图 1　图外整饰示例

8. 成果成图的检查验收

在作业小组自查的基础上，实行二级检查。过程检查由各作业队负责，内、外业检查应保证 100％；最终检查由质检部门负责，内业 100％检查，外业 10％抽查。作业队检查后填写过程检查质量评分表；质检部门检查后填写最终检查质量评分表。各级检查着重在以下几个方面。

8.1　质量检查的基本要求

(1)检查的内容主要包括控制点测量检查、地形外业检查、内业编辑检查、地形图检查。

(2)保证使用先进的性能优良的仪器设备，所使用的各类测绘仪器均需要在省法定单位的检验使用期内,逾期的需要重新进行检验。作业人员应选用本单位合格的上岗人员进行作业。

(3)质检工作应贯穿生产全过程,各级检查员应认真履行自己的职责,有计划、有组织地进行检查工作。各级检查应认真填写检查记录。

(4)本测区作业严格执行二级检查制度,作业中队在作业小组自查互检的基础上对成果进行过程检查,质量管理科在作业中队过程检查的基础上对成果进行最终检查。

(5)作业中队对地形图要进行 100% 的过程检查,对每幅图做出质量评定,写出测区技术总结,保存过程检查记录(以幅为单位)。分批或一次性上交院质检部门进行最终检查,院级最终检查不少于产品总数的 10%。对测区的成果、成图质量进行综合评价,写出最终检查报告。

(6)检查参照原国家测绘局制定的《测绘产品检查验收规定》及《数字测绘成果质量检查与验收》执行。生产作业单位过程检查必须对测绘产品进行三项精度的检测(平面精度检测量为 5%、地物间距检测量为 20%、高程精度检测量为 5%,单位产品检验的抽样数为 20～30 个),并提交检测成果。

(7)作业单位提供资料的规格、形式、内容、表示方法等应一致,并对提供的资料进行全面的检查、复核,确保资料的统一、美观和完整。

8.2　控制测量检查

(1)控制点测量的检查主要有控制点实地位置是否满足要求、点位埋设是否规范,以及野外观测程序、观测手段、观测精度及记录是满足规范要求。

(2)控制点测量平差计算要检查控制点平差软件是否符合设计要求,平差精度是否符合规范要求。

(3)采用连续运行基准站观测图根点平均值取值是否符合要求,高程值是否经过高程值精化处理。

(4)控制点测量成果资料的整理是否完整规范,是否满足设计要求等。

8.3　外业检查

(1)对地形外业工作的检查内容主要有定向点资料应用情况的检查、使用仪器的检查、工作流程的检查等。对每批次地形图应根据地形图的困难程度抽取 10% 的图幅进行实地检查,主要检查地形图地物点的绝对精度和相对精度,以及外业测绘的高程精度。

(2)检查控制资料和碎部点计算是否正确。

(3)外业采集数据是否有错、漏,对于错、漏采的地物和地貌应当进行重测或补测。

(4)采用全站仪设站,在野外实测地物点坐标,主要实测实地无遮挡且较明显的地物,居民区一般每批图实测地物点坐标不应少于 30 处。实地量取明显地物点间距,居民区一般每幅图量距不得少于 20 处,并应均匀分布,以便准确衡量图幅的测量精度。

(5)高程精度检查主要对象为铺装路面和管道检修井井口、桥面、广场、较大的庭院或空地等地物。

(6)检测时注意抽取不同作业员的图幅进行检测。

(7)对需要向下一工序说明的事项,需另加作业说明。

8.4　图形编辑检查

图形编辑检查主要采用软件字典数据检查功能进行,主要检查作业员在计算机图形编辑过程中是否按照五大原则进行作业,即完整性、捕捉到位、避让、公共边重合、面状地物封闭。具体检查内容如下。

(1)各种要素的表示方法是否合理、准确。

(2)分层是否合理、标准。

(3)线型库、符号库、字库是否标准。

(4)图幅的接边是否合理、规范。

(5)所有数据是否满足《图式》标准。

9. 上交资料

9.1　控制资料

(1)仪器检定证书(复印件)1 套。

(2)GNSS 观测记录、平差计算成果 1 套。

(3) 水准联测观测记录、平差计算各1套。

(4) 图根导线平差成果1套。

(5) 图根点观测数据记录文件。

(6) 各级控制点成果表分级装订各1套。

(7) 各级控制点成果光盘1式3份。

9.2 地形测量资料

(1) 1∶500地形图数据文件。

(2) 标准分幅(50 cm×50 cm)的全要素1∶500地形图数据(1套)。

(3) 全部实测点的流动站和全站仪下载的原始数据。

(4) 符合入库格式的地形图电子数据1套。

(5) 测区内各级检验数据及资料。

(6) 1∶500图幅分幅接合表1套。

(7) 其他需要提供的资料。

9.3 文档资料

(1) 技术设计书及审批意见1份。

(2) 检查报告1份。

(3) 技术总结1份。

(4) 其他文件、资料等(纸质成果、电子数据各1份)。

子任务 2　大比例尺地形图项目技术总结报告

一、技术总结报告框架

大比例尺地形图项目技术总结报告框架如下。

  1. 概述

  2. 工作内容和技术要求

   2.1　工作内容

   2.2　技术要求

  3. 控制测量

   3.1　控制点的选用

   3.2　平面控制测量

   3.3　高程控制测量

  4. 地形测绘

   4.1　地形图的精度要求

   4.2　外业测绘

   4.3　内业成图

  5. 项目投入

  6. 提交成果

二、技术总结报告样例

技术总结报告样例见 218~223 页。

××综合整治工程项目1∶500地形图测绘

技术总结报告

总　　工：

审　　定：

审　　核：

项目负责人：

××有限公司

××××年×月

1．概述

受××公司(甲方)的委托,××公司(乙方)于 2016 年 8 月承接了××综合整治工程项目 1∶500 地形图测绘任务。

本测区位于××市××区××乡,测区南北长 750 m,东西宽 750 m,测绘面积约 560 000 m²。

本次测绘的目的是为甲方提供指定范围内的现状地形图。

2．工作内容和技术要求

2.1　工作内容

本次测绘工作内容包括向甲方提供 1∶500 比例尺现状地形图。

2.2　技术要求

(1)采用××市地方坐标高程系统。

(2)生成 AutoCAD 软件用的.dwg 格式的地形图。

(3)执行的技术规范为《工程测量标准》(GB 50026—2020)、《卫星定位城市测量技术标准》(CJJ/T 73—2019)和《国家基本比例尺地图图式》(GB/T 20257(所有部分)—2017)。

3．控制测量

3.1　控制点的选用

本项工程利用××市测绘设计研究院连续运行基准站系统做了 6 个控制点,并抄取水准点Ⅱ孙通 3,导线点采用 10403J××、10404J1××的数据。具体数值如表 1 所示。

表 1　已知坐标及高程数据

点号	纵坐标 X/m	横坐标 Y/m	高程 H/m	备注
10404J1××	3124××.541	5183 ××.179	29.962	
Ⅱ孙通 3			28.701	
10403J ××	310 794.166	518 618.336	25.939	

3.2　平面控制测量

3.2.1　GNSS 实时动态定位平面测量的技术要求

GNSS 实时动态定位平面测量精度应划分为一级、二级、三级、图根和碎部。各等级的技术要求应符合表 2 的规定。

表 2　GNSS 实时动态定位平面测量技术要求

等级	相邻点间距离 /m	点位中误差 /cm	边长相对中误差	起算点等级	流动站到单基站间距离/km	测回数
一级	≥500	5	≤1/20 000	—	—	≥4
二级	≥300	5	≤1/10 000	四等及以上	≤6	≥3
三级	≥200	5	≤1/6 000	四等及以上	≤6	≥3
				二级及以上	≤3	
图根	≥100	5	≤1/4 000	四等及以上	≤6	≥2
				三级及以上	≤3	
碎部	—	图上 0.5 mm		四等及以上	≤15	≥1
				三级及以上	≤10	

注:(1)一级控制点布设应采用网络 RTK 测量技术。

(2)网络 RTK 测量可不受起算点等级、流动站到单基站间距离的限制。

(3)困难地区相邻点间距离缩短至表中的 $\frac{2}{3}$,边长较差不应大于 2 cm。

本项目按照三级的技术要求布设 $A1 \sim A3$、$B1 \sim B3$ 共 6 个控制点,具体数据详见表 3。

表3 控制点坐标及高程数据

点号	纵坐标 X/m	横坐标 Y/m	高程 H/m	备注
$A1$	310 652.323	519 163.654	25.640	
$A2$	310 653.767	518 934.125	26.254	
$A3$	310 662.583	518 704.007	25.787	
$B1$	310 402.048	519 190.533	25.163	
$B2$	310 419.493	518 952.665	25.854	
$B3$	310 435.433	518 707.125	26.323	

3.2.2 RTK平面控制点测量流动站的技术要求

(1)网络RTK的流动站应获得系统服务的授权。

(2)网络RTK的流动站应在有效服务区域内进行,并实现与服务控制中心的数据通信。

(3)用数据采集器设置流动站的坐标系统转换参数,设置与基准站的通信。

(4)RTK的流动站不宜在隐蔽地带、成片水域和强电磁波干扰源附近进行观测。

(5)观测开始前应对仪器进行初始化,并得到固定解,当长时间不能获得固定解时,宜断开通信链路,再次进行初始化操作。

(6)每次观测之间流动站应重新初始化。

(7)作业过程中,如出现卫星信号失锁,应重新进行初始化,并经重合点测量检验合格后,方能继续作业。

(8)每次作业开始前或重新架设基准站后,均应进行至少一个同等级或高等级已知点的检核,平面坐标较差不应大于5 cm。

(9)RTK平面控制点测量的平面坐标转换残差不应大于± 2 cm。

(10)数据采集器设置控制点的单次观测的平面收敛精度不应大于2 cm。

(11)RTK平面控制点测量流动站观测时应采用三脚架对中、整平,每次观测历元数应不少于20个,采样间隔为2～5 s,各次测量的平面坐标较差应不大于2 cm。

(12)应取各次测量的平面坐标中数作为最终结果。

(13)进行后处理动态测量时,流动站应先在静止状态下观测10～15 min获得固定解,然后在不丢失初始化状态的前提下进行动态测量。

3.2.3 RTK平面控制点测量流动站的测量过程

(1)采用三脚架对中、整平,架设好GNSS流动站。

(2)开机,输入斜高,登录北京市测绘设计研究院连续运行基准站账户。

(3)当观测值为固定解且收敛到毫米时,进行数据采集。每次数据采集50次。

(4)第二次数据采集前必须先进行初始化,待得到固定解后进行第二次数据采集。

(5)同理进行第三次数据采集。当3次坐标间差值均小于2 cm时,本站观测完毕,否则需要继续观测。

(6)将流动站摆设在已知控制点10404J1××上观测2次。

(7)将观测的WGS-84坐标的经纬度及高程数据,发送到北京市测绘设计研究院,由其解算出北京市地方坐标系的坐标和高程。

(8)对比已知点坐标,$\Delta X = 48$ mm、$\Delta Y = -18$ mm,认为本次作业无误。

(9)将3次坐标取平均得到最终结果。

3.3 高程控制测量

3.3.1 四等水准测量技术要求

四等水准测量技术要求如表4、表5所示。

表4 四等水准测量技术要求

每千米高差中数中误差		附(闭)合水准路线长	路线闭合差
偶然中误差/mm	全中误差/mm	/km	/mm
≤±5	≤±10	≤25	≤±20$\sqrt{L}$

表5 四等水准观测技术要求

视距 /m	前后视距差 /m	前后视距累积差 /m	红黑面读数差 /mm	红黑面所测高差之差/mm	视线高度 /mm
≤100	≤5	≤10	3.0	5.0	0.2

3.3.2 外业观测

(1)四等水准测量采用单程观测,使用的仪器标尺均按《国家三、四等水准测量规范》(GB/T 12898—2009)要求进行检验。观测采用"后—后—前—前"的观测方法,视线长度、视距较差等按表4、表5执行。

(2)测站观测限差按表4、表5执行。路线闭合差不大于±20$\sqrt{L}$ mm。当超限时,该路线应进行重测,必要时对相邻已知点进行检测。

(3)采用天宝DiNi数字电子水准仪采用"后—后—前—前"的观测方法按四等水准测量的技术要求对A1～A3、B1～B3进行水准测量。

3.3.3 内业处理

将野外记录的数据输入计算机,经检查无误后,采用清华山维平差软件进行严密平差。本项目以Ⅱ孙通3为起算点,附合至点10403J××点,附合差为−0.014 30 m,平差后观测值中误差为7.06 mm,满足四等水准测量要求。

4．地形测绘

4.1 地形图的精度要求

4.1.1 地形图平面精度要求

地形图平面精度要求见表6。

表6 地形图平面精度要求   单位:mm

地区类别	地物点点位中误差	邻近地物点间距中误差
城市建筑区和平地、丘陵地	≤±0.5	≤±0.4
山地及施测困难的旧街坊内部	≤±0.75	≤±0.6

4.1.2 地形图高程精度要求

地形图高程精度应符合:城市建筑区和平坦地区用高程注记点相对于邻近图根点的高程中误差衡量,其他地区地形图高程精度用等高线插求点相对于邻近图根点的高程中误差衡量。具体要求见表7。

表7 地形图高程精度要求

地区类别	基本等高距 h /m	高程注记点中误差 /m	等高线插求点中误差 /m
建筑区和平坦地区	0.5	≤±0.15	≤$\dfrac{1}{2}h$
丘陵、山地地区			

注:森林荫蔽等特殊困难地区,可放宽50%。

4.2 外业测绘

4.2.1 全站仪测绘法

用全站仪进行数据采集,其要求如下。

(1)设站时,仪器对中误差不大于5 mm,仪器高、觇标高量记至毫米。测点的坐标保留至1 mm,高程注记至 1 cm。

（2）每天观测前要测定 1 次垂直度盘指标差，指标差不得超过 1′，否则应在测点高程中加入相应的改正。

（3）测图前，以较远的一个控制点标定方向，用另一个点进行检核。所测检核点的平面误差不大于 10 cm，高程误差不大于 10 cm。

（4）全站仪最大测距长度不得大于 300 m。

（5）外业形成的数据文件可以为一个或若干个文件，不按图幅进行裁切。若分为多个文件，接边处的数据要衔接。

（6）以控制点为已知数据，使用日本产尼康 DTM-352C 电子全站仪，对测区内各类地物、地貌等图形要素进行野外数据采集，自动记录细部点观测数据，采用三角高程测量方法采集并计算各点的高程。

4.2.2 RTK 测绘法

1. RTK 测量技术要求

在地形测图中对基准站的要求如下。

（1）基准站的覆盖范围为 10 km，因此应将基准站架设在测区中央，并远离高压线和无线电发射塔 50 m 以上。

（2）基准站上的天线应精确对中，严格整平，整平精度偏差不超过半格，对中不超过 5 mm。

（3）接收机接收卫星的截止高度角应设置为 15°。

（4）基准站天线高度应在 3 个方向上量取 3 次，互差小于 3 mm，取其平均值作为基准站的天线高度。

在地形测图中对流动站的技术要求如下。

（1）卫星截止高度角不小于 15°。

（2）观测卫星个数不少于 5 颗。

（3）流动站应在基准站控制转换范围内，距离基准参考站小于 10 km。

（4）每次观测前，应先对已知点或已测点进行检测，直到满足精度要求后再继续测量。

（5）测点相对图根点的相对中误差不得大于图上 0.1 mm。

图根点相对于邻近等级控制点的点位中误差，不应大于图上 0.1 mm；高程的中误差不应大于测图基本等高距的 $\frac{1}{10}h$。

图根点应选择在视野开阔、交通方便、便于长期保存的地点，以便于卫星信号的接收、图根点的利用，以及发现问题后的复测工作。

图根点点位应远离各类发射塔、高压线、通信线、变压器等带有电磁辐射的物体，应尽量远离大面积的水域。

基准站尽量架设在视野开阔、地势较高的地点，以保持基准站和流动站间数据链路的畅通。

2. 基准站的选定和建立

野外观测时，基准站位置的选择对观测数据质量、数据链路信号传播影响很大。基准站一般应设在测区中央附近、地势较高、四周开阔、交通便利的地区，避免选择在无线电干扰强烈的地区，为防止数据链丢失及避免多路径效应的影响，基准站周围应无 GNSS 信号反射物（大面积水域、大型建筑物等）。

3. 求取地方坐标转换参数

基准站在控制点上安置好后，流动站依次到控制点上采集各点的 WGS-84 坐标，然后进行坐标系统转换，计算转换参数。

4. RTK 作业模式

在测绘公路、铁路、高压线杆等线状地物时，应用 RTK 测量技术是十分方便快捷的，大大提高了工作效率。

在地势开阔、地物较分散的地区，用全站仪测图极为不便，需要连续支站，误差累积也越来越大，降低了测图精度，而且存在不通视的问题，工作效率也较低。RTK 测量就不存在这样的问题，它通过接收卫星信号，可以直接测量碎部点,而且也不存在误差累积的情况,可以为全站仪测量提供图根控制点。

4.3　内业成图

将野外记录的数据输入计算机,经检查无误后,采用南方测绘仪器公司的 CASS 9.1 软件进行数据处理,并生成".dwg"格式的图形文件。

图形文件经过 AutoCAD 2004 编辑处理后,绘制检查图,经图面检查、实地校对后进行修改,确认无误后通过惠普 Designjet 5500 42 英寸喷墨绘图仪输出成果图。

地形图成图比例尺为 1∶500,等高距为 0.5 m;采用标准分幅,图幅尺寸为 40 cm×50 cm,共计 16 幅,具体分幅详见接图表。

5．项目投入

本项目外业测量及内业整理投入 4 个工作小组。投入的主要设备包括:①华星产 A8 三星 GPS 2 台;②尼康 DTM-352C 全站仪 3 台;③联想便携式计算机 4 台;④天宝 DiNi 03 电子水准仪 1 台;⑤惠普 Designjet 5500 42 英寸喷墨绘图仪 1 台。

6．提交成果

(1) 技术总结报告 1 式 3 份。

(2) 1∶500 地形图白纸图 1 套,包括 16 张各 3 份。

(3) ".dwg"格式的图形数据文件光盘 2 张。

参考文献

崔有祯,2011.测绘基础知识与基本技能[M].北京:测绘出版社.

高井祥,2002.测量学[M].徐州:中国矿业大学出版社.

国家测绘局人事司,国家测绘局职业技能鉴定指导中心,2007.测量基础[M].哈尔滨:哈尔滨地图出版社.

李明,2011.地形测量[M].北京:测绘出版社.

李天河,2012.地形测量[M].郑州:黄河水利出版社.

刘茂华,2018.测量学[M].北京:清华大学出版社.

宁津生,陈俊勇,李德仁,等,2004.测绘学概论[M].武汉:武汉大学出版社.

潘正风,程效军,成枢,等,2015.数字地形测量学[M].武汉:武汉大学出版社.

王金玲,2011.测量学基础[M].北京:中国电力出版社.

武汉大学测绘学院测量平差学科组,2003.误差理论与测量平差基础[M].武汉:武汉大学出版社.

武汉大学测绘学院测量平差学科组,2003.误差理论与测量平差基础习题集[M].武汉:武汉大学出版社.

附录一 常用数学公式

一、初等几何

三角形面积：$S = \dfrac{1}{2}bh_b = \dfrac{1}{2}ab\sin C = \sqrt{s(s-a)(s-b)(s-c)}$。

圆的面积：$S = \dfrac{1}{2}\pi r^2 = \dfrac{1}{4}\pi d^2$。

圆的周长：$C = \pi d = 2\pi r$。

圆弧的长度：$l = r\theta = \dfrac{\pi r\theta}{180°}$。

扇形面积：$S = \dfrac{1}{2}rl = \dfrac{1}{2}r^2\theta$。

二、三角函数

$$\sin\alpha = \dfrac{对边}{斜边}$$

$$\cos\alpha = \dfrac{邻边}{斜边}$$

$$\tan\alpha = \dfrac{对边}{邻边}$$

第一象限内：

$$\sin\alpha = \dfrac{y}{r} \geqslant 0$$

$$\cos\alpha = \dfrac{x}{r} \geqslant 0$$

$$\tan\alpha = \dfrac{y}{x} = \dfrac{\sin\alpha}{\cos\alpha} \geqslant 0$$

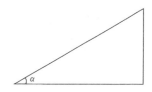

第二象限内：

$$\sin\alpha = \dfrac{y}{r} \geqslant 0$$

$$\cos\alpha = \dfrac{x}{r} \leqslant 0$$

$$\tan\alpha = \dfrac{y}{x} = \dfrac{\sin\alpha}{\cos\alpha} \leqslant 0$$

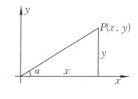

第三象限内：

$$\sin\alpha = \dfrac{y}{r} \leqslant 0$$

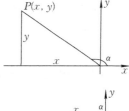

$$\cos\alpha = \frac{x}{r} \leqslant 0$$

$$\tan\alpha = \frac{y}{x} = \frac{\sin\alpha}{\cos\alpha} \geqslant 0$$

第四象限内：

$$\sin\alpha = \frac{y}{r} \leqslant 0$$

$$\cos\alpha = \frac{x}{r} \geqslant 0$$

$$\tan\alpha = \frac{y}{x} = \frac{\sin\alpha}{\cos\alpha} \leqslant 0$$

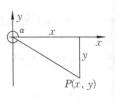

三、反三角函数

反正弦函数的主值范围：$-\dfrac{\pi}{2} \leqslant \arcsin x \leqslant \dfrac{\pi}{2}$。

反余弦函数的主值范围：$0 \leqslant \arccos x \leqslant \pi$。

反正切函数的主值范围：$-\dfrac{\pi}{2} \leqslant \arctan x \leqslant \dfrac{\pi}{2}$。

正弦定理：$\dfrac{a}{\sin A} = \dfrac{b}{\sin B} = \dfrac{c}{\sin C}$。

余弦定理：$a^2 = b^2 + c^2 - 2bc\cos A$、$b^2 = a^2 + c^2 - 2ac\cos B$、$c^2 = a^2 + b^2 - 2ab\cos C$。

附表1 三角函数在各象限的正负号

象限	函数		
	$\sin\alpha$	$\cos\alpha$	$\tan\alpha$
I	+	+	+
II	+	−	−
III	−	−	+
IV	−	+	−

四、平面解析几何

两点之间的距离公式：$d = \sqrt{(x_1 - x_2)^2 + (y_1 - y_2)^2} = \sqrt{\Delta x^2 + \Delta y^2}$。

极坐标与平面直角坐标的转换公式如下。

（1）极坐标转换为平面直角坐标，即

$$x = \rho\cos\varphi$$

$$y = \rho\sin\varphi$$

（2）直角坐标转换为极坐标，即

$$\rho^2 = x^2 + y^2$$

$$\tan\varphi = \frac{y}{x}$$

坐标变换的公式如下。

（1）坐标平移公式为

$$x = X + h$$
$$y = Y + k$$

（2）坐标系旋转公式为

$$x = X\cos\alpha - Y\sin\alpha$$
$$y = X\sin\alpha + Y\cos\alpha$$

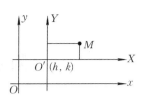

常用极限公式：$\lim\limits_{x \to 0} \dfrac{\sin x}{x} = 1$、$\lim\limits_{x \to 0} \dfrac{\tan x}{x} = 1$。

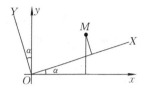

五、全微分

若 $z = f(x, y)$ 的各个偏导数都存在，且连续，则

$$\mathrm{d}z = \frac{\partial f}{\partial x}\mathrm{d}x + \frac{\partial f}{\partial}\mathrm{d}y$$

六、导数与微分

若 c 为常数，则 $(c)' = 0$，即 $\mathrm{d}c = 0$。

若 c 为常数，则 $(cv)' = cv'$，即 $\mathrm{d}(cv) = c\,\mathrm{d}v$。

$(u \pm v)' = u' \pm v'$，即 $\mathrm{d}(u \pm v) = \mathrm{d}u \pm \mathrm{d}v$。

$(\sin x)' = \cos x$，即 $\mathrm{d}\sin x = \cos x\,\mathrm{d}x$。

$(\tan x)' = \sec^2 x$，即 $\mathrm{d}(\tan x) = \sec^2 x\,\mathrm{d}x$。

$(\cos x)' = -\sin x$，即 $\mathrm{d}(\cos x) = -\sin x\,\mathrm{d}x$。

附录二　测量工作中常用的计量单位

测量工作中使用的单位是以法定计量单位为准,常用的量有长度、面积、角度三种。我国过去使用的市制单位已经于 1990 年废止使用,为了对照了解,这里也予以列出。

一、长度单位

1 m(米)＝10 dm(分米)＝100 cm(厘米)＝1 000 mm(毫米)

1 km(千米、公里)＝1 000 m(米)

1 m＝3 市尺

1 km＝2 市里

1 市里＝1 500 市尺＝150 丈＝500 m

二、面积单位

1 km²(平方千米)＝1 000 000 m²(平方米)＝100 ha(公顷)

1 ha(公顷)＝100 a(公亩)＝10 000 m²＝10 市亩

1 a(公亩)＝100 m²＝0.15 市亩＝900 平方市尺

1 市亩＝$6\frac{2}{3}$ a(公亩)＝666.67 m²(平方米)

1 ha(公顷)＝15 市亩＝2.47 英亩

1 市亩＝60 平方丈

三、角度单位

测量上常用的角度单位有度(°)、分(′)、秒(″)和弧度(rad)两种。

(1)度是把圆周分成 360 等分,每等分所对的圆心角的大小称为 1°,即

$$1 \text{ 圆周角}＝360°$$

$$1°＝60'$$

$$1'＝60''$$

(2)圆周上等于半径的弧长所对的圆心角称为 1 rad,用符号 ρ 表示。它和度、分、秒的关系为

$$1 \text{ rad}＝\frac{180°}{\pi}＝57.295\ 8°≈57.3°$$

$$1°＝\frac{\pi}{180}\text{rad}≈0.017\ 453\ 3 \text{ rad}$$

$$\rho'＝1 \text{ rad}＝\frac{180°}{\pi}×60'＝3\ 437.75'≈3\ 438'$$

$$\rho''＝1 \text{ rad}＝\frac{180°}{\pi}×60'×60''＝206\ 264.806''≈206\ 265''$$

四、时间单位

1 d(天)＝24 h(时)

1 h(时)＝60 min(分钟)

1 min(分钟)＝60 s(秒)

五、英制单位

目前,许多英联邦国家还在使用英制长度单位和面积单位,在许多国际工程和国外施工的工程中常常会用到,这里简要介绍如下。

(1)长度单位:

1 mile(英里)＝1.609 3 km＝3.219 市里＝0.868 n mile(海里)

1 n mile(海里)＝1 852 m(用于航海)

1 yard(码)＝0.914 4 m

1 ft(英尺)＝12 in(英寸)＝0.304 8 m

1 in(英寸)＝25.4 mm

(2)面积单位:

1 acre(英亩)＝4 840 sq yd(平方码)＝4 047 m^2(米^2)